温尼科特成熟过程理论

WINNICOTT'S THEORY OF THE MATURATIONAL PROCESSES

[巴西] 埃尔莎·奥利维拉·迪亚斯 著
(Elsa Oliveira Dias)

赵丞智 凌笋昂 郝伟杰 魏晨曦 译

赵丞智 魏晨曦 审校

中国轻工业出版社

图书在版编目（CIP）数据

温尼科特成熟过程理论 /（巴西）埃尔莎·奥利维拉·迪亚斯（Elsa Oliveira Dias）著；赵丞智等译. —北京：中国轻工业出版社，2020.10（2024.9重印）

ISBN 978-7-5184-2990-5

Ⅰ. ①温… Ⅱ. ①埃… ②赵… Ⅲ. ①唐纳德·温尼科特（Donald. W. Winnicott 1896—1971）－精神分析－思想评论 Ⅳ. ①B84-065

中国版本图书馆CIP数据核字（2020）第073847号

责任编辑：刘　雅　　　责任终审：杜文勇
文字编辑：王雅琦　　　责任校对：刘志颖
策划编辑：阎　兰　　　责任监印：吴维斌

出版发行：中国轻工业出版社（北京鲁谷东街5号，邮编：100040）
印　　刷：三河市鑫金马印装有限公司
经　　销：各地新华书店
版　　次：2024年9月第1版第4次印刷
开　　本：710×1000　1/16　印张：23.5
字　　数：269千字
书　　号：ISBN 978-7-5184-2990-5　定价：88.00元
读者热线：010-65181109
发行电话：010-85119832　010-85119912
网　　址：http://www.chlip.com.cn　http://www.wqedu.com
电子信箱：1012305542@qq.com

241312Y2C104ZYW

纪念我的母亲，

献给我最亲爱的孩子们：Sandra、Claudia 和 Paulo Manoel，

孩子们用她们各自的方式让我成为一位母亲。

“……我们确实需要设法建立一套个体正常成长的理论，以便理解各种类型的精神疾病和不成熟现象，因为我们已经不能满足于现状了，除非能够找到治疗和预防它们的方法。所以，我们不能像曾经容忍脊髓灰质炎或儿童痉挛性疾病那样，再继续容忍儿童期精神分裂症了。我们要设法进行预防，而且希望能够引领和示范针对那些精神异常状态的治疗，因为这往往意味着有人正在遭受苦难。”

——Winnicott, 1965b, p.67

“从一个人出生起，你就不要去打扰他！你不要催促他从生命存在的紧紧关闭着的蓓蕾中尽快萌芽，你也不要驱赶他从童年期的小屋里赶紧出来！不要做得太少，那样他将无法离开你，并因此无法把自己与你区分开来；也不要做得太多，那样他就不必感受到你或他的能力，并因此非得把自己与你区分开来；简而言之，不要让婴儿太早知道在他之外还有其他人和其他事。只有这样，他才能变成一个人。但是，一旦婴儿成为了一个人，那么他很快就变成了一个神。当他成为了神的时候，他才是美丽和漂亮的。”

——Hölderlin, Hyperion, p.106

译 者 序

温尼科特还活着

温尼科特还活着，温尼科特的思想还活着。

他的思想一直就活着，一直就在那里，等待着我们去发现和创造！

今天，在中国，一群心理咨询师、心理治疗师和精神科医师正在结合自己的经验，去发现和创造着温尼科特的精神分析思想和临床实践，这源自南美巴西温尼科特思想和实践的研究者们的引领。

在2014年，以Zeljko Loparic和Elsa Oliveira Dias夫妇为代表的来自国际温尼科特协会（International Winnicott Association，IWA）和巴西温尼科特精神分析学院的国际教学团队，把温尼科特精神分析范式理论和实践经验带到了中国。这是他们在多年研究和实践中发现和创造出的成果。这无疑给当今中国已经热火朝天的各路精神分析思想和实践的传播和扩展，开启了另一片风景独特的天地。

在世界精神分析和心理治疗学界，温尼科特是一位真正具有革命性的思想家和临床实践者，他不仅仅看到了传统精神分析路线在问题解决方面所面临的危机，而且倡导和实践了精神分析领域中的一场革命性转变。他那卓越的临床研究能力和表达能力，让他在精神分析和心理治疗领域开启了一个看待健康问题的新视角。他从研究人性的角度来陈述健康人类的个体情绪发展和成熟过程，并将精神疾病的起源与人类生命早期依赖阶段的问题建立联系，从成熟和依赖的角度重新解释和描述了人类个体情绪和自体的发展，发现了人类在时空轴上的精神－躯体整合性存在的生命本质，形成了独特的人类个体情绪成熟过程病理学，提出了治愈精神疾病的另一种思路和方法。

温尼科特论文集的编辑者 Masud Khan 在温尼科特去世的讣告中写道："对于自己的临床观点和思想，他是一位真正的革命者，但他的变革并不是要形成一种新的教条主义模式"。所以，我们只有从传统精神分析理论和临床需要变革的角度，才能真正地进一步理解温尼科特的思想和实践。

我们的临床治疗经验

从精神分析的人格发展线来看，我们在精神科和临床心理治疗的实践经验中发现，我们遇到的绝大多数来访者的主要问题和障碍，基本上都源自生命早期的养育问题，这些临床问题大致可以归纳如下。

生命发展极早期的沟通问题：表现为亲密关系的建立和交流的困难，不能与他人沟通和感到不被理解，甚至感受不到与他人的关联。

自体的存在和持续存在的问题：表现为存活状态的无意义感、无用感、空虚无聊感、孤独感，感受不到活着或生活的状态。

生命活力的问题：表现为疲劳、乏力、无力、没有活力、没有兴趣、缺乏激情。

自体价值的问题：表现为感觉没有被看到、不被认可、无价值感、无能感和无用感。

不成熟的情绪问题：表现为非常原始的情绪，无目的和指向的愤怒和烦躁，极度的担心和恐惧，冲动性情绪。

自体崩溃的问题：表现为发作性碎片感、不典型的惊恐发作、发作性情绪紊乱、发作性暴怒、弥散性不安全感、聚集恐惧、空虚恐惧、灾难恐惧、死亡恐惧、幽闭恐惧、贫穷恐惧，以及精神崩溃的恐惧。

身份感的问题：表现为生活、工作和人际关系的迷茫，没有目标感和无所事事感，甚至对自己的性别身份也感到不清晰和迷茫。

依赖的问题：表现为对他人、家庭和单位的极度依赖，无法独处、孤单无助感、没有主意、无法做出决定，以及对独立生活感到恐惧。

精神－躯体性问题：表现为很多没有器质性基础的躯体症状，头颈部的压迫感，胸部的窒息感，胃肠部位的不适感，以及疑病症状。

还有一类来访者是以病理性假自体为特征，他们从小被父母或监护人严苛地要求、强迫和教育。为了生存，他们从小就很懂事，在表面上看起来有很强的独立性，不错的生活和工作能力，他们争强好胜、不服输、事事争第一，竭力追求被认可和成功，非常在乎他人的评价。于是他们努力学习、拼命工作，有着很好的收入，甚至取得了很高的学术成就，表面上过着体面的生活。但是，他们在内心里并不能感到真正的幸福，他们在亲密关系方面困难很大，经常有一种空虚无聊和不真实的感受，感觉自己像是活在一个躯壳中，与这个世界没有关联。当经过多年的努力奋斗取得一定的成就时，他们并不能真正感到自己是有价值的，突然感觉被生活欺骗了，经常怀疑活着的意义，甚至出现自杀的念头或行为。这部分人靠着解离出去的心智功能和高智力活动而活着，他们的生活里充满了逻辑和道理，对和错是他们唯一的生活标准，他们无法感受到情感，也无法建立亲密关系。

在精神分析治疗的过程中，我们发现具有以上这些特征的人对解释性技术反应不敏感，他们很多时候无法理解治疗师的解释，并且感到痛苦和愤怒，甚至感觉解释是一种伤害。如果治疗环境和设置比较安全，这类来访者会在治疗中发生退行，表现出如同生命早期的强烈的依赖需求，对治疗师的需求也非常多，需要治疗师理解他们对依赖的需求，并与他们发生认同，这会让治疗师感到无力、无助、艰难和挑战。所以，这类来访者对治疗师的人格、理论和技术要求都非常高，他们需要治疗师在治疗过程中提供照护，抱持住混乱和无助的状态，并能够在他们的消耗和试探性攻击中幸存下来。

我们多年的临床经验说明，单纯使用经典精神分析的心理性欲发展理论和力比多驱力理论去理解和帮助这类来访者是有困难的，把这些来访者放在俄狄浦斯情结三元关系中去理解也是有困难的。我们感觉这些来访者的焦虑和恐惧不是一种阉割焦虑，如果把来访者的恐惧理解为生命更早期的一种自体整合的湮灭性焦虑，可能更接近来访者的感受；把来访者的基本问题理解成一种生存和依赖的需求，而不是一种性欲导致的内心冲突，可能更接近来访者的真实情况。

关于临床治疗的问题，温尼科特有一段非常明确的论述：

> "我必须理解和接受对精神－神经症的分析方法，这是理所当然的。基于这个假设，我认为我所要讨论的情况是：分析开展得很好，也伴随着一些波动，然而，分析中真正在发生的事情是，分析师和来访者一直在针对神经症问题的分析中玩得很开心，而事实上真正的问题是精神病性问题。分析双方对他们一遍又一遍共同做的事情也感到很满意，因为发生了共谋，分析似乎是有效的，解释也似乎显得很聪明，过程也似乎是舒服的。但是，每一次来访者看起来的进步都会以破坏终止。来访者最终停止了治疗，并说道：'（做了这么多，这么好的解释）那又能怎么样呢？'事实上，进步并不是真正的进步，这是一种新的情况，分析师与来访者在一起玩一种拖延触及真正问题的游戏。"

温尼科特变革精神分析的依据是什么

温尼科特最早接受过严格的经典精神分析训练，后来又接受了克莱因长达三年的儿童个案督导，向克莱因学习儿童治疗，而他的两位个人分析师也都是经典精神分析师。

作为一名儿科医师，温尼科特在临床中接触了成千上万的儿童及父母；温尼科特同时是一名精神分析师，也私人开业进行成人和儿童的精神分析实践。他独特的职业身份，和接受分析、学习的经历，以及他的临床实践经验，让他觉得经典精神分析的理论和技术必须要做出变革，而且是革命性变革。

温尼科特首先要求精神分析的临床实践要有一场革命！

温尼科特说："我呼吁在我们的工作中进行一场革命。让我们重新审视一下现在所做的工作吧！"持传统理念的精神分析师是如何工作的呢？我们一直试图在性欲和力比多发展理论的框架中，通过解释压抑无意识来解决人类的心理健康问题。因此，温尼科特实际上提出了一种对传统精神分析在问题解决理论和方案方面的批判性修正。

温尼科特这种精神分析变革思想的主要缘由是，他认为经典精神分析的理论和技术在解决临床上某些类型的健康问题时效率低下，甚至是无效的。

温尼科特认为，经典精神分析在面对现有的某些临床问题时会出现两种错误：一种是技术性错误，治疗师在处理压抑无意识时，很有可能会与某些来访者及其防御发生共谋，这就导致了对隐藏在压抑无意识之下的某种成熟过程的问题的掩盖，其结果是一种无休止的、代价高昂的破坏性分析。最终，来访者的个体整合性需求并没有得到满足，以致人格（自体）成熟任务一直不能达成。另一种是理论性错误，弗洛伊德的压抑无意识理论显然并不能解释人类个体生命早期的依赖现象，那个时候个体的自我功能非常孱弱，心智功能还没有发展出来，自我无法使用压抑这一心智机制来处理问题。温尼科特认为，在生命早期的自体构建阶段，其实并不存在压抑无意识，但有可能存在另一种与压抑无意识不一样的无意识。之后，温尼科特为这种无意识命名为"人格的无意识解离"，也被称为"解离无意识"，以对应之后发展出来的"压抑无意识"。

因此，温尼科特认为在针对这类来访者工作的时候，经典精神分析的路线“许多看起来是很好的分析其实是失败的分析，失败的共同之处与隐藏在来访者临床材料后面的人格解离有关，而这些材料显然与在一个看似完整的人身上作为防御而发生的压抑有关”，而这种压抑其实是假自体的一种虚假的现象。

“母亲膝上的婴儿”和情绪成熟

巴西的 Zeljko Loparic 教授在提出温尼科特精神分析范式时，谈到了精神不健康的两种范例问题，即“母亲床上的儿童”和“母亲膝上的婴儿”，这两种不同类型的问题范例分别代表着神经症性问题和精神病性问题。

弗洛伊德式精神分析看待健康问题的视角是“母亲床上的儿童”。我们认为母亲的床上不仅仅有儿童，还有父亲，所以这实际是一个三元关系的情境，其代表的范例是俄狄浦斯情结问题，本质上与性欲驱力冲突和阉割焦虑带来的心智防御机制有关——这就是神经症性问题，其问题解决的技术主要是谈话（解释）疗法。

温尼科特精神分析看待健康问题的视角是“母亲膝上的婴儿”。温尼科特说过一句非常有代表性的话——“从来就没有婴儿这回事儿”，当你看到一个婴儿的时候，你总会看到在他旁边有一位母亲，或者母亲的表征，诸如一辆婴儿车或一只泰迪熊毛绒玩具。这是一种婴儿－环境（母亲）组合体的“二合一”或二元关系的情境，其代表的范例是一种个体“依赖”的问题，本质上与“个体依赖和生命存在”所带来的湮灭焦虑及其精神病性防御组织有关，这就是精神病性或边缘性问题。其问题解决的技术主要是照护（管理）疗法。

在此，我们看到了精神分析的两种模型（范式）：心智模型和依赖模型。

“母亲膝上的婴儿”其实就是一种基于婴儿与母亲之间的——双重的、主观性的、交互性的——精神－躯体关系的情境。这种关系从婴儿的诞生便开始了，经过绝对依赖和相对依赖阶段，最后达成统整自体身份［“我是（I AM）”］的阶段，并与母亲建立起一种交互性的良性循环关系，一直延伸到父亲角色的直接介入和家庭的创立，之后才进入俄狄浦斯期的三元关系。这个过程被温尼科特称为“情绪成熟过程”，温尼科特的主要理论也被称为“情绪成熟过程理论”。

温尼科特认为，如果养育环境一切顺利，所有人类生命问题中最首要的是个体核心自体（生命）存在和连续性存在的需求，以及自体（情绪）的成熟过程。在这个发展过程中，从个体首先存在并与主观世界发生关联，到摧毁主观世界与客观世界建立连接，再到能够使用客观知觉性客体，以及能够为自己与客体的关联和使用负责，包括发展出贡献母亲和环境的能力——这个能力有助于将来发展出维持和修复社会的能力，所有这些生命早期的任务和问题，都需要在母亲的膝上和怀抱中达成和解决。

Loparic 教授说：“人类个体自体（情绪）成熟的发展过程，恰恰是温尼科特精神分析范式的一个标志。”整个人类成熟的过程，把处于绝对依赖和相对依赖状态的婴儿个体从母亲的膝上和怀抱中，逐步带到了更加广阔的家庭环境中。然后，在这个环境中，个体继续走向独立，继续在环境的帮助下达成更多更复杂的社会化任务，继续走向幼儿园、小学、中学和大学，然后进入更加广阔的世界。一个人的完全成熟是通过对社会环境的不断认同和交叉认同而达成的，在某些特殊情况下，是通过对整个人类文化的认同，以及进入世界历史而实现的。

在理解人类人格发展上，温尼科特的成熟过程理论与经典精神分析心理性欲发展理论是完全不同的两条路线。

本书的主题和结构：成熟过程及其理论

本书的作者 Elsa Oliveira Dias 是巴西一位资深的温尼科特精神分析范式精神分析师。她与她的临床研究团队致力于研究和总结温尼科特精神分析理论，并进行临床实践已经二十多年了。本书是他们多年研究成果中有关人格健康成熟的一部分，这部分总结了温尼科特思想和实践的基础理论，即成熟过程理论。在国际精神分析学界，Elsa是首次把散落在温尼科特700多篇论文中的“成熟过程”思想提炼和总结为一个比较系统的理论的心理学家，非常便于大家进行学习和研究。

Elsa以一种调整和扩展的方式，呈现了温尼科特关于人类健康发展的理论和精神病发生的理论，并且突出了温尼科特对精神分析性思想所做出的独创性贡献。Elsa认为，温尼科特思想的独创性体现在：他认为人类基本特性是暂时性的和关系性的，他提出了精神障碍分类的新标准，以及个体发展中最重要的情绪（自体）成熟的早期过程，症状学则居于次要地位，并强调环境缺陷性障碍的存在这一事实。

与很多温尼科特理论研究者不同，Elsa精准地抓住了温尼科特思想中一个重要精髓：精神病的病因学与构建个体自体环境和依赖的重要性有着直接关系。同时，她尝试展现了温尼科特思想及其与临床结果之间的一种非凡的理论统一体系，而这个非凡的理论体系导致了温尼科特精神分析一种全新的治疗方法和技术，即照护－疗法（care-cure）和管理（management），这就是巴西圣保罗温尼科特精神分析学院研究和实践团队的重要学术标志。

Elsa认为，既然温尼科特在精神障碍的本质与其在成熟发展线上（病因学）的起源点之间建立了紧密关系，那么她就试图在本书中把情绪成熟过程的各个阶段解释清楚。她成功做到了，尽管本书是在英文版基础上翻译过来的，但我们依然体会到，温尼科特在描述人类生命早期与环境之间交互性关系和感受时，所使用的那些语言非常的精准和到位。

需要强调的一点是，成熟过程理论是一个关于人类健康发展的理论，或者更准确地说，是一个关于人类发展基本需求的理论，它强调了人类生存环境的重要性。温尼科特从一个独特的视角看到，从人类生命一开始——贯穿于整个生命过程——环境对这个过程的有利和不利影响。

Elsa在书中说，在足够好的环境的促进下，一个最初不成熟和极度依赖的婴儿，最后变成了一个有生活能力的人：有能力与外部现实建立关系，有能力与外部世界认同，并不会过分地丧失自发性和身份感，有能力在存活下来的事实中发现生命的意义，有能力合情合理地照顾自己。总而言之，这就是本书的主题。

本书的结构也非常清晰，有很高的条理性和脉络性，这对于论述温尼科特的思想来说确实是难能可贵的。本书的导言部分非常重要，对于不太了解温尼科特及其思想的读者，要仔细地读几遍，它非常系统地总结和介绍了成熟过程理论是如何产生和发展的，以及温尼科特思想与其他精神分析理论之间的争议；同时它介绍了其他温尼科特思想研究者的看法，以及与巴西圣保罗温尼科特研究小组观点的差异之处。

第一章主要论述了温尼科特思想产生的历史和学术背景，以及温尼科特思想与传统精神分析、克莱因学派、儿童精神病学、儿科学等学术领域的对话和争论。这部分内容可以让大家了解温尼科特思想和成熟过程理论的优势。

第二章主要描述了成熟过程理论的基本概念。朝向整合的先天倾向和促进性环境，时期和阶段，精神－躯体性存在，经由个人体验而不是心智的整合，未整合状态和早期生命的绝对依赖，母亲 / 婴儿关系，足够好的母亲和婴儿的父亲，自我（ego）、自体（self）和我（I）的概念，成熟理论之哲学和认识论的特征，以及在其中表述该理论的语言。

第三章描述了处于绝对依赖的生命最原初阶段所发生的事情，其中包括：怀孕阶段，出生体验，理论性首次喂养阶段，原初创造性，兴奋状态、宁静状态，以及这两种状态之间的转换活动。本章也呈现了在这个最原初阶段应该完成的基本任务：时间和空间的整合，精神安住于躯体，与现实开始关联，以及原初自体的建立。

第四章描述了通往独立和相对独立的相对依赖期的不同阶段。包括：幻灭过程的开始阶段（该阶段包括断奶和心智功能的早期激活），过渡现象阶段，客体使用阶段，“我是”阶段，担忧阶段，三元（俄狄浦斯）关系阶段，青春发育和青春期，成年期，老年期和返回到生命原初期。

最后本书还对温尼科特成熟过程理论与弗洛伊德经典精神分析性心理发展理论之间的比较研究做了简短的总结。

本书由北京温尼科特学习与研究小组翻译团队翻译，整个过程历经三年，异常艰难。为了准确反映作者对温尼科特的理解和表达，我们字斟句酌，很多时候需要牺牲中文表达的简洁性，才能表达出对生命早期特征的描述。幸运的是，本书的作者是我们的老师和临床督导师，我们能够经常与她沟通。作者和她的团队已经来中国讲授温尼科特思想和临床实践达十三次之多，每次持续一周左右，我们有很多机会与她进行交流和学习。

尽管如此，由于温尼科特的思想和他使用的词汇看起来非常平凡，但充满了悖论性特征，温尼科特的语言表达一直处于一种生命发展的运动变化中，不断地按照生命发展阶段来表述对立面和矛盾运动的特性。可能在某处已经建立起某个词汇的意义，但是当这个词汇出现在另一处时，你必须解构原意，建立新的意义。所以，往往需要认真仔细地研究真正的意义才能贴近他的想法。我想我们的翻译一定有很多不妥之处，我们希望与读者进行交流，一起找到对原文的精准理解。

非常感谢国际温尼科特协会（IWA）的支持，也非常感谢温尼科特国际教师团队的教学和支持，非常感谢 Elsa 老师的辛勤付出，让中国的心理咨询师和温尼科特的研究与实践者能够更加贴近温尼科特的思想和实践。

最后，我要感谢北京温尼科特学习与研究小组的翻译团队，感谢他们一贯的严谨、专注和努力，谢谢他们！

赵丞智

于北京回龙观

2019年12月9日

参 考 文 献

1. Zeljko Loparic, Winnicott's revolutionary program for psychoanalysis: Inauguration of the Post-graduate of New Track: Independent Psychoanalysis – Radical Breakthroughs,Department of Psychotherapy, University of Tel-Aviv: September 23th, 2016.

2. Abram, J. (2007). The Language of Winnicott: A Dictionary of Winnicott's Use of Words, Second Edition. Karnac Book.

3. Elsa Oliveira Dias.(2016). Winnicott's Theory of the Maturational Processes, Karnac Book.

4. Winnicott, D.W. (1989). Psychoanalytic explorations. Karnac Book.

5. Winnicott, D.W. (1965). The Maturational Processes and the Facilitating Environment: Studies in the Theory of Emotional Development. The International Psycho-Analytical Library, 64:1-276. London: The Hogarth Press and the Institute of Psycho-Analysis.

中文版序

我很愿意为《温尼科特成熟过程理论》(*Winnicott's Theory of Maturational Processes*)的中文版作序。我有一个非常好的理由来写这个序，因为这本书的中文版给了我一个机会，向中国的读者们介绍温尼科特思想的“支柱(backbone)”。

温尼科特是一位儿科专家，他所有的工作都围绕一个目的，即发展出一种个体成熟过程的理论。这个理论主要用来解释婴儿从其生命一开始就处于一种不成熟的、高度依赖的情形，他需要一定的环境性照护。如果环境能够恰当地为婴儿提供这种照护，那么婴儿就会逐渐变成一个完整的人，而这个完整的人已经整合出了一个统整的“我”，能够与外部现实建立关系，能够照顾自己，能够为自己的生活承担起责任，也能够建立自己的社会关系。这个人还能够享受人类文化遗产，甚或为此做出一些贡献，并且拥有这样的感受，即尽管自始至终都还存在着一些问题和痛苦，但相信生命是值得的。

为了更加有效地完成作为儿科学专家的工作，温尼科特在精神分析中寻找知识和经验，并且成为了一位精神分析师，他的治疗对象既有儿童也有成年精神来访者。他的目的是，利用在为精神来访者治疗的过程中对退行现象的观察来获得一些知识，并把这些知识应用到对儿童的治疗实践中。同时，他以同样的方式，把从婴儿及其母亲那里学习到的知识，应用到对成年精神来访者的治疗实践。最后，温尼科特基于要彻底改变传统精神分析的理念，发展出了“儿童精神病学”。这种改变本质上包含以下三点：(1)构想出了一种成熟过程的理论，并以此作为理解成熟病理学和临床实践的指导性理论，而且把性欲发展理论作为其中一个部分；(2) 对环境因素的评估，特别是对人类个体自生命伊始建立过程中最早期环境因素的评估；(3) 考虑的主题是“母亲膝上体验”的问题，以及在成熟过程期间逐渐作为替换的一种更宽泛的生活圈子，诸如家庭、学校和社会内部体验的问题。这些主题取代了集中出现在俄狄浦斯情结阶段的各种内在冲突，那是被传统精神分析优先考虑的主题。

因为温尼科特的理论概念化并描述了生命发展过程中各种各样的任务、成就和困难，这些属于从生命开始到成熟过程的每一个阶段。所以，这个理论可以指导和理解各种健康相关的现象，允许更好地使用个体的健康资源，以及指导尽可能早地诊断和治疗那些在个体成熟早期阶段中没有被解决的困难。

以这些术语构想出的温尼科特成熟病理学（maturational pathology），对精神分析和心理治疗临床实践做出了基本贡献，进一步揭示了诊断的真正意义，并能有效地指导治疗师的临床工作。这些治疗师要有一种能力，知道来访者在治疗关系中任何特定时刻的情绪年龄，其目的是既要理解来访者在治疗中暴露出的不成熟性，也有能力在来访者发展的各个阶段帮助他们，包括在主要的依赖阶段。这个理论有助于我们对那些所谓的困难个案进行治疗，而这些个案无法被传统精神分析覆盖。此外，这个理论可以容许我们在许多其他健康服务领域重新思考治疗程序，诸如成人精神病学、儿童精神病学、听力学（phonoaudiology）、看护学、精神病学社会性服务和职业治疗等领域，也能指导从事促进成熟发展照顾工作的社会工作者和教育工作者。最后，这个理论对所有涉及预防保健政策的人也是一种宝贵的贡献。

为了不同的读者，温尼科特的文章包含了很多分散的主题。本书正在出版中文译本，我的意图是提供一个关于温尼科特著作的更加系统的读物，使他的思想的一致性更加清晰，以一种更加统一和综合的形式，呈现出他对精神分析理论、临床实践和各种其他健康服务领域的重要贡献。早已在本书第一版发行的时候，清楚地围绕着一个（也就是成熟过程理论）主轴来描述，对我而言将会促进对温尼科特思想的理解，促使复杂和创新的理论观点被接受，由此便可浮现出一种深远而有效的临床实践活动。

除了传播温尼科特的工作之外，我还有另一个目标是，使相关专业人员关注到这样的事实，温尼科特除了是一名杰出的临床医师，还发展出了一种完整统一的、具有高度一致性的理论框架，这表明精神分析的发展已经迈出了决定性的一步，而且它被认为是这门学科的一种新范式。尽管温尼科特的工作表面上看起来有些松散，但是它具有一种内在的组织性，并且具有一种非常特别的一贯连续（凝聚）性，因此我们不需花费太大的努力，就可以从他所有的工作中提取出关于人类健康、疾病和临床实践的一种精神分析构想，同时它是一种十分重要的学说，可以应用于非临床的领域。

在巴西，我们的主张很顺利地被一群高素质的专业人士认可并接受了，由此也促成了一些学术机构的成立，特别是在2003年成立的圣保罗温尼科特中心以及2005年成立的巴西温尼科特精神分析学会，这些学术机构的目标都是促进温尼科特思想研究领域的教学、研究和出版工作。我们创建了温尼科特精神分析培训课程（Training Course in Winnicottian Psychoanalysis）以实施教学，稍后为了包含由温尼科特所实施或构想的其他临床实践形式，这个培训课程有所扩展。扩展后的新课程被称为温尼科特学派培训课程（Winnicottian Training Course），由巴西温尼科特精神分析学院负责教学。目前，已经有一系列致力于温尼科特思想和临床实践的研究逐渐开展，这些研究分别由巴西国内和其他一些国家的几个温尼科特学习与研究小组负责实施。巴西温尼科特精神分析学会的编辑部还负责了与研究相关的一些出版工作。由巴西圣保罗温尼科特学院所做的这一系列成功的创新活动已经受到了国际同行的关注，因此2013年在巴西圣保罗，我们成立了国际温尼科特协会（International Winnicott Association，IWA）。

当我看到在遥远的中国出现了温尼科特思想和实践的发展时，我无法掩饰自己的欣喜。温尼科特思想富有成效的科学工作的全球化趋势，让我们获得了力量，把我们从以传统精神分析研究为中心的保守氛围中解放了出来，这种传统的保守氛围常常不利于创新理念。我由衷希望，本书将有助于拉近巴西与中国之间的文化关系——两种文化之间的交流刚刚开始，但是它们将会在不同的领域和形式中有意义地发展。

本书之所以能够在中国翻译出版，背后有一个动人的故事。那是在2013年，我和我的丈夫哲学家 Zeljko Loparic 去中国旅行。当我们旅行至美丽的北京时，北京回龙观医院怡康心理诊所的凌笄昂医师邀请我们为他精神科医师和心理治疗师同事讲讲温尼科特，一切从此开始。于是，我们在北京怡康心理诊所与中国的同行们举行了一个小型研讨会，之后我为他们督导了一个边缘人格的案例。午饭时，赵丞智医师询问我们，有没有可能在北京回龙观医院开展一个关于温尼科特精神分析的连续培训项目，以便在中国推广温尼科特思想和实践形式，提高中国心理咨询师的临床水平。当时，我和丈夫都认为这是一个可行的提议。在回到巴西之后的6个月内，在赵丞智医师的帮助下，我们一起为中国的专业工作者设计了一个3年6期的连续培训项目，每年的5月和11月在北京集训两次，每次5天，上午理论课，下午进行个案督导，这就是第一届中国－巴西国际温尼科特精神分析取向心理咨询师连续培训项目。在2014—2016年我们圆满完成了第一届培训项目。从2017年开始，我们重新设计了这个培训项目，改成了4年连续培训，包括两年基础班，两年提高班，以适应来自中国不同地区学员的实际需求。也是从2017

年开始，在北京温尼科特学习和研究小组及北京曼陀海斯心理咨询中心的帮助下，我们把巴西温尼科特精神分析学院的4年学院制温尼科特学派培训课程引入中国，这个课程在中国被称为“国际温尼科特协会精神分析师中国候选人培训项目”，每两年招生一次，每次招15 ～ 20人，目前已经招了两届，目的是培养中国温尼科特思想和实践专业人员。

这几年来的海外教学经历，证明了我们对温尼科特思想和临床实践的总结研究是富有成效的，广大的海外（包括中国）学员对课程好评有加，觉得课程切实地提高了他们的理论和临床实践效率。

当我看到，我们的理论和实践教学活动在中国也被这么多人接受，而且有这么多人开始致力于温尼科特思想的学习、研究和实践，这是一种极具回报价值的体验。非常清楚的一点是，尽管存在这样的现实，即几乎所有的学员以前所参加过的心理治疗理论和实践的培训课程，都与温尼科特的精神分析思想不一样，诸如各种传统精神分析流派（弗洛伊德学派、克莱因学派、拉康学派），或者荣格个体分析心理学等培训课程，但是他们很快就承认了这样一个事实，即以前所学过的这些精神分析流派，并不能覆盖他们在临床上经常遇到的某些严重的精神障碍难题，而温尼科特的多重治疗方式程序，包括机构治疗方式，能够为他们提供更多富有成效的选择。我督导的临床案例，以及那些参加课程的心理咨询师和治疗师所表现出来的临床及人类敏感性，让我很感兴趣，更令我产生了一种愉快且惊讶的感受。此外，非常值得注意的是，温尼科特提出人性在世界各地都是相同的，它在很长一段时间并不能随着年龄变化和文化差异而从根本上发生改变——他的这个观点是多么正确。事实说明，当我们从温尼科特思想视角来理解个案时，中国的来访者与巴西的来访者所遭受的那些痛苦和困难基本是相同的。例如，在两个国家的来访者中，建立和维持一个创造性自体都是他们最基本和最常见的问题；与环境相关的那些困难，诸如“母亲的膝上”、家庭、学校和成年生活的社会，都有着相似的权重和复杂性；不需做出巨大自发性牺牲的个人发展和社会化需求也都显得同样急迫。在这些困难中，没有一种困难可以被简化为弗洛伊德学派和克莱因学派精神分析所谓的内部冲突，或者简化为拉康学派的象征秩序嵌入的缺乏，抑或简化为荣格学派的集体无意识的闯入，而且它们不能仅仅被看作器质性病理的结果。因此，我们今天在中国进行的温尼科特思想和实践教学活动，成为一个意义重大的且令人惊奇的实验，可以验证和发展温尼科特的思想和临床实践。

我们在中国的这些积极的教学工作，带来了温尼科特思想研究和实践的机构性发展。2016年，中国温尼科特协会在北京回龙观医院成立，它是继上海大学温尼科特学研小组和北京曼陀海斯心理咨询中心（北京温尼科特学研小组）之后，国际温尼科特协会吸收的又一个新成员机构。从2014年至今，在我们组织的北京回龙观医院中巴温尼科特培训课程过程中，北京曼陀海斯心理咨询中心为我们提供了许多值得肯定和欣赏的帮助和支持。非常值得一提的是，这个中心首次向巴西温尼科特精神分析学院提议开展（目前已经在实施）另一项极有价值的国际教学活动——国际温尼科特协会精神分析师候选人完整培训课程，培训内容和大纲在巴西温尼科特精神分析学院的一个4年制培训项目的基础上修改而成，目前正在参加培训的38位候选人是来自中国不同地区的相关专业人员，他们胸怀着准备成为未来中国温尼科特学派精神分析和实践的治疗师及培训师的希望参加这个4年制培训项目。这个培训课程开始于2017年3月，目前已经有两届学员正在按计划顺利进行着课程，我们希望这个项目可以培训出中国第一批有能力进行温尼科特理论教学和临床实践的治疗师，他们可以在不同的领域，以及在不同的学习和研究中心里继续我们的教学和实践工作，从而能够进一步实践和巩固温尼科特的临床思想和工作。

目前将要以中文翻译出版的这本书，由我的博士论文第一部分组成。我的博士论文题目是“温尼科特的精神病理论（D. W. Winnicott's theory of psychoses)”，1998年在巴西圣保罗罗马天主教大学完成答辩。大约在那个时候，在哲学家Zelijko Loparic教授的指导下，一个致力于精神分析性哲学研究的小组——特别是针对温尼科特思想的研究——开始在巴西圣保罗出现。也是在那个时候，我修订了论文的第一部分，并准备出版成书，其内容有关温尼科特的成熟过程理论。这本书在2003年首次由巴西Imago出版社出版了葡萄牙文版本。巴西公众非常喜欢并很快接受了这本书的内容，以至于在各个精神分析学院、其他与人类照护和发展相关的组织机构及学术机构，本书成为温尼科特思想研究的重要参考资料。本书第一版很快售罄，随后又重印了几次，之后巴西温尼科特精神分析学院的温尼科特出版编辑部在2012年出版了本书的第二版，2014年出版了第三版，2017年出版了第四版。2012年，这本书被翻译成西班牙文出版，同时以电子版的形式呈现给了西班牙文的公众。目前本书的法文版正在翻译中，即将出版。这些现象都说明本书正在逐渐被国际同行和读者所接纳，紧随其后的是一些研究项目。2016年6月本书由英国Karnac图书出版社发行了英文版，这本中文版正是基于英文版翻译过来的。

在中文版即将出版之际，我希望温尼科特的思想和实践将会在中国这片肥沃的土地上生根和发芽，也会为那些致力于治疗遭受成熟障碍痛苦的专业人员，以及为那些制定卫生保健预防政策的相关人员提供理论依据和工具。我之所以有这样的希望，其原因基于这样的事实，本书的翻译工作是由北京曼陀海斯心理咨询中心（北京温尼科特学习与研究小组）温尼科特翻译和研究团队的专业人员进行的，他们是把温尼科特著作的英文文本翻译成中文的专家，他们的工作是在国际温尼科特学会派往中国进行国际教学的专家们指导下完成的。我还期待这个团队能够付出更大的努力，去研究和发现与温尼科特的语言词汇相对应的中文词汇和术语，最终能够创立一部精准的温尼科特学派语言的中文术语词典，以此来支持未来的温尼科特全集中文版的翻译工作，促进中国公众对温尼科特设计、计划和推荐的成熟过程理论实践程序的精准理解。

我想强调的是，如果没有赵丞智医生的努力和决心，本书中文版的出版将是不可能实现的。赵丞智医生坚信，这本书对温尼科特理论在中国的教学很有用，因此促进并协调了该书的翻译工作，并亲自负责了大部分内容的翻译。

我非常感谢他领导下的每一位翻译工作者——凌笄昂医生，魏晨曦，郝伟杰。

我还要感谢我的编辑阎兰女士，感谢她在专业知识、文字表达和语言美感等所有方面所给予的贡献。

我也要特别感谢魏晨曦，他以极大的奉献精神对文本的某些部分进行了修订，这需要极高的技巧，才能在忠于文本的真实性、中文语言及文化的可理解性之间找到平衡。

Elsa Oliveira Dias

2018年3月10日

（赵丞智　翻译）

致　谢

本书之所以能够问世，与我的同事和朋友们的贡献是密不可分的，他们阅读了本研究的初稿，一直陪伴着我写作本书，并且提出了许多很有价值的建议。

我非常感谢 Marsh 代理有限公司，以及 Paterson Marsh、Campbell Thomson 和 McLaughlin，他们允许我在本书中引用了唐纳德·温尼科特的著作《人性》(*Human Nature*, 1988)中的很多段落(大约500多字)。

同时，我非常感谢本书的英文翻译 Regina de Barros Carvalho 和 Jonathan Morris，他们在翻译工作中，尽心尽力，精益求精，严谨认真，他们的敏捷才思和高超的语言技能，淋漓尽致地体现在了本书的翻译工作中。

我也非常感谢 Meire Gomes，她校订了本书中的参考文献，及其与最后的参考文献目录的关联，她的工作是本书不可或缺的。

我还非常感谢 Loris Notturni，Suze Piza 和 Teresa Mendonça，他们在查找英文引文的工作中给了我极大的帮助。

再一次感谢哲学家 Zeljko Loparic，他是我的生活和工作伴侣，他特有的思想胆识和魄力，我与他在广泛的扩展性教学和研究工作中的合作关系，还有他把温尼科特的思想合并到敏锐的哲学性反思的热情，都给予了我极大的帮助。

最后，我很愿意对我的孩子们表达特别的感谢和喜爱，他们是 Sandra、Claudia 和 Paulo Manoel，他们和我的外孙们，André、João 和 Francisco，都给我的生活带来了极大的快乐，确证了我对人性的信任，并且赋予了我意义深远的生命连续感。

在此，我还要特别感谢我的女儿Claudia，她提出了许多好奇并敏锐的问题。在温尼科特的理论和临床工作中，她也是一位非常有益的交流伙伴。

目　　录

导　言

※

温尼科特著作中的成熟过程理论[1]

温尼科特逐步地阐述过一个关于个人发展的理论，随后他专门称其为“成熟过程理论（Theory of Maturational Processes）”。该理论所基于的理念是：每一个人类个体都有一种朝向成熟的先天倾向性，并且人类生活的任何方面，无论健康还是不健康，都属于或起源于成熟过程中的某一时刻，没有哪个方面可以独立于这个过程中的时刻。温尼科特把这个理论当作其理论和临床工作的支柱。[2]这个理论重点强调的是生命初始的各个阶段，因为这是一段人格和精神健康的基础形成时期。每个母亲和她的孩子之间都有一种特别的关系，通过清晰地展现在这段关系中究竟发生了什么，一方面，温尼科特描述了各种基本的人类需求，这些需求持续贯穿于生命每个阶段，从生命最原初的阶段开始，一直到个体死亡为止；另一方面，他也描述了环境性条件，这些条件促进了婴儿统一身份的逐渐构成，而每一个健康婴儿都应达成这种成就，并由此获得了关联于这个世界和外部客体的能力，而且有了建立人际关系的能力。

温尼科特的成熟过程理论，将生命发展过程中每个阶段所固有的不同任务、成就和困难概念化，并进行了描述。它作为一种实用指南，让我们理解了各种健康现象，也能得到对各种情绪性困难的早期探查。他的理论不仅对于精神分析师和心理治疗师的工作非常有用，而且对那些力求促进孩子个人发展的父母，那些在某方面会影响着婴儿、儿童、青少年和成年人情绪发展的专业人员们，以及那些意识到须对精神健康领域的预防工作和各种政策进行反思的人同样有用。

就其本身的重要性来说，成熟过程理论提供了一种理论框架，由此能展开关于人性的各方面研究，像是与文化成就相关的方面，以及与创造性相关的整个领域。成熟过程理论在温尼科特本人的著作中，还有包括这本书在内的研究计划中，都构成了一个理论基础，它使我们可以依据精神障碍与各个发展阶段的密切关系，对一般精神障碍的概念进行澄清。

为了理解温尼科特发展其成熟过程和精神障碍理论的视角，我们应该强调：他是由一名小儿科医师转变为精神分析师的，切实的临床实践让他确信，那些促使母亲带着孩子来到诊所的绝大多数问题，都起因于极其原初的情绪性困难。随着思考的逐渐进展，温尼科特把这些困难定义为在生命的极早期，母亲与婴儿建立关系的过程中所遇到的困难。当温尼科特成为了精神分析师之后——尽管他一直没有放弃儿科学，但基本上致力于针对精神病性病理学的治疗和研究——在平行的临床实践活动中，同时在观察精神来访者和母亲与婴儿的活动中，温尼科特最终认识到，生命极早期阶段的情绪性发展情形，恰恰关系着对各种成年精神分裂症的研究，两种情形中会呈现出完全一致的现象。用这样的方法，对各个年龄阶段精神分裂性障碍个体的深入调查，“成为一种关于最接近个体极早期发展的研究”（1953a, p.222）。本质上，婴儿和精神来访者遭遇的共同困难，涉及将自体构建为统整体身份的问题，以及与现实的联结问题。在婴儿当中，这些困难起因于极端的不成熟；在精神来访者当中，这些问题起因于这样的事实：在早期发展阶段的某个点，他们的个体发展就已偏离了导向成熟的路径。

因此，成熟过程理论是温尼科特精神分析性思想的中心点。温尼科特在1962年阐明了对于这样一个理论的需求，以及这个理论与各种精神障碍之间的本质联系。这一年也是他新概念发展的决定性一年，他写道：

> ……我们确实需要设法建立一套个体正常成长的理论，以便能够理解各种类型的精神疾病和不成熟现象，因为我们已经不能满足现状了，除非能够找到治疗和预防它们的方法。所以，我们已经不能像曾经容忍小儿麻痹症或儿童痉挛性疾病那样，再容忍儿童期精神分裂症了。我们要设法进行预防，而且我们希望能够引领和示范针对那些精神异常状态的治疗，因为这些精神异常状态往往意味着有人正在遭受苦难[3]。

作为理解精神障碍的一个理论背景，成熟过程理论是治疗性作用的一个本质部分：

> 在对新个案未知领域的探索中，我拥有的唯一指南就是这个成熟过程理论，我随身携带着这个理论，它已经变成了我的一个部分，我甚至都用不着去特意想起它。（1971c, p.6）

本书设法以一种统一的方式，来研究和阐述温尼科特成熟过程理论的各个概念，并澄清该理论的前提，同时针对各个发展阶段以及各阶段的任务和成就，提供一个系统的描述。这个研究将聚焦于生命的早期阶段，正如温尼科特所做的那样，就他的观点来看，人类精神疾病的范例问题恰恰是精神病（psychoses），而不是神经症（neuroses）。参照生命开始时期的基本任务，精神病性障碍源自环境没能成功促进这些任务的完成，以及没能将它们成功转化为成熟成就。此外，温尼科特的思想说明，恰恰是从对精神来访者的观察和治疗中浮现出的观点，让我们看到了人类（生命）存在的本质面向，而这正是研究健康个体或研究神经症性个体难以触及的地方。

我会在（尚在准备中的）下一项研究中，呈现以温尼科特的精神障碍理论为特征的个体发展理论，尤其是以精神病为研究对象将展开和应用该理论。本书只是这个总体研究计划中的第一部分，这项研究计划将主要依据成熟过程理论，着重于生命的原初阶段，完整统一地描述温尼科特关于精神分裂性精神病的理论。

虽然温尼科特在他的全部著作中始终坚持成熟过程理论的中心地位，但是，他一直没有以一种系统化的形式，或者有组织的形式把这个理论展现出来。在温尼科特的所有著作中，只有《人性》（*Human Nature*，1988）这本书稍微清楚地提供了个体发展过程的概况，令人可惜的是，这本书并没有被完成。这本书是温尼科特唯一的完整构思著作，而其他的书籍都是论文集，其中每一篇文章都是独立的论文，作为演讲稿为不同的受众所写。由于温尼科特顾及了受众的特征，所以这些文章也都是从不同的视角，重复对同一个主题，即人类存在的方面来进行分析和论述。这就造成了一种困难，即我们很难抓住他的思想一致性。本书的目的，就是要以一种统一和有组织的方式，呈现构成成熟过程理论的各种概念性元素。为了实现这个目的，我们发现非常有必要分类和比较那些主题明显分散的文本，因为温尼科特在不同文章中都涉及了不同的发展阶段，但始终没有把它们呈现为一个系统的整体。

本书研究的基础是：沿着研究主题这条主线，对全部文本进行仔细地研读。如其他的文献研读一样，我的阅读研究也有其原则和前提。我会在前言中介绍这些主要的研究原则，而其他的原则将会在各章的阐述过程里介绍。我的研究基本都运用了解释学的经典原则。按照这个原则，温尼科特著作的每一个部分都要被放在整体位置中去理解，另一方面，考虑到该理论的每一个组成部分[4]，我们必须重新构建该理论的结构。在这种情况下，我并不打算只对温尼科特的所有著作进行详尽阅读，而是要重新构建他著作中最核心的部分——成熟过程理论。我把解释学的方法论原则应用到这个特定的任务中，也会继续以这样的方法，在温尼科特思想的整体观点中理解还处于疑问中的主题。因此，我的工作会从整体上突显温尼科特的成熟过程理论。随后，我将会运用同样的方法来重建他关于精神病的理论。

已经由温尼科特本人明确过的一些原则，也会在本书中被使用，例如，其中一个原则建议，我们应该考虑精神分析寻求问题解决方法的历史路线，从而达成对于它的一般性理解和个体理解。这就是为什么对于精神分析主题来说：

> ……读者在尽可能以历史性态度学习了所教授的东西后，一定要形成一种关于这些问题的个人见解，这也是让理论学习的每时每刻都能简明易懂、充满乐趣的唯一途径。(1988, p.42)

把一般解释学原则与温尼科特的这个原则性建议统一起来从方法论的角度看，本研究工作具有文本的内部分析和历史性分析的特点。按照这个程序，我不会尝试去证明温尼科特论文的正确性，不做超越他的工作范围的工作。我也不会做太多比较研究，除非要强调温尼科特某些观点的特异性。尤其是在涉及温尼科特精神分析的主要对比者——经典精神分析的时候，我将会做一点比较研究，但研究的出发点始终是温尼科特自己的位置[5]。我不会着眼于穷尽这种比较，只是会把我的研究限定在与成熟过程理论有关的质疑方面。

即使是在上述的限定内，完成这样一个任务也很困难。困难之一是，要始终考虑到温尼科特思想的历史演变过程，一般来说，先不考虑温尼科特在20世纪30年代的文章，因为那些文章是他作为一个儿科医师所写的。我们可以把他的著作按照写作时期分为三个阶段：第一个阶段是1940—1951年（即他出版关于过渡性客体的开创性文章当年）；第二个阶段是20世纪50年代，从他这个时期发表的文章可以看出，他发展出自己理论观点的决心已经变得更加明确；第三个阶段开始于20世纪60年代，最重要的标志是他发表于1962年的一篇文章——《儿童发展中的自我整合》（*Ego integration in child development*，1965n）。在这篇文章中，他提出了朝向成熟的先天倾向性和主观性客体等一些关键概念[6]。本研究始终会考虑温尼科特思想的演变，尽管并不是以一种系统的方式来思考——那需要另一个研究去做，因此目前的研究仅限于对温尼科特关键主题的呈现。

成熟过程理论研究的适当性

显然，成熟过程理论是温尼科特对精神分析的主要贡献。除此之外，我们研究该理论的另一个理由是，迄今为止二次文献（the secondary literature）的研究虽然接近了该理论的主题，但并没有充分探索它的理论和临床结果。此外，尽管温尼科特本人在20世纪60年代后的主要文章中已经阐明，这个理论是理解精神障碍及其分类学相关概念所必需的理论着眼点，但是他的评论者们却并没有充分强调这一点。[7]

同样，上述情况也出现在各种关于温尼科特工作的概述和介绍中[8]。从大部分这些介绍中，我们能找到对温尼科特工作各方面的仔细且精练的解释，却没人能从整体上说清其思想的内在关联，并以此澄清他的关键概念，使其思想具有统一性和一致性。没有人强调温尼科特精神病性理论的重要性（没有突出他关于精神病这个主题的独创性研究方法，也没有突出他通过对精神病的研究揭示了人类存在的基本原理这个事实），甚至也没有人提及他的精神病性理论与成熟过程理论之间的内在联系（事实上，后者是温尼科特理解精神病的病因学和性质的概念性基础）。这些概括性介绍，尽管简明扼要，也都意在呈现温尼科特工作的整体概况，但却都没有提及温尼科特的思想核心，这个现象难免有些不可思议。

我们可以举几个例子来说明这个问题[9]。有一本书《边界和空间：温尼科特工作的介绍》（*Boundary and Space*: *An Introduction to the Work of D. W. Winnicott*，1981），它是首批概述温尼科特工作的研究之一，作者是 Madeleine Davis 和 David Wallbridge。这本书虽然揭示了温尼科特思想的几个关键概念，但并没有将“成熟过程”用作基本的发展时态来把这些概念有机关联起来[10]，书中也没有提及成熟过程理论是理解和分类精神病性障碍的理论基础。在这本书中，我发现只有一处提及了病因学，而且这一处是引用温尼科特自己在描述假自体时所做的明确论述，作者写道：“从绝对依赖阶段客体呈现的失败中，可以明确找到假自体的病因学。”（Davis & Wallbridge, 1981, p.65）不过，在这本书中有一段文字，其小标题是“适应共享现实”，这段文字的介绍也许能启发细心的读者看出各个发展阶段的顺序。

由 Simon Grolnick 所著的《温尼科特的工作和游戏》（*The Work & Play of Winnicott*，1990）一书，也存在着同样的问题。尽管此书也强调了温尼科特工作的发展特点，但既没有详细说明温尼科特对人格发展的独特理解，也没能仔细思考精神病障碍理论与发展特点之间内在的本质关联性。

在《温尼科特悖论》（*Le Paradoxe de Winnicott*，1987）一书的前言中，Anne Clancier 和 Jeannine Kalmanovitch[11] 宣称，这部著作是由“造诣深厚的，**但却是非常客观的**温尼科特学术团队合作完成的，书中体现了这个具有创造性的精神分析师的许多原创性概念……”。这本共250页的书虽然为此专门成章，但只用了8页纸的篇幅谈及无疑是精神病理论最关键的一个方面——崩溃的恐惧。在这一章中，作者只是顺便提及了精神病，但并没有提及成熟过程理论的主要特点及其与精神病性障碍的理论联系。这种做法并不令人吃惊，因为本书对温尼科特思想的全部理解和解释，都基于弗洛伊德学派的精神分析理论，特别是克莱因学派的理论。

在1981年，Claude Geets发表了她的研究成果《温尼科特》(*Winnicott*，1981)。作者大部分对温尼科特的概念都描述得很恰当，尤其是那些能够表现温尼科特原创性特征的概念，例如，与原初创造性相关的概念、与游戏相关的概念，以及与过渡性现象相关的概念。然而，作者没有考虑到总体的成熟过程理论，只是以一种孤立的方式呈现各个概念，似乎这些概念有着永恒不变的意义，也就是说作者没能按照个体发展过程的不同阶段，扩展出它们相应的不同意义。正如温尼科特认为的那样，同样的话用在描述某个发展阶段时是恰当的，而描述另一个阶段时则可能是**错误的**，因为不同发展阶段所涉及的任务具有不同的性质。不加区分地使用同样的概念术语，会给人们一种印象，即温尼科特的理论是难懂的或前后矛盾的。除了对不同发展阶段的描述缺乏区分之外，这本书还有一些地方退到了经典精神分析的理论中。以下列举的引文就说明了这两个问题，Geets用下面的一段话论述“从客体关联到客体使用”这个小标题：

> 因此**孩子对现实的适应**，可以被描述为从主观性到客观性这一漫长的发展道路。“我”与“非我”之间的对立是由位于身体内在（internal）现实的幻想（fantasy）所支持着的……。孩子有一个“内部（inside）”，在其中他可能积累了一些事情，而他的成长则以他（内在现实）与世界（外在现实）之间发生信息交换的形式作为基础……。**无法避免的挫折有助于**客观性（objectivity）这一进步成就的达成（Geets，1981，p.100）。

然而对于温尼科特来说，首先，在生命的开始阶段，孩子单靠自己不能适应现实。如果此时强迫孩子去适应，那么孩子适应的一定不是现实，而是一种环境，这有可能是病理性假自体形成的起因。正常的养育情况**应该是环境去适应婴儿的需求**，进而随着婴儿在促进性环境中的逐渐成长，他**创造出**了一种甚至是许多种现实（真实）感。其次，需要注意的是，以上这本书的作者还提到了从主观性通往客观性的道路——如她自己所承认的那样——是一条“漫长的发展道路”，我们非常有必要区分出这条发展道路的不同阶段。不管怎样，在对待这个发展过程的开始阶段时，作者不但一竿子直插到底（立刻就谈及了我与非我之间的“对立”），而且使用了与温尼科特不同的术语进行解释（对于温尼科特来说，这是一个我与非我之间逐渐分离的问题，而不是一个对立的问题）。上面这段话的作者也讨论了婴儿的内部（inside）与外部（outside）。在这个问题上，温尼科特明确肯定过，在生命过程刚开始的时候，婴儿内部和外部现实的感觉还没有建立起来，他生活在一个主观性世界中，而这个主观性世界既不是内部的也不是外部的。此外，我与非我的分离，既不由任何幻想所支持，也不由挫折所促进，而是被**不带恨意（愤怒）**的摧毁性所启动，并由此在客体使用阶段创造出世界的外在性。

Adam Phillips 所著的《温尼科特》一书，在很大程度上是这些概述性作品的例外。这本书不但强调了温尼科特个体发展理论的独创性，而且强调该理论与弗洛伊德心性发展理论和克莱因发展“位置(positions)”理论之间的差异性。此书作者坚持认为，温尼科特不仅为精神分析的理论和实践引入了重大革新，而且他的理论导向对弗洛伊德理论的“根本性背离”。这种理论性背离的主要原因在于：温尼科特的“所有工作都源自他那发展性的母－婴关系范式，其中就包括他基于科学客观性的起源理论和对经典精神分析的修正”（Phillips，1988, p.5）。Phillips 在“模型（model）”的意义上使用了“范式（paradigm）”这个术语，而不是 Thomas Kuhn 在技术意义上所使用的“范式”。我们将在下面看到，Thomas Kuhn 是在用术语“范式”指明一个科学学科就是将范例问题及其解决方法结合在一起。

无论如何，Phillips 想要表明的温尼科特已经构建出了一个理论，这个理论的重要意义不仅仅局限于用新的贡献丰富了精神分析的传统模型，而且在于为关于人性的研究开启了另一个关键点，换句话说，就是从有依赖性的婴儿的脆弱性和环境重要性这个关键点出发来研究人性。按照 Phillips 所言，这些新的命题让温尼科特提出了从未被传统精神分析理论所构想过的内容，诸如“我们究竟依靠什么让自己感觉到活着，或者感觉到真实？”（Phillips，1988, p.5）。然而，尽管对于我来说，Phillips 的工作已是迄今为止对温尼科特思想最重要的展现之一，但他也认为温尼科特的成熟过程理论看起来有点模糊不清，并且缺乏坚实的基础。他在其中的一段文字中强调：“以温尼科特的观点来看，一种过分激进的先知性精神分析已经对他（温尼科特）所说的人类发展的‘本质性自然过程’产生了侵入性，或至少是缺乏信心的。”（Phillips，1988, p.98）而 Phillips 接着问道：

> 但是，这种“自然过程”是简单的还是复杂的？既然在温尼科特看来，“如果个体已经成功地做了父母，就他们本人来说也觉察不到是什么令他们做成功了。”那我们又需要知道什么以便能去适应这个过程？（Phillips, 1988, p.99）

另一方面，Phillips 继续说：

> （温尼科特）关于婴儿早期“自然”发展阶段的构想也都变得越来越复杂，并且经常显得有些模糊不清，这使他陷入了彻底修改经典精神分析赖以立足的多种本能理论的状态。（Phillips, 1988, p.99）

事实上，从上面这段话已经能看出温尼科特理论的优势和独创性，但是即便对于像 Phillips 这样敏锐的研究者来说，成熟的意义和温尼科特所理解的自然过程的意义，或成熟过程理论的地位似乎也都是不清晰的。也许正是由于这个原因，Phillips 并没有在其著作中提及个体发展阶段与精神病性障碍理论之间的关联性。

我们还可以列举另外一个例子，在 Michael Jacobs 所著的《唐纳德·温尼科特》(*D. W. Winnicott*，1995)一书中，作者陈述了温尼科特著作中关于发展概念的关键特征，并强调这是达尔文（Darwin)思想对温尼科特起决定性影响的标志。但是，尽管如此，作者也未能指出二者思想之间意义深远的差异。事实上，在温尼科特看来，人类的成熟过程不能被还原为生物进化论，而且成熟过程本质上是一种个人化特质，温尼科特则为其赋予了发展性的概念。在这本书中有两章，一个是“对理论的主要贡献”，另一个是“批评和反驳”，我们也曾期待这两章能够提及成熟过程理论与精神病性障碍理论之间的联系，但事与愿违。在最后一章中，Jacobs 声称在温尼科特的思想中，“甚至在更加理论的位置上，也很少有像弗洛伊德的思想那样容易引起争论的地方……，例如，弗洛伊德的本能理论、无意识理论、性欲中心理论”。但是他补充道，“……也许只有他的自体发展理论是个例外”(Jacobs, 1995, p.99)。在这本书中，那些介绍成熟过程理论的内容都包含在“从依赖朝向独立”一章中(p.37)。在这章中，Jacobs 并没有考虑到发展的具体特征，而是宣称：“正如温尼科特抛弃了严格的弗洛伊德人格三结构理论那样，他也很少谈及弗洛伊德关于性欲的口唇、肛门、性蕾或生殖器阶段的三重发展模式。”同时也有这样的附加评论，即“就像弗洛伊德那样，温尼科特的发展模式包含了三个类型(原文如此，而不是三个阶段，尽管这三个类型似乎是渐进发展的)：绝对依赖，相对依赖和‘朝向独立’的时期”。也就是说，Jacobs 把温尼科特的理论与弗洛伊德的理论并列在一起看待，他并没有得出二者在理论上是有差异的结论，而是认为温尼科特还亏欠着弗洛伊德。

我们在这里也可以提一下 Jan Abram 所著的一本书《温尼科特的

语言：温尼科特用语词典》（*The Language of Winnicott：A Dictionary of Winnicott’s Use of Words*，1996），尽管这只是一本词典，不是对温尼科特理论的概述或介绍，这本书的作者挑选了22个词汇条目，她认为这些条目反映了温尼科特思想的主要内容。在本书中，除了详细解释所选择的每一词条在温尼科特思想方面的主要取向之外，她还针对每个词条相关主题的内容列举了一个清单，同时加入了她的一些评论，这种形式很适合这类词典的编排，这样就可以呈现出温尼科特原文中的大量引文。作者对这些相关主题进行概念性分析的质量是不均衡的，对于其中一些主题，作者保持了主题中的本质内容，准确保留了温尼科特的理论位置。而对于另一些主题，概念性分析则是模糊不清的，丢失了主题本身的主要思想。尽管作者在各个概念之间建立联系的工作是非常成功的，凭借这一点就让本词典成为对温尼科特工作的概述性研究，但缺陷在于没能对温尼科特的思想进行完整统一的解释。尤其是由于作者并没有在一种一致性的风格中思考成熟过程理论，仅仅孤立地提及了成熟阶段与精神障碍之间的联系，这就使得此书的缺陷表现得非常清晰。这种缺乏统一性解释的现象也表现在主要的主题概念清单缺乏一些明确的基础概念，例如个体发展的理论、主观性客体、想象性精细加工、无法想象的极端痛苦、精神病、家庭、俄狄浦斯情结和道德的建立。再例如，精神病这个概念并没有出现在主要的主题概念中，而被放置在“环境”这个主题之内考虑，这是由于作者要强调，精神病性障碍与婴儿生命原初阶段的环境性失败之间的关联性。因为只有早期令人满意的环境才能允许个体成长，且继续发展。另一处提到精神病的病因学，则是在本书“反社会倾向”[12]这个主题概念之下。

现在我要提及 Julio de Mello Filho，以及他在1989年所著的一本书《存在与活着》（*Being and living*）。这本书的出版，标志着巴西学者对温尼科特学派研究的开始，也因为书中的要点而令人惊喜，即书中呈现的对温尼科特思想的阅读，带有一种对温尼科特理论原创性大无畏的肯定和欣赏态度，即使温尼科特本人也不是总能提取出该理论的全部含义。此外，书中也展现了关于这一理论主题的大量知识。在题目为“其人，其生活和其工作”的第一章中，Mello Filho 从全局出发，对他所认为的一些温尼科特基本思想进行了总体和简明的介绍，当然这个描述也非常的详尽。在这一章中，对我来说重要的以及能够揭示该学者对温尼科特理解的内容，是他主动扩展了——我更愿意说——改正了1977年 André Green 在其文章中所罗列的温尼科特对精神分析做出的贡献。Green 曾经在温尼科特的思想中区分出七个理论，其中包括“驱力理论（theory of pulsions）”，这显然是一个错误。Green 也提到了“发展理论（the theory of development）”，但只是作为其中一个理论来提，而不是作为上述其他所有理论的理论基础，而且是最后才提到。为了改正这位法国研究者的结论，Mello Filho 从发展理论开始列举温尼科特的贡献清单，这让我们相信他还是优先考虑这个理论的。然而，Mello Filho 在其著作中，既没有明确强调发展理论的中心位置，也没有明确强调各个成熟阶段与精神障碍之间的相互关系。他还向这个清单中增加了几个其他理论，这几个理论确实值得一提，例如自体理论、精神-躯体理论[13]和退行理论，除此之外，他还重新描述了那些已经由 Green 提及的理论。在我看来，Mello Filho 的描述要比 Green 更加忠于温尼科特。最后，Mello Filho 恰当地修改了 Green 关于温尼科特驱力理论性质的注解，并提出了温尼科特学派的冲动理论（theory of impulses）[温尼科特所使用的术语是**驱力**（drive）]。

尽管事实是 Mello Filho 强调了散落在各处的成熟过程理论的重要方面，但他也只把它放在理论性位置，并没有考虑到成熟过程本身。例如，在《存在与活着》一书的第二章“人类发展和分析性情境”中，作者提到：“伴随着婴儿的发展有三个主要过程——整合、个人化和适应现实。”但并没能区分出这些过程开始的阶段。之后，在不讨论整个成熟过程，也不讨论过程中为了确保整合成为统一体而必须要克服的各种挑战的情况下，他写道："在温尼科特看来，通过上述三个过程的**同时联合发生**(conjunction)，(婴儿)开始区分开'我(me)'和'非我(not-me)'，并通过皮肤把'我'与'非我'分离开，而皮肤起到了一种界膜的作用(a limiting membrane)。"(Mello Filho, 1989, p.37)

关于本书有别于其他文本的简要讨论

由于主题和方法学的缘故，本书最后呈现的对温尼科特成熟过程理论特性的描述，为温尼科特的工作提供了一个总体概貌。尽管这个视角不是全新的，但仍然与其他一些既有文本有着很大的不同。在研究温尼科特对精神分析的扩展性贡献方面，由于存在着几种不同途径，首要的问题就是准确地认识其贡献的具体内容。

一些人对温尼科特是一位原创性思想家的说法还是有一些质疑。支持这种想法的人就任何有意义的主题都否认存在具有温尼科特式特色的"理论"。一般来说，他们也都会把他所做的贡献纳入经典精神分析(弗洛伊德和克来因学派)的理论框架，这种想同化温尼科特思想的研究者很多。早在 A. Clancier 和 Kalmanovitch 所著的《温尼科特悖论》一书的第二章"儿童及其幻想"中，作者就使用了一个幻想(fantasy)的概念，而这个概念属于克莱因的理论，而且与温尼科特的幻想概念完全不同。还是在同一章中，在描述婴儿－母亲联合体(baby-mother unity)的时候，作者重现了温尼科特把婴儿作为一个孤立存在的图示，婴儿发现环境的图示，等等。[14]下面这段话，则是他们加在这些图示上的说明：

> 本我冲动的浮现，使得孩子更加容易面对外部世界。如果好乳房实现了它本身的这种体验，那么所有的事情将会进展顺利。当二者不能相遇时，将会出现一种分裂。(Clancier &

Kalmanovitch, 1987, p.26）

换句话说，这里说的所有事情都是克莱因学派的思想。在这段话中，仅有的温尼科特学派元素是——朝向一个相遇者（an encounter）的运动，但即便如此，运动方向也是错误的[15]。

另一个比较好的例证是Luiz Meyer在1994年写的一篇评论文章。这篇评论是由综述期刊《Percurso》委托所写，鼓励其对精神分析培训中可能失败的动机进行反思，文中分析了1952年11月温尼科特写给克莱因的著名信件。无论从哪种角度来看，这封信都是对当时克莱因学派势力演变的一种警告，因为其在思想上强加给别人各种形式的约束，造成了令人紧张的学术气氛。Meyer尽管做好了准备思考这封信中“明确的温尼科特学派思想”，但他仅仅分析了温尼科特对克莱因的批评，特别是批评的明确性质。从这一点往后，Meyer熟练巧妙地逐渐损毁了温尼科特的思想，把讨论的重点从温尼科特的概念转移到了另外的焦点上，去质疑这些概念究竟因何而起。这种对温尼科特思想的擅自改变和贬损逐渐达到了高潮，到文章的最后部分，温尼科特本人的思想已经无影无踪了，他只是传承克莱因学派思想的一个无名者和模仿者。

然而，绝大多数研究者都毫不犹豫地承认温尼科特是一位著名的独创者。Geets（1981）为我们提供了一个值得欣赏的例子：“在当代精神分析领域中，温尼科特的位置是新颖而独特的……通过其新颖的语言表达和有着丰富价值的观点，他的工作的影响日渐增强……”（p15）在“边缘性概念”（The borderline concept）一文中，Green自己说道，温尼科特是一位专门针对边缘性个案工作的分析师，并指出了温尼科特观点表面上的朴素性，使人们不能关注到这位英国作者精妙发现的复杂性（Green, 1976）。

还有一些研究者虽然承认温尼科特观点的独创性，但却否认他是一个理论思想家，并坚持认为他的思想的丰富性恰恰体现在其不具有“理论性”或“系统性”上。Pontalis 是持有这种看法的人之一，在与 Clancier 的一次访谈中，这位法国的精神分析师声称：

> ……任何人都可以追溯弗洛伊德的思想，任何人也可以阐述梅兰妮·克莱因的理论，甚至任何人都可以系统化拉康的理论。如果你也想努力对温尼科特的观点做这样的事情，那么你就会失去他所说的最好的东西。我一直很敏感于温尼科特效应，并保持着对这种效应的敏感性。[16]

Rogério Luz 强调了这样的事实，即温尼科特构建理论的方式可能导致了这种看法，他承认这种看法也导致他对精神分析贡献范围变小。在1989年的一篇文章中，Luz 指出了温尼科特文章中所表现出的写作方法：

> ……为了接近于日常语言及拒绝学术的系统性，其描述方式有时看起来仅仅是对于那种联结到临床实践的绝妙直觉的一种表达，但是这种表达并不能够响应关于主题的理论及其与文化之间关系的要求。(Luz, 1989, p.26)

在同样的意义上，这种看法也假定了不去固定一种丰富的思想，并让其处于持续变化状态的重要性。例如，Claude Geets 就让大家关注将温尼科特思想理论化的风险，即风险在于“麻痹和瘫痪了一种持续不断变化着的思想，并固定在僵化的概念化中，而原则上它更适合作为一种临床经验被分析师看见和听见”(Geets, 1981, p.17)，对于温尼科特的思想，这种风险尤其可怕。这种风险的一部分将会是一种可能性，即假如温尼科特的思想被构建成为一套理论，就可能会被转换成为一种教条。按照 Geets 的说法，与温尼科特的思想最不相关的，莫过于“将一种系统教条主义应用于活生生的现实，若脱离了见证其诞生的生活体验，理论就会失去它本身的意义，并且蜕变成了一种教条学说”（Geets, 1981, p.17）。这种正当合理的恐惧感却引发了许多相关的问题，为什么清晰、统一和严谨的理论概念，在温尼科特这里就会变成特定的教条？任何一部著作，一旦公之于众，必然会受到读者们的解读，这就相当于，主观世界总是会介入对客观现实的知觉中。那么，对于温尼科特的著作，我们为什么又非得刻意推崇这种结构性真理，并且专门建议对它进行主观解读呢？如果我们所做的事情，只是利用温尼科特的名字和语言来粉饰已经有的理论，那么如何才能建立起与温尼科特思想的真正对话呢？或者说，使用我们都敬重的方法去解读和比较温尼科特的文本，尝试去准确理解温尼科特想要构建且多次维护的理论和方法（这最终是我们努力与来访者所做的事情），还是干脆判定他的思想应该被交给每一个人自由裁决，做出任意的解释，你们觉得哪种做法的风险比较大？[17]

José Ottoni Outeiral 是巴西最积极主动传播温尼科特理论和实践的人之一，他为巴西葡萄牙语版本的《精神分析性探索》（*Psychoanalytic Exploratims*）写了前言。我认为，前言中有一段话透露出了 Geets 所表达的那种焦虑。为了更好地阅读温尼科特的著作，他表示：

> 正如他在《涂鸦游戏》（*Squiggle Game*）中建议的那样，非常有必要的是读者和作者共同创造一种“个人化的阅读”，一个过渡性空间，读者在其中“将会发现”温尼科特所表达的东西。（Outeiral, 1994, p.viii）

对于 Outeiral 建议的这种阅读方法，我们很难苟同。首先是鉴于上文中与 Geets 相关的考虑，其次是因为理论的构建，或者概念的构想，都不同于涂鸦游戏中所需要的那种自发性姿态（因为它们并不源自创造性）。涂鸦游戏是一种治疗方法，一种人际间沟通的程序，它完全不同于那些建构理论所需要的程序。正如我们将要展现的那样，建构理论的程序由详细阐述和假设检验组成，它们也是一种问题解决式科学活动的特征。此外，对于有些人盗用了温尼科特的思想，却不承认温尼科特应有的功绩，这似乎既不合情也不合理。在努力弄清楚温尼科特真正所写内容之前，就忘记了温尼科特是真正的作者，把温尼科特所写的内容当作一种“个人化发现”，这是非常不公平的。这就意味着你与温尼科特的著作建立了关系，却把它们变成了你的主观性客体。按照温尼科特的说法，这种现象代表的是一种“死胡同沟通（dead-end communication）”，一种代替了对话的独角戏，也否认了事实上温尼科特和他的著作属于外部现实，而如果每一个阅读者希望达到成熟，就必须要处理这个现实。正如前面已经提到的那样，温尼科特确实提议过，“读者一定要在这些事情中形成一种个人化的主张”，但这只能是“尽可能学会了被教授东西之后的事情……”（1988, p.42）。

非常有趣的是，这并不总是 Outeiral 的一贯立场。考虑到温尼科特思想中关于父亲的主题，Outeiral 也承认“一种宽泛的和不系统的工作……使得对某些明确主题的深入研究变得复杂了”（Outeiral, 1997, p.91）。在另一篇文章中，Outeiral 声称受到了 Hartmann 的启发——后者曾经告诉过 Masud Khan，尽管很多人都说参考了他的工作，但实际上没有人真正阅读它们（Khan，1958, p.xxxi）。Outeiral 向读者解释说，他的文章中之所以有大量对温尼科特原文的引用，是为了“保留温尼科特思想的真正含义，以避免（热衷于）对其思想做出个人化的解释”（Outeiral, 1991, p.133, note 1）。

还有一批温尼科特思想的解释者，他们都属于承认温尼科特是一位伟大的临床心理学家的阵营，但他们却坚持认为温尼科特的工作只具有一种启发性特点，并且其著作偏爱使用日常的甚至诗意的语言来表达意见——由此说明温尼科特并不具有理论兴趣。

这种专门从杰出的临床心理学家或“自由的”“诗人的”思想家视角来看待温尼科特的倾向，多少是出于一些间接原因。按照 Daniel Widlöcher 的看法，在法国温尼科特的思想制衡了源自拉康（Lacan）工作的“一种稍微偏理智的形式主义”。恰恰相反，温尼科特的一些作品更加优先考虑治疗关系和感受。[18]在法国温尼科特代表了拉康学派中超系统化的一种替换性选择。而在英国温尼科特则充当了一副解毒剂，以对抗克莱因学派的教条和宗派主义——这不仅表现在该学派的理论层面，而且发生在学派的政治制度和科学层面。

还有一些人没有否定温尼科特文章的理论独创性，而是指出文章的非科学性和理论脆弱的特点。举个例子，Greenberg 和 Mitchell 评论说，温尼科特思想的中心主题“普遍以一种能唤起悖论的形式存在，总是很滑稽地诱惑读者。对这些中心主题的争论也更加散漫离题，而不是紧凑详尽地论述”（Greenberg & Mitchell, 1983, p.189）。

Jacobs 以温尼科特的思想缺少一个完整统一的解释为依据，他观察到，尽管可能在心理咨询界温尼科特的名字是众所周知的：

> ……但是，在与专业相关的领域内部……他的思想很少能引起真正的辩论。……如果行为主义……继续与精神分析进行无休止的争论，温尼科特不会吸引任何特定的炮火……。可能存在某些原因，能说明为什么温尼科特的工作很少遭到批评。例如，有可能他的著作的性质就是这样，以至于引发的争论必然是很有限的。他可能写了很丰富的东西，但能够呈现出综合理论的作品却发表得很少……。在温尼科特的著作中，没有清晰的方案和计划，可能只有《人性》这本著作是一个例外。（Jacobs, 1995, p.98）

Rycroft 是中间学派的一位杰出人物，他对温尼科特著作中缺乏一致性理论建构的现象感到惋惜。他承认过渡性现实（transitional reality）的理念“可能是过去三十多年对精神分析理论最重要的贡献”（Rycroft, 1985, p.145）。然而，他也说道，“尽管偶尔使用一下这些抽象名词，”温尼科特的文章总是：

> 一种个人化的陈述，具有太强的特性，以至于很难被同化进任何科学理论的总体中。他的思想经常听起来像发自荒野中的一声呼喊，但其实他有容身之处，或者又像是一个把自己伪装成思想家的空想家。

最后，有一些人始终捍卫温尼科特，认为其理论存在着意义深远的创造性。Phillips 认为相对于传统精神分析理论，温尼科特的思想有一种突破性特征。 Zeljko Loparic（2001b, 2006/2011）以比 Phillips 更加激进的方式认为，温尼科特的工作把一种新范式引入精神分析理论框架中。为了说明其观点，Loparic 首先设想，精神分析如果要具有科学性，就大约和一门成熟的实际科学一样，它也要建立起

> 一种框架，在其中发展出一种问题解决的活动，就像是解决谜题一样。这种框架的内部结构特征是看待和谈论世界的一种方式，被一个制度化的团体所共享，并且被结构化成一种范式或学科模型（a disciplinary matrix）。（Loparic, 2006/2011, p.29）

这里所说的“范式”，指的是 Kuhn 在他所著的《科学革命的结构》（*The Structure of Scientific Revolutions*, 1970）书中提到的概念。Kuhn 主张一门科学学科应该由其“范式（paradigm）”所定义，而且他在其首

次讨论这个主题的著作中就给出了范式的定义："一种普遍公认的科学成就，并在一段时间内为实践者共同体提供了问题及解决方法的一种模型。"（Kuhn, 1970, p.viii）"一种范式"包含着两个范式类型：范式Ⅰ，由范例问题（exemplary or paradigmatic problems）构成，"涉及能以一些经验形式（观察、实验过程、临床实践）接近的事实，以及随之而来的关于（范例）问题的解决方法"。（Loparic, 2006/2011, p.29）范式Ⅱ，又称为"学科模型（disciplinary matrix）"或"理论性保证（theoretical commitments）"，是由一些被构建出来的不同理论组成，目的是为了解决那些范例问题。这些理论是：（1）一般性指导原则（guideline generalisations），用来指导对问题的研究；（2）研究领域的本体论模型；（3）方法论模型；（4）所涉及的价值观，包括认识论的价值观，如内在一致性、真实合理性，等等（Loparic，2006/2011）。因此，范式Ⅱ包含的正是充当理论基础的一组假设，用于常规调查研究，也就是用于解决正在研究中的问题。科学研究本身致力于发现和解决新的问题，一般的研究程序包含按照范例问题的模板构建出新的问题，并根据范例解决方案来解决这些问题。当能够覆盖和解决绝大多数出现的问题时，范式（Ⅰ和Ⅱ）就会被维持住。然而随着已有的范例性解决方案无法解决出现的大量新问题，即所谓的反常问题时，那么通常一种缓慢形成的危机就开始显现了。逐渐地，调查研究将不再是"常规式的"，而是变成了一种"革命式的（revolutionary）"研究，即要努力发现或检验一种新的范式，使其既能解决那些旧问题，又能解决那些新的和反常的问题。

按照 Loparic 的观点，这种情形恰恰就是一种范式转变，而温尼科特在精神分析范围内的工作就有这种新范式的特点。对于经典精神分析来说，范例问题是俄狄浦斯情结，而指导理论是性欲发展理论。针对范例问题的范例性解决方案主要是男孩对父亲的认同，这就意味着要解决阉割恐惧的问题，同时也意味着要抛弃占有父亲位置成为母亲丈夫的意图。哲学家 Loparic 说：

> “温尼科特所提出的新范例问题是母亲膝上的婴儿，这个婴儿需要成长，即需要为其持续存在和整合成为一个单元体（a unit）建立基础。最重要的一般性指导原则就是成熟过程理论，而性欲发展理论只是其中的一个部分。”（Loparic, 2005, p.314）

这是一个新的问题，对于经典精神分析理论来说，这个问题是一种异常问题，它指向的不是一种与乱伦欲望有关的驱力性主题，而是关于自体和世界的真实感构造的主题。然而，除了范例问题发生了改变之外，Loparic 继续说道，

> 温尼科特还改变了学科模型。他拒绝或明显修改了一些基本理论概念的用法，诸如主体、客体、客体关系、驱动（愿望、冲动）、心理表征、心理机制、驱动力（pulsional force）。在这些概念的相应位置和性欲发展理论的位置上，他放置了人类发展理论（theory of human development）以及一系列新的基本概念，以此来描述在俄狄浦斯情结这个位置之前所发生的事情，并以此来研究新的和旧的问题。（Loparic, 2005, p.314）

把温尼科特的精神分析工作上升到一种范例性解决方案的地位，是 Loparic 一个容易引起挑战并被争论所包围的论点。例如，在 1997 年巴西葡文版《思考孩子们》（*Thinking about Children*，1996a）这本译著的前言中，Roberto Graña 就不同意 Loparic 的这个观点，并说他的“这种观点难以维持”（Graña, 1997, p.xi）。他说，首先是因为“把 Kuhn 的

方法应用于人类科学是不合适的”，其次，温尼科特在许多场合都称自己为弗洛伊德学派精神分析师。Graña 的第一个论据是不正确的，确切的原因是弗洛伊德本人公开宣布过，精神分析不是关于灵魂（spirit）的学问，而是一种自然科学（a natural science）[19]。进一步说，虽然 Kuhn 的范式概念应用的主要领域是自然科学（物理学、化学、生物学等），但**同样也适合社会和人类科学**，不同的是在后面的这些科学领域中，这一概念应该还处于一种前范式性（pre-paradigmatic）情形——范式Ⅰ还没有以一种清晰的方式建立起来，而研究工作恰恰就在于此。然而，在人类科学领域中，如果要说有一门学科已经有了清晰的范式，那就是精神分析。即使我们把精神分析也看作处于一种前范式性情形，最重要的是读懂 Kuhn 如下所言：

> 所有科学社团的成员，包括处在“前范式”期间学派的成员，都要共享这类共同的要素，我已经将其统称为“一种范式”。一门学科从过渡时期到其成熟所发生的变化并不在于范式的存在与否，而在于它的性质转变。（Kuhn, 1970, p.179）

温尼科特对精神分析的贡献这个问题可以引发丰富的讨论，而且这种讨论仍然在进行。Graña 的第二个论据涉及温尼科特说自己属于弗洛伊德学派精神分析师，但这个论据也不能令人信服，因为除了它不足以让我们不对温尼科特的理论位置进行分析（也就是我们将在当下这本研究著作中看到的分析）之外，这个论据的目的更多在于政治性意义而不是理论性意义。随着温尼科特思想的逐步形成，温尼科特感觉在表达思想时有了更多自由，我们发现他对弗洛伊德和克莱因也有了更强烈的批评性分析，其中最首要的就是要求他们提供更宽泛的理论实体来理解更加普遍的精神障碍。这并不意味着温尼科特就不再是一位精神分析师了，相反，介于相信精神分析是一个不断发展的知识领域，作为研究者他要把这个任务继续下去，并且依照新的发现来修改原来的理论。从这种视角来看，他的确是弗洛伊德的追随者。

Rogério Luz 是另一位温尼科特研究者，尽管他并没有假设一个新的范式，但也指出温尼科特的工作标志着精神分析已经发生了巨大的改变，“温尼科特引入精神分析的不仅是一种新的客体、现象或活动，而且激发了精神分析问题领域的重新安排，随后还引发了对精神分析概念的重新安排”（Luz, 1989, p.32）。

澄清温尼科特工作的整体样貌

我的出发点在于这样一个事实，即确信温尼科特对精神分析的原创性贡献：他提出了人类成熟过程理论和精神障碍理论，特别是关于精神病的理论。这些理论有各自的内在一致性，同时彼此是相互联系的。我也分享了一些其他人的立场，他们也承认温尼科特的概念是全新的，并且我拓展到这些立场背后的元心理学（metapsychology），甚至所沿袭的哲学传统——这可能宣告着作为一种整体的精神分析出现了一个新范式。举证说明我为什么接受这种观点，并不是这个研究的目的。我将把自己限制在突显温尼科特工作处理程序的某些方面——也是那些不常被注意的方面，而它们铺垫了我在这个研究中详细阐述的这类阅读理解的方式。这些方面的观察涉及温尼科特曾用于构建理论的一些形式，具体是：(1) 他对精神分析和科学工作的构想；(2) 他与各种科学领域的对话；(3) 他与言语表达的关系；(4) 他通常对诗歌和艺术的使用；(5) 他关联非科学领域知识的方式，诸如哲学和神学（以及一般意义上的宗教）。

我们首先看看温尼科特的理论性精巧阐述方面，尤其是他对科学工作的构想。温尼科特一直坚持这样的事实，他所写作的东西都源自自己的工作经验，而且坚持认为自己无论如何都无法拟定一份继承或借鉴其他人构想的清单。温尼科特断言:“我的心智不是以那种方式运作的。”(1945d, p.145)1957年在写给Augusta Bonnard的一封信中，他提到了这样的观点，对于他来说，是否第一次说某个事情不重要(1987b, p.116)，而且“我并不关心某个概念是原创的还是引用其他作者和思想家的(甚至是弗洛伊德的)”(1968c, 193)。温尼科特需要使用自己的语言来详细描述理论，或者像他说的，需要以最个人化的方式来构建“最新的思想理论”，这都是众所周知的。毫无疑问，这是他遵循了一种不寻常的思想自由的结果，而他也毫不妥协地捍卫着这种不寻常的自由。他的同辈人意见一致地肯定了他“做自己”的杰出能力，以及他对教条或对任何思考约束的反感。[20]

同时，作为一个研究者，温尼科特通过澄清任何对现实(reality)的接近都是基于这样一个基本的悖论，即“婴儿创造了他所邂逅的东西”，从而把他自己的创造性也归功于传统，“**在任何文化领域中，不可能存在着原创性，除非以传统为基础**”(1967b, p.134)。温尼科特说，当我们健康的时候，我们只是创造了我们所发现的东西，即**那些早已经在那里等待着被发现的东西**。甚至在艺术中，“我们不可能在深陷忧郁时还具有创造性，除非我们正经历一种在精神病院中的独自体验，或者正被我们自己的自闭状态所庇护”(1986h, p.53)。创造性并不包括那种自闭症性的发明，而“指的(创造性)是，无时无刻都能重新看待任何事情”。温尼科特的原创性并不来自忧郁，而是一种真实的科学性创造。他的思想理念是从临床观察及与相关领域的争论中锻造出来的，这些相关领域包括:儿科学、儿童精神病学和精神躯体医学(psychosomatic medicine)。[21]与此同时，他的主要对话者是经典精神分析。温尼科特始终认为自己是一位精神分析师，并且他多次承认欠了弗洛伊德和克莱因的债，这种承认与他的创造性构想是完全相符合的。他说:“我是弗洛伊德主义或精神分析学派的产物，这并不意味着我认为弗洛伊德所说的或所写的一切都理所当然。”(1965i, p.21)[22]

在弗洛伊德的知识遗产中，温尼科特高度欣赏的一个方面是，弗洛伊德开启了一种对人类发展问题的科学探讨，并且创造了一种方法，允许精神分析师考察和研究其他人的观察结果，并贡献他们自己的观察（1965i, p.21）。几年之后他声称，弗洛伊德提供给我们一个可以使用的方法，这个方法必定会指引我们得到一些什么："那是一种看待事物的客观方法，这种方法能让人在不先入为主的情况下得到一些什么，在某种意义上，这就是一种科学的方法。"（1989f, p.574）

温尼科特对自己所选择的研究人类发展的科学方法毫不怀疑。早在1945年，他就说过，心理学"并没有自称在理解人性方面占有优势，除了在使这种研究成为一种科学的方面"（1945b, p.4）。在《人性》（*Human Nature*）的第一部分，我们也发现，这本书的主要目标是要指明：情绪发展的途径尽管是复杂的，但也依然容许我们用科学的方法加以研究（Winnicott, 1988, p.12）。

然而，作为一位研究人性的学者，在构想人性具有本质上的暂时性（essentially temporal），以及设法描述成熟过程的各个阶段并指出这是完全个人化的东西时，温尼科特不能接受已有的任何类型的科学，特别是弗洛伊德的精神分析归属的那种自然科学。在人类科学领域，温尼科特拒绝的是那种建立封闭系统的企图，或者把人类生命消减为物理实体或可计量分类的企图。他知道这样的科学"无法理解人性问题，而且倾向于忽视整体人类的存在"（1965f, p.173）。温尼科特也拒绝那些认为科学问题已经有了决定性解决方案的言论。他对Joan Rivière为一本克莱因的书写的前言表现出了极大的愤慨，Joan说克莱因已经制造出了一个集成理论，这个集成理论尽管还处于初级形式，"已经顾及所有的精神性表现，包括正常的和异常的，以及从出生到死亡的表现，并且没有留下不能逾越的分歧，也没有留下不被理解的、未解决的剩余现象"（1989b，p.460）。对于这种言论，温尼科特给出了这样的评论："假如梅兰妮·克莱因是一位真正的科学家，她会禁止说这样的话"。[23]

温尼科特认为当科学建立在越来越物化人类的基础上时，科学本身就可能是危险的。当科学不再致力于精益求精地澄清和说明自身研究领域，而是把工作放在服务“忠诚”和保护权力团体方面时，这就存在着伪科学的危险，或者更准确地说，存在着伪科学实践的危险。所有这些都能证明**不抛弃**以下工作的必要性。

> 使人性的研究成为一门科学，一个过程，其特征为：观察事实真相，建立理论并检验这个理论，以及按照所发现的新事实来改造理论（1945b, p.5）。

在以上这段话中，温尼科特似乎指出了构建一种科学研究新方式的需求，以便适应对人性的研究并维持科学精神的本质特征。他的工作给了我们一个范例，并且从这个意义上来说，这也构成了一种遗产和责任。[24]温尼科特保留了弗洛伊德创造的精神分析中他认为的基础事实，即一个人的任何转化都发生在人际关系中。同时，他也构想出了新的范例问题，并调整了观察和描述的工作程序。由于一门科学的严格性恰恰体现在其方法学和程序都要适合所研究的对象，预料之中的是，一门致力于人性研究的科学也将会被另外一种客观性和严格标准支配。人类问题中的客观性无法遵循物理学或其他自然科学的研究标准，我们无法基于研究自然的和可测量的实体所设想的分类，去构想人类是什么样子。人性科学的研究材料“从本质上讲就是人类……是存在、感受、行动、关联和静思”（1965f, p.175）。此外，正如温尼科特所说，在这个领域中客观性“是一个相对的概念，因为那些客观性知觉到的东西显然在某种程度上也是主观设想出来的”（1971g, p.88）。[25]

温尼科特所维护的主要事实还有，在科学研究中知识方面的裂隙被接纳为一种挑战，并且能让科学家不沉溺于超自然的解释中。无知是可以被接受的，而且围绕着这种无知，一个科学计划就可能被设计出来。科学家所做的事情就是构想出各种问题，而由此得出的答案不过是再引出新的问题。与宗教信仰的确定性相比，我们将会看到科学完全不同于宗教。“宗教用确定性替换了怀疑，科学恰恰保留了无限的怀疑，这也意味着另一种信仰。对什么的信仰呢？也许是什么也不信仰，而恰恰只是一种拥有信仰的能力。”（1986c, p.14）

在另一篇文章中，温尼科特又一次强调，“针对人性现象的科学方法，能让我们处于一种无知状态而并不感到害怕。因此，我们没有必要发明各种各样的怪异理论，以期通过解释消除知识方面的裂隙”（1945b, p.6）。他继续说道：

> 精神分析被证明是一种很好的新工具，通过这个工具，人类有可能开始研究自己和人际关系。但是，精神分析确实也是一种科学研究或治疗的手段，并且它从未做出过任何直接的哲学或宗教贡献。（1945b, p.11）

温尼科特在1948年写的一篇文章从历史的视角提及跟随弗洛伊德先驱性工作的某些理论性开拓，他说道：

> 一种高度复杂的人类情绪发展理论已经出现了，于是，带着所有可怕的，同时也是令人兴奋的无知感，我们现在有了一种有用的工作假设，即我们有了真正起作用的工作假设。现在我们已经有了足够的材料可用于尝试构想出关于婴儿的一些事情，这些事情是精神病学家和儿童医师们都同样关心的事，而我想成为那些尝试说清楚婴儿这些事情的人之一（1948, p.157）。

温尼科特所推荐的方法，本质上是那种观察和记录现象细节，以及在个人发展理论视角内检验新假设的方法。正如温尼科特所说，我们一定不能忘记那些热爱观察和记录的临床医学大师们的临床个案范例，由于他们相信仔细记录和整理案例过程细节的价值，这些案例记录一直扎根在我们的心智和情感中（1969f, p.255）。就这一点而言，我们应该注意到温尼科特具有非凡的观察和记录能力，他在与婴儿和母亲的咨询中，以及在与成年来访者的临床关系中，都能观察和记录所发生的细节。他的这种观察和记录能力是由其他两种能力发展而来：一种是与他正在治疗的个体发生真实的个人化联结（personal contact）的能力，另一种是对某些现象的观察和识别的能力，也就是那些只有依据成熟过程理论才变得显而易见的现象。由于温尼科特所研究的现象具有特殊性质，他确信这种个人化联结不但完全没有违反观察性研究的严格性和客观性要求，反而让这些要求得到了满足。正是这些很独特的东西使他可以描述人性的各个方面，而这些方面在过去从来就没有被"看见"过。也许温尼科特最后一本书**《思考孩子们》**（*Thinking about Children*，1996a）的编者并没有理解温尼科特临床观察的特殊性质，但还是觉察到了观察的结果，这本书的编者在前言中承认：

> 温尼科特工作的一个突出特点是他那强大的观察和描述能力，以至于他所写出的东西有一种异乎寻常的熟悉氛围——任何人都会有这样的感觉，他所报告的东西一直就是我们早已知道了的东西。（Shepherd，Johns & Robinson，1996a）。[26]

与刚才所概述的内容相汇聚的另一点，是温尼科特用语言发展出来的自成一体的概念关系。为了使想要描述的现象更加明确，温尼科特使用了一种以普通用语为基础的语言。在《从儿科学到精神分析》（1958a）一书的前言中，Masud Khan 以一种有点讽刺的口气断言：

> 温尼科特写的内容正如他所说的话那样：简单而有关联。他没有去鼓动大家坚信什么，也没有去灌输什么。他使用了很多普通人常用的话语，以至于读他的书或听他的演讲的每一个人都充满了这样的幻想并信以为真，他们早已经知道温尼科特所说的内容了（Khan, 1975, p.xii）。

在这样的理论建构过程中，温尼科特经常引入一些对其理论极为重要的概念，同时并不会展现出与之相关的定义，不会进行相应的解释，也不会通过一种抽象的概念提供根据。譬如，对于以下这些概念来说情况就是如此，“存在的连续性（continuity of being）”“真实感（feeling of real）”“本质的孤独感（essential aloneness）”“相互关系（mutuality）”“无止境的坠落感（falling forever）”，等等。这种现象并不意味着这些概念缺乏可以被分析的意义，相反，它们的意义一定源自具体的情境，源自出现时的语境。例如，“足够好的妈妈（good-enough mother）”这个概念的出现，在这里“足够（enough）”并不能按照一定的行为规范来解释，甚至也不可以被量化。就这一点来说，温尼科特是非常敏锐的，母亲的知识源自她与婴儿认同的能力，而具备这种能力的前提是母亲自己曾经被妈妈照护时所获得的足够好的体验，这种知识是不能从书本或演讲中学习来的；规范母亲这种知识或能力就如同摧毁它一样，换言之，规范它就会剥夺它的主要特质和属性，剥夺了它与母亲的个人特质及自发性之间的关联。温尼科特是通过**使用**（use）它的概念来定义它们的，这就使得温尼科特的语言具有更多的暗示性和启发性意义，而不是命题性用语。温尼科特允许术语本身触动我们，如果这种现象不能发生，解释将没有任何用处。他的术语更多关注沟通体验，而不是产生口语性意义，并用来获取一种纯粹的理智性理解。例如，他说：“我们可以按自己的喜好来使用那些术语，特别是像反移情（counter-transference）

这种人造术语。像‘自体 / 自己（self）’这类词语的含义自然要比我们知道的多，这类术语其实在使用我们，而且能够命令我们”（1960a, p.158）。

就像足够好的妈妈一样，分析师受到来访者的影响事实上是治疗关系的固有特征，以至于在温尼科特看来，要创造出一个概念来描述这种关系完全是人为的需要。此外，在有些场合，为了不歪曲或不违背所描述的现象，或者为了不用一种虚假和轻率的清晰来掩盖所描述的现象，某个概念必须保持某种程度的模糊性。在温尼科特一篇文章的一段话中，有一个概念特别难解释，他反思道，“恰恰如此，我们必须要容许概念模糊性的存在，其价值在于不向虚假的澄清低头”（1989k, p.240）。

因此，我认为温尼科特的语言之所以有独特性，并不仅仅是因为他要在所做的任何事情中都表现出对自由性和个性化的追求。而是无论有意还是无意，他那独特的语言风格是源于从一个新视角所确立的一种理论和方法论的需要。温尼科特朴素和简洁的语言，有时候像诗一样，其实既不是为了文学上的魅力，也不是为体现出创造性，他的语言风格是因为他所能看到的现象就需要这样表达。在构建关于发展原初阶段特有成就理论时，温尼科特就承认，在精神分析的背景中，甚至在人类科学中，以及在支配前二者的哲学框架内部，可以用到的语言其实并不能准确地表达出他想描述的现象的特定性质，有时候还会歪曲它们。早已在1957年，温尼科特就说道：

> 一个人性的研究者，需要持续不断地向简明语言靠近，并逐渐地放弃使用心理学家的行话，这种行话的价值可能只对科学杂志有贡献（1957a, p.127）。

在处理一些与人类体验相关，而不是与心理机制（装置）相关的问题时；在描述个人之间的关系，而不是精神结构之间的关系时；在指出处于“魔法性亲密”所支配的母亲－婴儿关系的细节时，温尼科特不得不创造出另一种语言。这既不是一种个人习惯和爱好，也不是忽视描述的严格性。最关键的问题是，你是否知道元心理学语言对于描述人类体验的性质是不够的。他与弗洛伊德，以及与元心理学的讨论并不是政治性的，而是关于方法论的讨论。对于弗洛伊德学派精神分析来说，我们可以认为，温尼科特把弗洛伊德的理论区分为两种类型：一类是基于体验的经验性理论，另一类是推测性理论。这两种理论分别符合两种语言类型，一种是描述性语言，弗洛伊德用这种类型的语言谈论口部性欲、肛部性欲、利益、男孩与父亲的竞争等；而另一种是元心理学语言，其中包含了很多抽象概念的惯例化使用，他用其来调查和研究临床现象并组织调查结果，诸如生和死的驱力、原始性幻想、力比多、贯注，等等。温尼科特似乎很容易就接受了弗洛伊德的描述性理论，然而，他极度怀疑弗洛伊德使用的元心理学语言，这也是非常明确的。温尼科特在写给安娜·弗洛伊德的信中提到了他倾向于用自己的语言，而不使用元心理学语言来表达一些事情，他写道：

> 我一直在努力寻找为什么如此怀疑这些术语的原因，难道是因为它们看起来像是一种共同的理解，但其实这种理解还不存在吗？或者是因为对我自己有一些价值吗？当然，这两种情况都有可能（1987b, p.58）。

可以在 Loparic 论述精神分析哲学的文章中找到理解和评估温尼科特认为弗洛伊德元心理学很难接受的哲学基准。从对康德先验性哲学的语义学解释开始（Loparic, 2000c），以及从重新构建康德的思考方法开始（Loparic, 1983），Loparic 为这个论点辩护：(1) 弗洛伊德，连同其他以赫尔姆霍兹（Helmholtz）为代表的新康德学派的成员们，都赞同康德学派纯粹理论化理性批判的思考程序；(2) 弗洛伊德元心理学的基本概念都具有为了引出启发性原因而虚构的特征；(3) 弗洛伊德元心理学所使用的这些概念的命题都是不可判定的；(4) 弗洛伊德的思考方法是康德学派思考方法的一种翻版（Loparic, 1985）。Loparic 写道：

> 我们发现在弗洛伊德的著作中有不同系列的观察，而这些观察可以用来证明一个论点，即决定那些旨在确定无意识实质的论题具有不可能性。在灵感方面，他们都受康德学派启发。首先，弗洛伊德明确地接受了由康德建立的，在屈服于非经验性体验的现象世界与由于理解而被引入的本体世界之间的非同一性（non-identity），其目的是满足本体世界自身运作的内在需求；而弗洛伊德把无意识定位在本体世界之中……，此外，弗洛伊德还接受了康德学派本体世界的不可知论，即与本体性客体相关的所有命题都是不可能被决定的……。以这样的方法，弗洛伊德只能得出这样的结论：知晓无意识本质是什么的问题，本就是一个无法解决的问题（Loparic, 1985, p.34）。[27]

Loparic 的这种观点并不孤单。在1966年英国精神分析学会的一次演讲中，H. J. Home 明确界定了打算呈现给大家的文章主题，他说这是一篇哲学文章，其目的在于反映以下的问题：精神分析理论真正在讲什么？基于精神分析理论能有效地构建出什么类型的理论？我们先看他的结论，也就是精神分析的理论呈现出“严重的逻辑学困难，它的许多概念都不明确，而且临床描述中使用的许多术语也都模糊不清”（Home, 1966, p.42）。Home 肯定地说，这个研究的动机起源于他参加过的几次精神分析师的科学会议，以及一些无法理解的临床文章。这些文章经常使用所谓的“技术性语言（technical language）”，而且在他看来，都是“在哲学性上天真幼稚的理论文章”。为了例证这一点，Home 从 Sandler《关于超我的概念》（*On the concept of superego*）一书中引用了一段话：“修复被爱感（增加自体的力比多贯注水平）的两种技术。”Home 评论说：“对我来说这个句子括号之外的部分似乎是完全可以理解的，我认为括号中的那部分内容没什么意义。”（p.42）从 Home 的文章中得出的结论之一，元心理学语言——它明显就是一种形而上学的语言——在处理其研究的对象，即人类体验的意义时没什么用处。[28]

Home 继续写道，在 1954 年，当温尼科特提出他获得了退行到依赖阶段的临床经验时，这些现象当然可以由常用的语言来描述，于是他认识到，这种描述方式不符合早已被奉若神明的两种语言类型中的任何一种。Home 说：“严格地说，按目前精神分析理论的考虑，意味着这种退行现象是不可能存在的。”（p.46）换句话说，一旦精神分析理论将其知识局限在元心理学语言所描述的范围，就会有很多关于人类的现象不能被精神分析理论包含。恰恰由于这种方式，温尼科特一直坚持使用他自己的语言来描述某些人类现象，而这些人类现象一直还没有被经典精神分析理论处置，而且正如之前说过的那样，“一个人性的研究者，需要不断地向简明语言靠近”，温尼科特一直都响应研究对象本身施加于思考的要求，即使他不一定认识到这一点[29]。

现在，我们应该强调在完成理解人性及解决其问题的任务中，温尼科特对体验的艺术模式的重视，以及对全人类中都存在的诗人的重视。尽管在知识的构建当中始终要维持科学程序的价值，但温尼科特从来也没有抛弃这样的事实：有很多人类现象只能透过诗人的眼光和声音来理解。这特指他对于人类的诗意般的真实性的认可，这种真实性自然也包含在个人成熟理论中。关于在婴儿－母亲统一体内部发展出亲密关系和独特沟通——这是临床工作的中心，温尼科特一直认为，“遗憾的是我们不得不举出几个例子，以免给人留下这样的印象：只有诗人才能表达那种具有无限变异性的现象”（1970a, p.85）。[30]

温尼科特对诗意真实性在现代文明中持续不断地灭绝这一现象表现出了担忧，他意识到技术势力逐渐取代人类情感的危险性，这种客观化的势力逐渐地从各种日常生活中、从这个世界中、从男人和女人本身中把一切人类的感情和意义彻底扫除，其目的是要用技术力量来操纵和控制人类自己。在温尼科特1969年之后所写的“药片和月亮”（The Pill and the Moon）一文中，他详细描述了某个观察月亮的夜晚的心情，当他想起月球上插着一面美国国旗的时候，他大发雷霆。对月亮进行科学探索的想法和活动，使得“月亮的盈亏圆缺，以及它的威严和神秘”都变得模糊不清了（1986i, p.207）。他继续说道：“如果我们能够重新回到诗情画意的状态，恢复到美国人登陆月球之前的状态，在我们突然出现在金星上之前，我们才有可能感受到还有一些文明的希望存在。”

同时，当温尼科特写作论文的时候，他并没有在作诗，他最多不过把诗人的真实性用于为探索人类知识服务。此外，在他著作的各处都有着清晰的限制条件，会针对诗意的真实性做专门的精神分析性加工，这确实就能提供意义深远的满足；他说，当旧的真相遇到了新的表达时，就会出现一个美妙的创造性机会。然而，他警告我们，直接使用诗人的真实性是非常困难的，因为这涉及了很多感受，不是每个人对于某个确定的问题都会有相同的感受。在温尼科特最著名也最重要的文章“崩溃的恐惧”（Fear of Breakdown）中，他一开头就宣布，如果在文章中将要说的内容具有一些真实性，其实它们早已被世界各地的诗人们表达过了。然而，他继续说道：“诗歌中闪现出来的洞察力并不能把我们从逐渐远离无知和愚昧的追求目标的痛苦任务中解放出来。”（1974, p.87）

对于一位学习和研究者来说，程序是清晰的，“按照它特有的科学性质，一步一步逐渐构建出一个更好的、更加精确的，以及更加有效用的人类个体情绪发展理论”（1984f, p.64）。科学程序“不是由统计学来证明一切”，而正相反，“问题的关键是要摆脱预先知道的状态（预先知道属于诗歌）”（1996b, p.236）。当 Ivone Accioly Lins 在强调以下问题的时候，即尽管温尼科特的思想与浪漫多情诗人的想法有着明显的密切关系，但是“把他概念的新颖性只归咎于这种密切关系的做法是错误的”（Lins, 1997, p.22），在此，她把“科学程序究竟是什么”说得很清楚了。与诗人不同，温尼科特确信科学工作非常必要和痛苦，而 Accioly 继续说道：“虽然温尼科特的研究因其诗人的灵气而那么活泼生动，但是调查研究的类型和途径是临床的和科学的。”（Lins, 1997, p.22）

同样，直觉（intuition）也是温尼科特常被给予很高评价的特点，他指出了直觉的限制性条件，特别是在为学生讲关于健康方面的课程时，“真实的直觉在一瞬间就能达到一种完全的真相（正如错误的直觉能够导致错误一样），然而科学永远达不到一种完全的真相”（1945b, p.5）。在这种状况下，尽管我们很重视直觉提供的这种闪现的真实性，但是始终要记住“我们的各种感受和想象有可能会失控，而且有可能会把我们带到其他地方”。从职业责任角度来说，这也是一个伦理学问题，因为在社会生活领域，如果把对人性的直觉性理解作为一种指南，有可能会有不可靠性：

> 直觉性理解可能使医生对有小偷行为的来访者给予才华横溢的理解，但除非关于行为不良的心理学能被作为一种科学来研究，在我们非得做出一些切实可行的决定时，例如在青少年法庭上，直觉性理解才能阻止医生和其他人做出或说出各种各样无用的事情。

温尼科特毫不犹豫地亮出了自己的主张，在一次给儿科医师的关于儿童神经症的主题演讲中，他列举了一些治疗方法，并且说他只能强调，“在心理学的实践中，只有直觉是远远不够的”。没过多久，他断言说，“一定会有不喜欢经典精神分析的人，这是由于其客观地研究人性这一事实所导致的，这种客观性研究侵犯了以前由信念、直觉和共情所统治的领域”（1958k, p.321）。根据所有这些研究的结果，他得出了这样的结论：

> 科学中最重要的东西，是一种通向令人满意的真相的道路的建设。这就是为什么科学的训练对于每个人都是如此重要的原因，它能使你我检验我们所拥有的这一点点世界（1945b, p.5）。

1946年，温尼科特在回复Ella Sharp的一封来信中，再一次强调了精神分析与艺术之间的关系，他不确定自己是否同意Sharpe提出的精神分析是一种艺术的观点，并说他偏爱他所理解的真正的精神分析性工作，因为在精神分析中，与基于科学考量的技术相比较，艺术其实只占据了很小的空间（1987b, p.10）。几年之后，温尼科特又宣布，把精神分析作为艺术的想法必定会逐渐让位于有关于来访者退行的环境性适应的研究，尽管他同时指出，“可是在对环境性适应的科学研究还处于一种初步状态时，我猜想，精神分析师一定还会继续在工作中保持艺术家的状态”（1955b, p.291）。然而，即使精神分析师可以成为一位好艺术家，但是“来访者也想成为某个人的诗歌或画作吗？”

理论范式是“足够好的妈妈的精神分析师，其治疗能力无疑不会只依靠纯粹的理智性知识，更重要的是依靠个人的敏感性和对来访者的认同能力，以及理解来访者需求的能力。然而，事实是分析师不能像足够好的妈妈那样，一天24小时都与婴儿待在一起并觉察和理解婴儿，显然分析师也不能依靠那种原初母性贯注的自然特质。分析师有可能比来访者自己的母亲做得更好，但他们必须要有一些谦卑的态度，以便可以知道“与母亲相比较，心理治疗师的笨拙使我们难以认为来访者退行到依赖这件事——甚至在小心谨慎的控制性治疗中——会是一件令人轻松愉快的事情”（1988, p.159）。

正相反，让来访者退行到依赖阶段需要很长的一段治疗时间，分析师要让自己保持在由来访者指令的严格限制条件之内，并且在这段时间里面，“人际张力可能会强烈到非常可怕的程度”（1987b, p.182）。例如，分析师很有必要对以下所发生的事情有所准备，即当来访者退行到依赖阶段的时候，来访者就会愈发“失去理智而变得疯狂”起来，同时来访者其实是在寻求治愈。在这种情况下，“如果分析师有能力理解正在发生的事情，就能够容忍本来就属于这种工作的相当强烈的张力”（1989q, p.129）。就是因为这样，来访者不断地教会了分析师——当然是那些有学习能力的分析师——去理解来访者自己的需求，正如温尼科特指出的那样，但是分析师：

> 理论上也应该能够知道那些与人格最深处或最关键特征相关的事情，否则分析师也可能识别不出、满足不了来访者对他的理解和技术的新需求（1989o, p.169）。

为了所有这些缘故，在温尼科特的专业性工作中，尤其是在治疗那些具有精神分裂性问题和困难的来访者时，分析师“必须要有一个关于人格情绪成长的工作理论”（1968c, p.194），通过这个理论去学习如何观察、倾听和理解来访者。温尼科特说，“这个理论作为一个背景始终在那里”（1954c, p.114），我们用其来阐明各种现象，并指导想象力、敏感性和直觉力。从观察各种事实开始，我们需要继续发展这个理论，“使其达到一种精确的、更有价值的理论性陈述状态，没有这个理论，我们就会陷入困顿无法工作”（1996c, p.212）。

成熟过程理论不应该被理解为只是单独用于每个案例的知识性工具。相反，这个理论所强调的恰恰是要参与到临床治疗性实践中。正如上文提到，温尼科特指出每当面临一个新的临床个案的未知领域时，唯一陪伴他的就是随身携带的情绪成熟过程理论，温尼科特把这个理论变成了自己的一部分，以至于在使用时，都不需要在意识中去思考它。温尼科特是直接透过情绪成熟过程理论看事情。在同一篇文章中，温尼科特把自己比作大提琴演奏家，一开始是靠技术去工作，然后才真正地开始演奏音乐，即有把握地使用技术（1971c, p.6）。

在1950年之后的一篇文章中，温尼科特表达了一种期望：那些一直被母亲以一种小剂量的、可以被理解的方式呈现令人满意的外在现实性的婴儿，将会发展出“能够以科学方法接近现象”的能力，甚至能够“把科学方法带入对人类事物的研究中”（1965i, p.28）。这个任务是人类所必要的，因为如果要让人性中和人类发展管理中那些好的和自然的东西免受科学知识的碾压和排挤，人类只能“扩展科学探索的范围，延伸到人性的完整领域中”（1965i, p.28）。

思考的另一点指向了这样的事实：为了澄清需要处理的各种论点，温尼科特反复向他的读者们推荐哲学和神学论文，甚至是宗教和神秘主义的实践。这些概念中的一部分实际上需要的是一种近似哲学的理解，而大多数概念构成了基本的哲学性主题。[31] 有时候，有些仅限于最简单的日常生活的描述中也会出现这种情况。例如，在某一点上，温尼科特描述母亲的自我支持是如何促进婴儿的自我组织的。他说，“最终，婴儿变得能够维护和主张自己的个性了，甚至能感受到一种身份感”。稍后，“万事就会开始，这就让像‘**存在**（being）’这种非常简单的词汇具有了意义”（1987e, p.11）。Loparic（1995b）在文章“温尼科特和后形而上学思想”（Winnicott and post-metaphysical thought）中强调过这段文本。Loparic 的哲学性阅读使他有如此的理解和觉察：

> 在一种只表现出与母性有关的背景中，身份的问题突然之间就浮现出来，这是哲学中最困难的问题之一。此外，婴儿与母亲的二合一体的理念也出现了，决定了语义学的问题。不是

> 乳头和奶水的语义学，甚至也不是好坏乳房的语义学，而是一个被元心理学忽视的语义学问题，一种简单术语的语义学，诸如，术语“存在（being）”的语义学。即使一个哲学家认真思考——不是纯学术性思考——一切关于术语“存在”的意义的问题看来就像是，“存在”的原初含义只能由返回到原初朴素的人类存在所决定，而这种朴素的存在最初就在母亲与婴儿之间的亲密关系中被体验到。（Loparic, 1995b, p.47）

就如我们在 Home 的文章中所看到的那样，独特的婴儿－母亲亲密关系中所发生的事情是无法使用一种抽象语言来完成的，也无法建立一种系统性处理。温尼科特完成了这个非常不容易的任务，他既概念化地构想了主题，也没有“损害和破坏那些前语言期、非言语化和非言语性表达的或许只可以被诗化的东西的精美”（1967a, p.151）。

所有上面强调的地方都值得详细分析，尽管这不是我们打算在这里讨论的内容，这些要点罗列在此，是为了打开一条描述的道路，勾勒出解释的框架。根据前文所做的铺垫，我们只能把温尼科特看作一位科学思想家。假如情况不是这样，我们会对他的文章进行明显的反驳。另一方面，我们必须承认，他那科学性理论化的概念，并不能够马上符合通常科学性工作所主张的概念标准。这不应该被理解为是一种对科学性理论化兴趣缺乏的象征，一种理论性脆弱的象征，一种诗化倾向的象征，等等。这种情形反而意味着，除了温尼科特其他的科学性贡献之外，他还引入了一种革命性的建议，为精神分析性知识和学科构建打开了一个特有的入口。

或许也是由于这个原因，就如我们所看到的那样，一些研究者认为，在弗洛伊德所建立的精神分析领域中，包括在理论化形式方面，温尼科特的工作构成了一种范式的转换。范式的转换通常意味着变革，这种变革既发生在定义一种科学学科为一种知识体系的科学标准方面，也发生在这种知识体系被嵌入的哲学框架方面。Rodman 在为温尼科特通信集所作的前言中，似乎走的恰恰就是这个方向，当时他写道：

> 对于温尼科特来说，把弗洛伊德当作宏大理论系统的建立者，可能不如把他作为探索人类灵魂方法的创始人的意义那么重要。我们有这样的感受，温尼科特并没有把他的目标设定在永恒不变的真理（Truth）上，而是设定在了不会静止不动的真相（truths）上，这种真相就发生在不断持续变化的人际交互作用过程中。温尼科特似乎并不需要那些被尼采称为“形而上学的安慰”之类的东西，诸如此类的东西可以从一种令人信服的哲学系统获得。然而，他的思想的这种特征本身就构成了一种哲学（Rodman，1987, p.xxvii）。

在这一点上，Rodman 似乎与 Loparic 的观点相符合。Loparic 认为，温尼科特的个人发展理论构成了一种深思熟虑的企图，即打算要与嵌入在弗洛伊德元心理学语言中的形而上学特征决裂，而弗洛伊德元心理学语言恰恰就处于经典精神分析中心体的位置。

概括地说，恰恰因为温尼科特确实是一位“系统的思想家”，才避开了把他的内在思想表达清楚的努力。他的思想的标志性特点，除了**完全拒绝把人类客观化之外，绝对不是拒绝任何理论化，而是拒绝那些封闭的、终极的、不容置疑且很容易就转化为教条的理论**。恰恰是温尼科特对教条理论的嫌恶，导致了他那非常自夸式的反教条主义说法。温尼科特不允许他人围绕着他发展出各种学术派别，因为他知道学术派别倾向于劝诱改宗，玩政治性游戏，这种现象对基于体验的反思非常不利。甚至温尼科特也担心他创造的一些术语，将会变成各种空洞无用的“温尼科特学派”口号，或者被没有人情味地使用，从而丧失精神分析师的创造性参与。我们也能观察到他极度不信任抽象性概念化和与体验不相干的东西，认为它们都放弃了对生命亲密真实性的承诺。我们不应该忘记，温尼科特对封闭性和抽象性思想系统的拒绝，并不阻碍他对原创理论性路径的探寻，对独立于弗洛伊德和克莱因之外理论的探寻，他对他不能接受的经典理论概念的拒绝，没有阻止他使用定义明确的概念性边界勾勒出他自己的理论性领域，也没能阻止他对自己理论的有效捍卫。

注　释

1. 直到 20 世纪 60 年代初期，温尼科特最常用来表达中心主题和理论的术语是“情绪发展”。他非常谨慎地澄清，他所感兴趣的发展并不只涉及身体和心智功能的成长，而首先指的是身体和心智整合在一个作为个体的人当中。Phyllis Greenacre 在 1960 年发表的一篇文章中，使用了“成熟过程”一词来表达她关于母 - 婴关系的思考。她不是第一个或唯一一个使用这种表达的人，但事实上确实是她强调了母性沟通和照护在这些过程中的作用，而这非常吸引温尼科特。温尼科特与 Greenacre 所感兴趣的点并不完全一样，然而，温尼科特已经意识到他需要这个表达，它能更加精确地符合他所理解的“发展”含义，即发展是由几个整合的成熟过程组成，以及需要促进性环境的帮助，以使整合得以发生。因此，成熟过程就意味着依赖。我们不仅仅发现从 1960 年开始温尼科特越来越频繁地提及他的“成熟过程”理论，而且发现他那本 1965 年出版的非常重要的书——《成熟过程与促进性环境》——书名就包含了这种表达。为了设法保留温尼科特语言的特定含义，我选择把我的研究命名为“温尼科特成熟过程理论”。然而，我将会遵循温尼科特的习惯，也使用“情绪或个人发展”“成熟”或“成熟过程”作为同义语。
2. 在许多场合贯穿于他的著作，除了肯定成熟过程理论是他思想的中心特征之外，温尼科特还在此处（1984e, p.184）使用了一个决定性的表达——“支柱”。
3. 请注意，所有没有标出作者名字的引文都出自温尼科特。
4. 这里概括的文本阅读程序是经典解释学方法的程序，是由 Schleiermacher 在《圣经》（*The Bible*）阅读中引入的，并由 Dilthey 为一般人类科学研究而重构过。在海德格尔的早期作品和 Gadamer 的作品中，解释学被提高到描述程序中最卓越的地步。关于与此方法相关的所有主题，请参阅 Hans Georg Gadamer（1976），特别是第二版的第二部分。
5. 我所说的经典精神分析，指的是以弗洛伊德和梅兰妮 · 克莱因为代表的精神分析，他们两个人的工作可以被看作经典精神分析学科模型。这是温尼科特本人的命名，因为他详细叙述了与这两位研究者的讨论，表达为“传统的”“经典的”或“正统的”精神分析。请参阅：Winnicott，1969d，1970b。

6. 在1967年的一篇讨论理论性轨迹的文章中，温尼科特提到，自20世纪20年代和30年代起，他就在构建自己的观点，那个时候他是一个儿科医师，同时也开始了精神分析性训练。到20世纪40年代，他重新修改了观点，当时他在另一篇文章中肯定地说道：“我开始拥有自己的方式了，并以此来阐述人类婴儿有着错综复杂关系的躯体和情绪发展的最本质阶段。”（1968a, p.218）然而时至今日，从历史视角看他的整体工作让我们能够确认，只有1960年梅兰妮·克莱因去世了，温尼科特才感受到他可以相对自由地暴露他那清晰和敏锐思想的新动向了。当然，温尼科特在20世纪40年代所写的文章已经引入了自己的概念化，并关联到人性的几个方面，而这些方面一直就没有被经典精神分析考虑过。然而，因为温尼科特的思想还不是那么完善，或者由于政治的原因，或者二者皆有，他在表达自己思想的时候显得有些胆怯。或者正如Jan Abram所说的（1996, p.1），他在“转弯抹角”地表达自己的想法，有时候他甚至在否认他的思想所具有的原创性特征。
7. 我们在《剥夺与行为不良》（*Deprivation and Delinquency*）这本书第一部分的前言中，找到了其他研究者唯一清晰地提到了这一点的证据。这个评论是由该书的编辑者所写，他们是：Clare Winnicott、Ray Shepherd和Madeleine Davis（Winnicott, C., Shepherd & Davis, 1984）。
8. 我会提及那些把温尼科特思想作为整体来介绍的书，暂且不说那些仔细讨论温尼科特工作的某个方面的书和文章。
9. 这仅限于在2003年本书第一版时已有的著作中的举例，现在肯定会有其他的参考资料提供新例子。
10. 甚至在提及温尼科特工作的发展时这种历史视角都没有出现。在第一章“理论的演变”一节中，作者们已经掌握了绝大多数温尼科特的工作材料，之后这些材料也被发表了，但他们只提及温尼科特的思想演变首先受到了他很尊敬的达尔文的影响，而那时候温尼科特还是一名学生，之后他发现了精神分析；接着他先着迷于弗洛伊德的思想，之后又着迷于克莱因的思想，一直发展到了对克莱因学派嫉妒理论的批评。书中完全没有提到他逐渐构想出的个人发展理论以及慢慢阐明的诸多概念，如主观性客体、自体和假自体这些概念，更没有提到他用新的方式构想出的分别对应存在（being）和行动（doing）的主观性客体与客观知觉性客体的概念，还有他从客体使用角度最终发现的摧毁性（destructiveness）的概念，等等。

11. J. Kalmanovitch 是温尼科特《成熟过程与促进性环境》一书的法文版翻译者。

12. 对 Jan Abram 的书的更加详细的分析可以分别在 2001 年 Dias 和 Bogomoletz 各自写的书评中看到。

13. 在温尼科特的文章“精神－躯体性障碍”（1966）中，以及他的整个工作中，他使用带有连字符的“精神－躯体性（psycho-somatic）”这个术语来表明：这种联合性表达对于区分出一个完整人的精神（psyche）和躯体（soma）这两个区域是很有必要的，这两个区域是不能互相缩减的，但是通过标志着人性特征的特定倾向，它们也朝向整合发展。这种整合并不是自动发生的，只有在促进性环境的条件下才能发生，这是一种成熟的成就。温尼科特说，这里的连字符既把人性的两个方面联结在一起，同时又使它们分离开来，当人性的这两个方面只是处于分离状态时并不是一个好象征。

14. 参见：Winnicott, 1953a, p.223。

15. 按照温尼科特的观点，当照护足够好的时候，恰恰不是乳房主动发起了运动把接触施加于婴儿，相反，是婴儿通过发出自发性姿态而邂逅了乳房，并创造出了乳房。有许多这类同化的例子，它们使用了同样的语言，但却模糊了温尼科特原意的独创性。还是在同一本书中，作者完全漠视了温尼科特一贯坚持的事实，即在婴儿生命开始时现实完全是主观性的，而不是外部现实，作者却还是把第二章中的题目命名为了“从内部现实到外部现实”。当前有一种思路是把温尼科特的思想同化到经典精神分析理论中，而没有顾及温尼科特新概念所引发的质疑，仿佛它们属于同一个理论视界，或者正如 Loparic 所说的那样，这样它们就属于同一个范式了。这种思路是说，温尼科特只是补充了一个单一的分析性理论，而就这个理论来说，弗洛伊德曾经描述的是更加晚期的案例，梅兰妮 · 克莱因描述的是原初的障碍，而温尼科特所描述的甚至是更加原初的案例。我将设法展现，这个论点是站不住脚的。

16. 参见：Pontalis 与 Anne Clancier 的访谈，Clancier & Kalmanovitch，1987, p.143。
17. 有一些温尼科特的评论者主张要对温尼科特的思想进行“自由”地解释，即不要过多关注温尼科特真正写了什么或捍卫什么。他们声称这种观点被 Masud Khan 编辑的论文集《从儿科学到精神分析》（*Through Paediatrics to Psycho analysis*）前言支持。Masud Khan 在前言中提到，他从来不曾遇见过像温尼科特那样“如此必然地做他自己”的人，他肯定地说，这就是温尼科特允许自己成为一个多样化的人的原因，而且对于每一个人来说“都有他自己理解的温尼科特”。然而，如果 Masud Khan 说的是事实，那一定是指温尼科特必然是如此，而不是指他的理论也是如此。无论何时他的理论遭受歪曲，温尼科特都始终如一地捍卫。参见：其他例子，1963a, p.255/256, 1987b, letters 60, 74, 82, 89, 125。
18. 参见：D. Widlöcher 对 Anne Clancier 的访谈，Clancier & Kalmanovitch, 1987, p.148.
19. 参见：Freud, 1933a（演讲 34 和 35）和 1940b。
20. 参见：尤其是 1952 年 11 月写给克莱因的信件（1987b, p.33）。
21. 作为精神分析师和儿科医师，温尼科特长期与医学精神病学、儿科学和理论心理学辩论，传播他的工作成果。辩论的主题各种各样，诸如人性、心智与身体的关系、人类的成长，以及健康和疾病的问题。在第一章中，针对几个这种辩论的主题有一些详细的分析。
22. 说到温尼科特受到了其他思想家的影响，或者是从其他理念开始他的思想时，与以下陈述是不同的，例如 Adam Phillips 所说的，“事实上，不参考克莱因是不能读懂他的著作的”（Phillips, 1988, p.9），或者像 Luiz Meyer 断言的，“事实上，我们需要从克莱因开始来思考温尼科特”（Meyer, 1994, p.83）。
23. 参见：Winnicott, 1989b。在同一篇文章中，温尼科特指出了这样一个事实，即科学讨论和知识增长经常不只被我们“对怀疑的恐惧”所阻止，也被扮演“忠诚”所阻止。在各个团体中常常可以看到宗派意识的倾向，这种倾向更多涉及的是权力，而不是对各种想法的真实讨论，这种倾向会阻滞思想、抑制自由表达。关于这个方面，也可以参考温尼科特在 1952 年 11 月写给克莱因的信，参见：Winnicott，1987b, p.33。

24. 经常可以在温尼科特的著作中看到，他力劝精神分析师要继续研究从成熟过程理论视角所看到的现象，并增进对它们的理解。他在 1967 年断言，“分析师肩负着一种巨大的责任，要去教授理论，以及要按照来访者一直试图教会我们的东西去发展理论”（1996b, p.252）。温尼科特说，理论过于复杂了，而且“在我们的理解中存在着巨大的裂隙”（1989q, p.119）。因此，任何研究澄清婴儿在出生时和首次喂养阶段中性质的研究都是受欢迎的（1988, p.150）。

25. 有趣的是，需要一门新的科学且需要它必须具备严格性的特征，这二者在海德格尔那里同等重要。在 Zollikon 专家研讨会上（1987）聚集了一群医生和精神病学专家，他们有兴趣发现另外的方式（不是自然科学的方式）来思考与专业实践有关的人类问题，海德格尔在演讲时肯定地说，一门科学的严格性存在于这样的事实中，即这门科学在研究计划和方法方面同时要与它的研究对象相符合。然而，他又说，“并非每一门严格的科学都必然是一门精确的科学。精确只是科学严格性的一种特殊形式，因为精确只存在于假设某些研究对象能够事先被计算的那种科学中。但是，如果某些事情由于它们本身的性质不具有可计算性，那么想按照精确科学的方法去测量的任何企图都是不合适的”（Heidegger, 1987/2001, p.132）。过了一段时间后，由于时刻铭记着要按照存在主义分析的方式创立一门关怀来访者的科学计划，海德格尔又说道：“科学意味着一种对可解释经验的系统性排序。每一门科学都严格地绑定到它的主题领域，但是每一件严格的事情都不涉及（自然科学的）计算意义上的精确（精密性）。在心理治疗性科学中，统一的极点是现在存在着的人类”（Heidegger, 1987/2001, p.207）。

26. 《思考孩子们》（*Thinking about Children*）这本书的编者非常强调温尼科特科学家的形象，但忽视了这样的事实，即温尼科特看重的科学价值并不能被理解为实证主义或自然主义的科学，他看重的科学必须适合对人性的研究（Shepherd，Johns & Robinson，1997）。

27. Loparic 也指出，弗洛伊德很熟悉 Ernst Mach 的工作，后者的经验主义延续了康德批判主义的很多方面（Loparic, 1984, 1985）。Loparic 在他的文章“弗洛伊德：Brentano 和 Mach 同时代的人”（Freud: contemporary of Brentano and Mach）中详细解释了弗洛伊德与 Mach 之间的关系，这篇文章曾经被递送到主题为“二十世纪开始的维也纳：现代化的范式”的研讨会上（CLE, Unicamp, November 1985）。
28. 在 Zollikon 研讨会的一段文章中，海德格尔说：“精神内部的完整出发点和意识的出发点是抽象化和不可论证的建构。事物与周围世界的关系并不需要解释；（在一种现象学的意义上）它们一定能被轻而易举地看见”（Heidegger, 2001, p.162）
29. 虽然温尼科特没能精确而清楚地描述他所理解的东西，但是凭借他的工作，他认识到了元心理学是形而上学的。他说：“弗洛伊德能够以其毕生的精力发展出精神分析立足的一种理论，这个理论通常被称为元心理学（可以类比于形而上学）。”（1986c, p.15）
30. Ivone Accioly Lins 提到了一种影响，即诸如华兹华斯（Wordsworth）和济慈（Keats）等诗人对温尼科特的思想产生过的影响。在她文章的一段话中写道：“通过‘负性能力（negative capacity）’的概念，济慈强调了一种能力，即能够停留在不确定性中、神秘状态中、怀疑情形中，而不去‘急躁地寻求事实或理论性解释，换句话说，不会烦躁地逃入解释性或科学性系统中’。温尼科特所寻求的是容忍和尊重悖论的能力，而不是通过理智性过程去解决悖论。”（Lins, 1997, p.21）
31. 在科学的情况下，某种哲学一定能处理由温尼科特提出的那些问题。以我看来，在很大程度上能够帮助理解，以及能够为温尼科特的一些基本概念提供哲学基础的思想家是马丁·海德格尔（Martin Heidegger），特别是他第一阶段的著作《存在和时间》（*Being and Time*, 1947）。这个研究的目的不是要解释温尼科特的思想与海德格尔的思想之间可能的相近性，更不是要把海德格尔应用于理解温尼科特。当然，如果只研究温尼科特，而不去观察海德格尔学派的共鸣，这个工作是很困难的。因此，海德格尔的有限性本体论将是检验温尼科特思想某些方面的一个背景，否则温尼科特的这些思想很难通过精神分析的经典理论或哲学来理解。当我有机会的时候，我将会提及海德格尔的思想，目的是为了促进对温尼科特概念的理解。我完全有责任让这两种思想更加接近，而哲学家 Zeljko Loparic 证实了这两种思想的相近性，自此以后，Loparic 已经围绕着这两种思想丰富的亲和力写出了一系列著作（Loparic, 1995a, 1995b, 1998, 1999b, 1999c, 2001）。在构想出这种联结之后，我在法国精神病学家 Georges Amado 的著作中发现了同样的观点。然而，法国作者对温尼科特和海德格尔的解释，以及他比较的他们二人思想的相近性，都与我的观点有很大程度的分歧，以至于我最终没有在这本书中使用他的观点。至今还没有证据说明温尼科特曾经阅读过海德格尔的著作，温尼科特接近海德格尔思想的唯一可能途径是非常间接的，即温尼科特是 R. Laing 的督导师，之后 R. Laing 走向了反精神病学（anti-psychiatry）的道路，这受了萨特（Sartre）非常明显的影响。Adam Phillips 是温尼科特的传记作者，也是温尼科特著作的评论家，他说**中间学派**（the Middle Group）“受了存在主义拐弯抹角的影响”（Phillips, 1988, p.11），但并没有提供进一步的证据。似乎看起来，这种存在主义指的是由法国的萨特所创造的现代存在主义。在温尼科特的著作中，没有任何萨特主义的迹象，确实，萨特并不是海德格尔的追随者，尽管他很愿意让我们相信他是。此外，海德格尔总是拒绝把他的哲学称作存在主义。

（赵丞智　翻译）

第一章

温尼科特及其与相关领域的争论

温尼科特思想背景的历史

在研究温尼科特对精神健康和疾病的一般构想，特别是关于精神病的构想时，非常重要的一点是要强调他的专业生活和思维方式的某些方面，这些方面对他的理论性立场有着重大影响。回顾他在自己工作中与相关学科的那些或明或暗的争论也非常有价值，这些相关学科包括精神病学、学院派心理学和传统精神分析。从这些争论的总体轮廓，我们可以看出他的思想演变趋势。在思想演变过程中，他提出了一些概念回应他所处时代中认为不适当的或不能被他接受的某些概念，而他自己提出的概念则逐渐被巩固和完善了。

在很多地方，温尼科特都提到过医学训练对他思想的重大影响。一方面，具有医学知识这一明显优势，使他能够识别出那些具有活跃躯体因素的临床状态，而躯体因素往往会产生继发性心理症状；另一方面，这种优势也让他能够确定，一个患儿所遭受的痛苦实际上并不总是源自某种躯体性疾病，孩子的痛苦表明他有一位处于精神紊乱或抑郁状态的母亲，而这位母亲显然对孩子是过度担心的。然而，或许温尼科特从医学训练和实践中收获最大的是在治疗一些人的健康问题时，他能够清晰地知道，什么是不用考虑的或不能做的。在小儿科医师和精神科医师职业生涯中，温尼科特亲身经历了基于唯器质论思考健康和疾病的不适用性。他似乎在很早的时候就已经认识到，健康，甚至更加重要的是有活力地活着的感受，不能被简化为只要身体及其器官能起作用即可；同时他也认识到，在理智方面，个体的躯体有可能与精神发生解离，但这是一种非常虚假的状态。

1920年，在接受医学训练时，温尼科特就坚定地确信，要想对儿科学相关的障碍做出正确诊断，不考虑心理学方面的因素是不可能的。当他还是一位医学生的时候，他偶然得到了一本瑞士牧师 Oskar Pfister 撰写的关于弗洛伊德的著作，他非常高兴地看到，精神分析能够提供一种可能性，即主要从心理学视角来接近和探究精神性疾病和躯体性障碍。在1919年写给姐姐的一封信中，温尼科特满腔热情地说他发现了弗洛伊德学派关于精神的理论。1923年，他成为英国帕丁顿格林儿童医院（Paddington Green Children’s Hospital）的助理医师，并在这所医院供职了40年。[1] 那时他已经决定把接受精神分析训练纳入自己的培训计划中，于是他在同一年便开始接受 James Strachey 的个人分析，一共持续了十年之久。他在医院的临床照顾工作，也逐渐从儿科学向精神分析取向的儿童精神病学演变和发展。

在儿童精神病学取向的儿科实践中，温尼科特成功地验证了一件事，那就是大多数让母亲带着孩子来到诊所的问题都是由于原始性情绪障碍所致。此外他还观察到，不光是儿童，身体健康的婴儿都可能在出生的头几周就患上情绪性疾病。他对疾病如此早熟和心理因素在病发中的重要性印象深刻。同时，虽然一开始还不清楚这些因素的性质，但在接触精神分析后，他终于找到一个领域来研究这些因素。他确实也在这个领域研究了它们，尽管不久后就意识到他并不同意已有的传统理论所理解的“精神（psychic）”概念。

温尼科特在临床工作中发现的这些早熟的情绪性障碍（precocious emotional disorder），决定性地影响了他的精神分析思想的发展。由于这一发现，温尼科特再也无法信服弗洛伊德精神分析所主张的俄狄浦斯情结理论的核心地位了。在1967年的一次演讲中，他向精神分析师同行们呈现了他理论思想的演变过程，他指出：

> 当我开始尝试并运用曾经学习到的精神分析知识时，我发现在学习精神分析的时候，我们被教导任何现象都要从2岁、3岁、4岁的俄狄浦斯情结的视角来思考，或者认为这都是从俄狄浦斯期开始的退行。作为观察婴儿——观察母亲和婴儿——已经很长时间的人（已有10～15年），当我发现精神分析是这么回事的时候，我感到非常难过，因为我知道我观察过的很多婴儿已经开始生病了，其中还有很多更早就已经生病了。

以这个证据为标志，温尼科特理论工作的重点，转向了澄清婴儿在其生命开始阶段所发生的事情，以及婴儿所面临的或遭受的困苦的特性。[2] 1935年，在Strachey的建议下，温尼科特开始接触梅兰妮·克莱因，当时克莱因对儿童期原初焦虑的研究兴趣已经使她的大名广为人知。由于克莱因当时的研究极其重要，温尼科特一开始也曾追随她开创的研究路线，并且在1935—1940年或1941年，接受了克莱因的个案督导。[3]温尼科特很快就认识到，克莱因知道很多东西，并且远远超过了他对该主题已有的了解。即使到后期阶段，在温尼科特果断地决定要远离克莱因的理论路线后，他也一直很肯定地承认，他曾经跟克莱因学习了很多东西。然而，他们之间从一开始就存在着理论上的分歧，随着温尼科特理论的基本概念性元素变得更加精确，他们的理论性分歧也逐渐加剧，并且越来越清晰。最终，在他们各自的理论之间出现了一种根本不相容的现象。后面我们还会更加详细地讨论二者概念上的差异。

然而，在20世纪30年代末这一段时间，另一种职业经历决定性地影响了温尼科特思想的理论方向。在第二次世界大战期间，温尼科特被政府指派为精神科会诊医师，负责英国政府疏散市民计划中一个接待区的联络会诊工作。当时，克莱尔·温尼科特（Clare Winnicott）作为一名社会工作者，是温尼科特工作团队中的一名成员。据她所言，这个职位对温尼科特思想的形成有着意义深远的影响，因为他发现自己正面对着一个规模庞大的人群，他们的居家住所被破坏了，家庭生活也处于一种严重崩溃的状态。这种情形让他有机会观察到分离和丧失对儿童和青少年所造成的巨大影响。除了这种整体情形外，事实上，温尼科特所负责的儿童，恰恰是那些在战争爆发之前就已经表现出家庭关系困难的儿童。按照当时政府的疏散计划，这些儿童需要被特殊安排，不能安排他们到普通家庭中。温尼科特进一步观察到，对于这类儿童来说，战争对他们的影响并不重要，甚至可能因祸得福。因为他们发现，战争帮助他们逃离了原本无法忍受的家庭情境，他们在自己的家庭中根本找不到出路，而当他们因战乱被置于一个新的情境中时，他们反而有可能获得帮助。正是这段经历为温尼科特提供了许多材料，使其构想出关于行为不良和性格障碍的理论，各种临床表现被他统称为**反社会倾向**（antisocial tendency）。从此之后，还处于初期的成熟过程理论的某些特定方面得以被逐渐清晰地概括出来，也关联到了精神病性障碍的病因学中与环境的重要性相关的那些理论。

在此之前，一些性格障碍——诸如行为不良（delinquency）和青少年暴力行为——一直被经典精神分析理论看作焦虑或罪疚感的临床表现，而后者源自爱与恨之间无法避免的无意识两价性情感，源自当破坏性欲望特别地指向所爱之人时产生的冲突。如果这种罪疚感不能被修复或升华，就会迫使个体付诸行动，以便使罪疚感表现出一种具体的形式。行为不良的病因学基本上是由一种精神内在冲突所构成，然而，对于温尼科特来说，从亲身经验中获得的资料促使他提出了另一个病因学假设，即环境因素在行为不良的病因学中具有决定性意义，这无疑已经成为他的思想的一种倾向。例如，在20世纪30年代早期温尼科特所写的文章中，这个观点已经表述得很清晰了。在这些文章中，他描述了20年代期间所治疗的几个儿科学案例，目的是想说明他在那个年代就已经开始使用精神分析的理论了。尽管这些文章也指出，特定的躯体性障碍可能起源于无意识冲突，但他还是指出了环境因素在这类障碍的病因学中的重要性[4]。

1967年，在英国精神分析学会的一次演讲中，温尼科特向同行们回顾了他的思想发展路线，他提到了传统精神分析的典型立场——强调内部因素，但忽视了环境方面的因素。他注意到，近10～15年来，精神分析师是唯一一拨能接受任何事情存在，唯独不接受环境因素的人。他也注意到，尽管每个人都承认个别男孩的行为不良是由于他父亲酗酒所造成，但是精神分析师们仍然一股脑儿地把这个问题归因为孩子本身的心理构造，并热衷于研究孩子的内部冲突（1989f, p.577）。[5]有好几次，温尼科特都尝试与梅兰妮·克莱因，以及一些克莱因学派的人讨论环境因素的作用，但他们对此不是毫无兴趣，就是心存疑虑。不久之后，温尼科特便宣布，任何对照护儿童感兴趣的精神分析师都会冒这样一种风险，即被认为是“背弃了研究内部过程原因的背叛者”（1965h, p.126）。

在1945年，温尼科特停止接受克莱因案例督导后的第4年，他写了一篇文章“原初情绪性发展（Primitive emotional development）”，他在文中陈述了若干观点，以表明决定要遵循他自己的思想路线。虽然他的兴趣一直在儿童来访者，但他声称决定开始研究精神来访者；同时他还声称，他已经对当下精神分析理论做了大量的补充，而且“或许这篇文章可能标志着一个新的开始”（1945d, p.145）。换句话说，这篇文章是温尼科特理论发展的一个开端。然而，为了提出在精神分析方面所做的贡献，他必须要先奠定一定的基础，因此，他尝试去“描述精神分析的不同类型”。在这一点上，温尼科特似乎已经意识到，传统精神分析的弗洛伊德版本和克莱因修正版本，都在力图涵盖精神病，但它们都无法处理这些严重精神障碍呈现出来的问题，特别是那些具有精神分裂症特性的问题。要想解决这些类型的问题，就需要一个重新调整和修订的理论。

与儿科学的争论

在20世纪30年代期间，随着接受精神分析训练的进展，温尼科特试图劝说小儿科医师们放弃某些仅以唯器质论背景进行的治疗程序，也去学习些在评估儿童障碍时会用到的心理学内容。虽然传统精神分析理论是他整个学术知识生涯的主要参照框架，但是温尼科特从未停止过向儿科医师、产科医师、护士和育儿专家进行宣讲，目的是提醒和警示他们要关注有关儿童照顾和健康措施的某些新发现，这些新发现在温尼科特看来是工作中必不可少的部分。在此期间，作为一个儿科医师他写了许多文章，他向全体儿科医师介绍了一些儿童情绪障碍，并认为它们可能是造成儿童期某些典型临床症状的基础。同时温尼科特也力劝儿科学专家们，要做好准备去研究这类情绪障碍的心理学动机。[6]

温尼科特非常熟悉他的潜在读者，以及他们对疾病和健康的传统理念，而这些传统理念从一开始就主导着现代医学的理论和临床实践。确实，儿科学和儿童精神病学不仅毫不犹豫地关注它们各自的领域，即传统上相互独立的身体领域和心智领域，而且这两个领域也代表了近代医学和普通精神病学这两大专科，并且这两个专科仍然处在巩固它们各自专科特色的进程中。此外，躯体医学一直倾向于走一种疾病分类学的研究路线，但这个研究路线并不关心这些疾病的起病年龄。到19世纪中叶，当临床上清晰地发现每个年龄组都有其特定的疾病状态，以及儿童期也存在着典型的疾病类型时，儿科学的存在就成为一种必然，并从这时起作为一门专业学科被建立起来。即便是在儿童期和成人期出现了同一种综合征，也要同时从病因学和临床表现两个方面把年龄这个特征放在一个特殊的位置上去看待。

与此同时，儿科学也把自身局限在成长的躯体和生理学方面。儿科医师变成了躯体论者（somatist），他们也会首先从生理学的视角考虑专业问题。温尼科特在1958年观察到，要想找到一个不局限在躯体方面的儿科医生是非常困难的。比如，专业背景就要求医生必须知道那些母亲怀孕后第二个月感染了风疹所引起的精神疾病，知道骨科的畸形，知道母亲与婴儿之间血液不相容的疾病，或者知道由于出生延迟所导致的脑膜和脊髓膜损伤，等等。20世纪50年代，儿科学的理论和实践早已发生了许多变化，其中包括对个人发展的精神方面产生了初步的兴趣，这些变化在某种程度上归功于研究的进展、公共卫生取得的改善，以及生活条件的普遍提高，而这也使得医生们不用再完全致力于原发性疾病的研究和治疗了。确实在这之前，温尼科特也承认，很多更加专业性的工作还是非常有必要的。温尼科特说，在19世纪中叶，当时英国的情形更加糟糕，那一代儿科医生先驱们面临的急迫任务是，要确保对童年期特有的各种躯体疾病进行适当分类，并努力根除它们：

> 在过去的那些日子里，没有多少时间或空间能像现在这样思考关于健康的问题，也没有这样的时间或空间，通过在由人类所组成的社会中成长这一事实，来研究影响着躯体健康的儿童的那些困难和问题。（1988, p.9）

这段引文包括了温尼科特关于健康和疾病构想的主要概念之一，也是他与整个医学领域讨论的一个主题，从中可以引出他的重要理论立场——健康是一种复杂的状态，它具备着自身的要求，也必须以它自身的性质被构想。无论是在儿科学中，还是精神病学中，健康一般都被构想为一种没有疾病的状态，但温尼科特发现，对健康的这种否定式定义是非常不恰当的。另一方面，疾病则常常被认为是一种应该被根除的罪恶。在“关于正常和焦虑的注释”（A note on normality and anxiety）一文中，温尼科特提出尽管从纯粹的躯体角度来看，任何偏离健康的状态都可以被认为是异常的，但“并不能推断由于情绪紧张和压力所导致的躯体健康水平下降必然是异常的”（1931b, p.3）。温尼科特接着报告了一个两岁半男孩的案例，他对于弟弟的出生产生了强烈的不良反应。温尼科特陈述道，如果弟弟不曾出生，那么这个男孩将会免遭此苦，但由此他也会错失一段适合其年龄的真实生命体验。他接着说，发生这样的事，“恰恰证明了一种说法：对一个孩子，有时生病了可能要比没生病更加正常”。

上面所强调的引文，不仅表明我们需要把健康看作具有自身特征的一种状态，而且其表述的观点还渗透在温尼科特的整个思想中，并且有比乍看之下更加深远和广泛的含义；换句话说，从一开始，**生命本身就是困难的**，而存活的任务、持续地保持鲜活的任务，以及不断成熟的任务就是一场永久性的奋斗。因此，我们有必要通过在由人类所组成的社会中成长这一事实，来研究困扰着躯体性健康儿童的困难和问题（1988, p.9）。

此外，虽然儿科学和儿童精神病学都开始根据生命的发展阶段来考虑这些现象的心理学面向及具体特征，但这些也只是从孩子能够说话的童年期开始，还没有顾及不会说话的婴儿期。这两个专业学科都没有把婴儿看作具有情绪状态和受环境影响的人类。婴儿在出生时，他只被看作一个生物有机体。尽管温尼科特观察过许多患有早发性疾病的婴儿，但他也承认花了好长时间才有能力把出生时的婴儿看成人类。他通过自己接受个人分析才获得了这种能力，他也说，这确实是在他开始接受Strachey分析后前5年的主要成果。1957年，温尼科特声称，他观察到健康专家们对待婴儿和幼儿时的态度有所不同。他说，或许父母们把宝宝当作一个“人”来对待的时间要比专家们早得多，有时候从婴儿身上看到的也远比他实际的状态多得多——它是一个潜在的小男人或小女人。这一观点最初一直被科学所忽视，甚至拒绝。因此，长期以来，直到孩子们开始说话，才会被看成人类的存在。但是，近年来“我们发现，婴儿确实就是人类，只不过恰好处在人类的婴儿期而已”（1957d, p.107）。

精神分析对于上述观点和态度的发展具有决定性贡献。在第二次世界大战结束之际，已有许多研究针对不同年龄段的婴儿和儿童的正常情绪发展而设计的。温尼科特注意到，这种整体性进展可以归功于弗洛伊德，他使用神经症性障碍的理论和治疗方法，证明了精神分析师可以触及成人内心中那个儿童。温尼科特宣称，他也从未离弃过儿科学，因为他懂得精神分析取向的儿童精神病学是儿科学的一个本质部分。他之所以不断地对儿童精神病学和精神分析进行结合和同化，确实是因为在20世纪后50年间，儿童精神病学本身就在结合精神分析取向的研究和学习中得到了促进和激励。

温尼科特深信，精神健康是在童年早期建立起来的，而婴儿一出生就已经是一个人类，像其他人一样投入存活的任务中。因此，他非常关注那些与婴儿接触的人，以及在某种程度上可以促进或阻碍婴儿成熟过程的人，目的是推进这些人的工作。由于儿科医生在医学领域中占据这种优势位置，所以不管受训于哪个专业领域，他们是唯一能够从一开始（当婴儿还处于一种潜在可能性的时候）就监控婴儿成熟过程的人。当儿科医生履行自己的职责时，如果他们善于观察，并且有足够的警觉性，他们不仅有能力探测到早已种下病根的初期儿童神经症，也有能力发现朝向神经症发展的潜在倾向，而这种倾向可能在成年生活中的某一时刻表现出症状。此外，如果连神经症都是这样的，那么精神病就更是如此。对于那些日后需要住进精神病院治疗的疾病，温尼科特说，预防这类疾病的工作“……就落在儿科医生的手中。然而儿科医生也大可以放心地声称自己其实并不了解这一点，而让他的人生变得轻松一些”

（1958k, p.317）。

总体来说，儿科医生并没能用上他们的优势，因为他们缺乏心理学训练，即便他们有心为父母们提供一些指导，却没有儿童情绪发展困难方面的必要知识。[7] 然而，如果一位儿科医生已经建立起了职业平台，并且对自己所掌握的唯器质论工作技能相对满意，就不大可能再去遵从精神分析训练之道了。其中一个主要的障碍在于，当一个人研究心理学时，即使是关于婴儿的心理学，这种研究也会把这位专家带回他自己作为人的位置上。然而，温尼科特坚称，这条路没有捷径可走，永远也不会有任何捷径。总有一天，躯体性儿科学将不再有进一步扩展的必要，而年轻的儿科医生们将会被推向儿童精神病学的领域。"我期盼这一天的到来，而且我在过去30年的每一天都在期盼着这一天的到来。"（1988, p.10）但是，新发展会带来痛苦的一面，而危险的是回避这种痛苦，并且试图找到绕开它的办法。那样，各种理论将会被重新构想，试图指出精神障碍并不是一种情绪冲突的产物，而是遗传、体质、内分泌失衡，以及被粗暴对待和养育不良的产物。

> 但事实是，生命（活）本身是困难的，而心理学考虑的是个体发展和社会化过程的固有问题；此外，在儿童心理学中，我们一定会遭遇到自己早已经历过的各种挣扎，尽管我们大部分已经忘记了，或者从来也没有意识到。

温尼科特不仅反对唯器质论取向的各种理论（激素失衡论）和学院派心理学（残酷的环境论），而且拒绝从体质和遗传的角度来构想精神障碍的各种理论。后一种情况不仅涉及精神病学，而且针对传统精神分析。

学院派心理学的各种局限

在20世纪50年代，英国新一代的医学生声称他们需要学习心理学知识，目的是应对逐渐意识到的任务，即情绪因素与各种儿童障碍之间的密切联系。但是，医学院提供的是学院派的理论心理学知识，这并没能满足他们的实际需求，并且引发了一种真正的危险，即儿童心理学的某些表浅方面被高估了。其中一个方面是该学科中某些意在理解精神障碍表现的要素，尽管是与心理学相关的，但实际上只和躯体成长做了关联。例如，当学院派心理学家研究儿童能够行走的年龄时，他们不会考虑这样的事实，即由于情绪因素的影响，一个孩子能够独立行走的年龄有可能会比样本平均年龄提早或延迟。同样的情况也发生在对技能发展的研究中，这些研究所使用的工具都是基于将大脑定性为功能性器官而开发出来的各种智商测验和智力能力测量。学院派心理学家们为了获得更加“纯”的研究结果，在研究设计中控制了每一个情绪性因素。换句话说，为了研究心智和大脑的功能，学院派心理学家在其工作职能的实施中，把精神这个因素孤立地控制起来；然而对于温尼科特来说，处理和认识智力领域，并不能等同于认识“精神－躯体式”存在的“精神”活动[8]。

然而，最主要的问题在于，为了突显环境在构建儿童人格过程中所发挥的作用，学院派心理学歪曲了整个现象，倾向于集中描述残酷的实际情境、实际的抛弃和暴力行为，并努力描述心理创伤的构成，煞有介事地认为它们是精神障碍的发病原因。但他们从来不考虑其互补的另一面，即**环境**因素也会有效且必要地参与**健康构建过程**。无论如何，精神分析特别反对这种简单化的还原性理论，还原论把人类只看作环境的产物，从这个意义来看，温尼科特认为精神分析学家不愿意考虑环境因素也不足为奇，这是因为：

> 那些希望忽视或否认精神内部张力重要性的人，主要强调在儿童精神病学中作为发病原因的外部不良因素。然而，现在精神分析已经日臻成熟，我们足以担当研究那些好的和坏的外部因素的责任。

这段话引自温尼科特1963年的一篇文章。显而易见，当温尼科特谈及一般性精神分析的时候，他实际上提到的是自己对精神分析的贡献。同时他知道，他的观点被普遍地接受还为时尚早。温尼科特在写给《新社会》(*New Society*)杂志一位编辑的一封信中说：

> 我时常感到有些不寒而栗，唯恐在精神分析争论的天平上我的工作会被用来增加环境方面的权重。但是我确实坚持认为，现在精神分析已经足以有能力赋予外部因素充分的重要性，包括好的方面以及坏的方面。特别是在生命最开始由母亲所承担的那部分外部因素，那时候婴儿还没有从“我”中分离出“非我”。(1987b, p.141)

在温尼科特的著作中，环境或外部因素的概念是非常复杂的；同样，这个概念是理解温尼科特思想的关键点之一，也是误解温尼科特思想的主要来源之一。在谈及生命原初阶段时，以及从婴儿的视角来考虑问题的前提下，温尼科特所谈的外部环境，只是从观察者视角来说是外部的。然而，在生命的开始阶段，环境是主观性的。在这个意义上，这个环境既不是外部的，也不是内部的。在主观性范围内，环境本质上参与了自体的构建过程，而且它不仅仅是**一种外部的影响**。只有在成熟过程的发展期间，孩子才能达成一种外在性的感受。只有发展到这个时候，环境才能被孩子看作是外部的，甚至在那时，环境也并不完全或总是外部的。

与精神病学和儿童精神病学的争论

温尼科特与精神病学的对话始终围绕着健康和疾病的概念，身体和心智（body/mind）的二分法概念及其对理论和临床工作所产生的影响，以及精神障碍的病因学概念而展开。而治疗性程序的性质和为来访者提供的照护都源自这些概念。此外，我们还要加上儿童精神病学的一点相关内容：儿童精神病学需要保护自己特定的研究领域，并且要避免受成人精神病学影响。

对于健康专家们来说，心智与身体的对立很可能一直是最古老的、最有争议的主题，也一直是最持久的哲学命题之一。在这里，这个主题足以唤起一系列无休止的讨论，重新引发以西方笛卡尔二元论和基于其物理医学主义为依据的科学和哲学方面的争论。对于经典精神病学来说，尤其是前 - 精神分析类型的精神病学，精神障碍被解释为生物有机体病理性过程所产生的各种症状，这些症状与获得性器官功能失调或遗传性传递有关。精神病学，尤其自认为是一门精神的体质形成（somatogenesis of the psyche）学科的精神病学，通常把精神障碍看作一种“症状”群。这种类型的精神病学是一门科学性临床病理学的专业学科，它基本上把身体视作病因学的领域[9]。即使当经典精神病学也坚持了某些精神（心因）性病理假设时，这种精神性病理假设实际上仍然属于精神的体质形成论，因为这里所谓的精神仅仅指的是大脑及其组织的功能。在医学精神病学中，对立于身体（body）的概念，心智（mind）的概念被等同为精神（psyche）概念，因而，心智（精神）的实体存在被定位于大脑中。当一个来访者由于成熟过程的一些问题，发展出了一种防御性超心智化（hyper-mentalisation）组织的时候，便开始遭受痛苦的折磨，并表现出一种精神分裂症的临床征象（schizophrenic picture）。此时精神病学的诊断便假设来访者的大脑出现了某些问题，因为从科学的医学思想来看，大脑一直被等同于心智（mind）。此时这类来访者感觉心智变成了敌人，感觉在他的头脑中存在着某些迫害他的东西。于是：

> 做脑白质切断术的外科医生，首先在做的（doing）是来访者要求他做的事情。换句话说，这位医生之所以这样做，是为了减缓来访者的心智（大脑）活动水平，因为心智（大脑）已经变成了精神－躯体的敌人。（1954a, p253）

在温尼科特的思想中，心智活动（mental activity）不论其是否是强迫性的，都与大脑本身没有什么关系。温尼科特说，在这种情况下，我们并不能认为，凭借前额叶白质切除术让来访者所遭受的折磨明显减轻了就是帮助了来访者。因为：

> 要想在没有体验的真空中（in vacuo）真正缓解人类的痛苦，是一种无稽之谈。我们有可能帮助某些人缓解痛苦，但是（在这一点上我坚持我的观点）把一个遭受痛苦的人改变成别的什么东西是不负责任的，因为那个不再感到痛苦的不完整（部分）的人，已经不再是一开始被带来寻求治疗的那个人了。（1988, p.53）

从20世纪40年代中期开始，温尼科特参与了一场真正的反对休克疗法的运动，尤其是反对前额叶白质切除术（lobotomy）。他给卫生行政当局寄信，并在专家论坛杂志上撰写了多篇文章。

1967年，温尼科特依然投身于这场斗争，他写道，他不理会那些只会为精神疾病提供物理（躯体）治疗的专家们。因为：

> 依然会有很多来访者在那里，他们像我们一样都是人，他们每个人的精神障碍发作背后都有一段个人史。个人史记录了个人大量艰苦奋斗的历程。也都伴随着一个单纯好或坏的环境，或者其他某种混乱的环境，它们在一定程度上是令人困惑的，甚至无法叙述。（1968c, p.194）

温尼科特对经典精神病学的另一个异议涉及这样的事实，即在精神病学眼中，包括一般医学领域也一样，只有疾病，没有身为个体的人。这是一个很悠久的传统，乃至于19世纪末期到20世纪初期，在克雷丕林（Kraepelin）的巨大影响下，经典精神病学开始承认疯狂（madness）是一种异质性（heterogeneity）疾病，并且开始鉴别和划分精神疾病的不同分类和组别。可惜这种诊断性分类仍然只关注疾病，不关注患病个体的人际关系和他们的个人成长史。[10]因此，人们其实对研究健康并不感兴趣，也难怪健康只有一种纯粹的否定性定义了。在这样的方式下，症状学便成了头等重要的事情，并且围绕着症状学构建出了精神疾病诊断实体的分类学。

或许从克雷丕林开始疾病分类学后，观察、描述和记录来访者的各种行为和症状表现就成为一项新的工作任务，其目的是为了让这些资料与克雷丕林的疾病分类学所提供的疾病标签或诊断类型相符合。这个工作激发了一部分专家的探究欲望，他们想知道那些疾病分类学中的各种行为和症状是如何形成的，以及形成的原因是什么。这就引导这些专家开始探索来访者的个体成长史。事实上从某个时候开始，个人史信息变成了精神科病历文件中一个强制性记录的部分。由于记录完整有条理的个人发病史通向了来访者生命的开始阶段，所以在20世纪早期，精神病学首次对来访者的童年产生了兴趣。然而，这是一种传记式的、回顾性的兴趣，它未能在童年事件与患病个体之间建立一种直接的关系，换句话说，这种方式永远不可能从来访者原初体验的性质和意义的视角，来研究来访者的临床表现和个人发展史。恰恰是弗洛伊德彻底改变了这种情况，大约在1890年克雷丕林的大部分著作发表后，早期弗洛伊德精神分析开始引入一种精神动力学概念，与前一个时代的静态或疾病记述式精神病学形成了对比。精神分析开辟了一个新的研究领域，它要恢复症状的意义，按照个体的成长发展史来研究各种精神障碍，这与只关注症状分类学的精神病学家完全不一样，因此精神分析师自然而然就成了采集来访者生活史的专家。[11]在温尼科特看来，这是精神分析对精神病学的巨大贡献之一，是对疾病实体分类学的老旧思想的一种抑制。我们绝不能像看待风湿热或坏血病那样去思考精神疾病，用躯体医学中特有的疾病分类学方式给精神障碍贴标签，这是一种极其错误的做法。[12]

另一个要点不但与争议有关，而且与温尼科特为保持儿童精神病学特有性质的抗争有关。在20世纪早期，儿童精神病学只是作为一个专业研究的分支浮现，在此之前，几乎无一例外，精神病学把那些已经能说话的儿童都看成缩微版的成年人，也把普通成人精神病学的临床标准和精神病理学标准强制性地应用于儿童。例如，成人精神病学中没有专属儿童精神病的概念，更不用说在婴幼儿群体中设想这类性质的障碍了。就这一点而言，成人精神病学将问题定义为一种心理过程的退化，而这种定义根本就不适用于儿童。[13]

事实上，在19世纪期间，整个精神病学领域都受到了Pinel（法国精神病学家）划分的先天性痴呆概念（notion of idiotism）的影响，Esquirrol（Pinel的学生）又把先天性痴呆与痴呆（idiocy-dementia）相区分。同时，随着心理测量学的出现及其对严重智力缺陷的不成熟的概念化，19世纪的精神病学把儿童精神病理学，特别是当今认为是儿童精神病的那些障碍，都看成心智缺陷或性格障碍的一种形式。甚至在19世纪后50年间，如Misès记录的那样，任何关于儿童精神病的说法仍然是不可思议的。法国著名精神病学家Moreau de Tours在他的经典著作

《疯狂的小孩》（*La Folie Chez Les Enfants*，1888）一书中也描写道，“儿童的疯狂处于一个令人不可思议的王国之中”，儿童的疯狂“只能作为一种急性短暂性现象，或者作为像癫痫症那样的神经性疾病的表达的异常存在（Misès, 1969, p.10）。[14]

在20世纪初期，当Sancte de Sanctis（1908）描述那个时代能发现最早熟（不成熟）的个案的时候，他创造了一个独立的疾病实体概念——早发性痴呆（dementia praecocissima），它的特征非常接近克雷丕林在1899年描述的成人早熟性痴呆（precocious dementia）的特征。关于这个疾病分类学实体，Misès强调，反复观察到“把发生在儿童中与谵妄、幻觉和紧张症有关的儿童疾病的临床表现，视为这些成人病理学的一种简单投射，看起来是多么虚假和武断”（Misès, 1969, p.11）。

经过漫长的发展，儿童精神障碍逐渐获得了其应有的特殊地位。大约在1912年，Chaslin对8—13岁的儿童进行了研究，他“了解到，在那些所谓发育迟缓的病人、癫痫患儿和任性不羁的孩子中，存在着某种病态性发展的特定意义。他对此感到很疑惑，是否这些患儿不应该被看作是一种青春期痴呆（hebephrenics）”（Aubin, 1975, p.14）。然而，Bleuler提出了精神分裂症（schizophrenia）的概念，他认为在克雷丕林早熟性痴呆的分类中实际上存在着一种精神分裂症，来访者并不表现出情感丧失，最终也不会发展成痴呆。Aubin说，这就“为儿童精神病打开了一扇大门，未来并非只有一条绝望之路……”。

即便儿童精神病学已将自己视为一个特定的研究领域，但是按照成人精神病理学的构建框架，去观察和理解儿童精神障碍或青春发育期前的障碍的倾向，都还存在和延续着。在“精神病和儿童照护”（Psychoses and child care，1953a）一文中，温尼科特提到了M.Creak在1951年出版的《童年期精神病》（*Psychoses in Childhood*）一书，并以此书为例来说明这个问题。作者在没有努力去研究儿童不成熟的情形下，描述了一种精神病的临床表现，这种表现是一种有组织的内向性，随之发生的是怪异的行为模式，以及各种继发性躯体障碍。接着 Creak 便把这个临床框架也应用到了一类儿童身上，无疑也是儿童专家们都很熟悉的一类儿童。温尼科特非常质疑这样的做法，并提出了如果事情果真能如此简单，那么就能把所有成年疾病分类实体的类型都应用到数不尽的童年期问题上：忧郁状态、躁狂－抑郁性精神病、轻躁狂性激越、精神迷惑状态，等等。

尽管精神分析性研究进展很大，对普通精神病学的影响也很大，但温尼科特观察到，普通精神病学主要还很抗拒以下的思考：首先，抗拒思考存在一种完全属于心理学的精神分裂症类型的障碍，即一种能被预防和治愈的精神分裂症；其次，抗拒把精神分裂症看成是在生命的最早阶段形成的，因此它应该在儿童精神病学的范围，从成熟过程理论为导向的精神分析角度加以研究。成人精神病学医师一直对这类研究不感兴趣，因为这类研究通常表明，精神疾病的病因学不完全取决于生物学遗传——尽管遗传和素质性因素通常也很重要。温尼科特指出，即便是渐进性普遍麻痹（progressive general palsy）等因脑器质性紊乱所致的疾病也有可能在来访者的心理学中发现相关因素，“疾病表现其实专门属于这个来访者，专门属于这个来访者的人格和性格，而其细节也都与这个来访者的早年个人史有关”（1989q, p.123）。正是这种坚定的信念，让温尼科特坚持认为通常被归因为遗传或素质性特征的精神疾病，其实并不是真正精神疾病意义上的疾病。即便用了一种心理学术语来构建（就像传统精神分析理论做的那样），这种病因学假设也是不能被接受的。精神病（Psychosis）不能被定义为家族退行性过程的遗传现象，它也不是一种驱力不平衡所形成的产物。精神病的病因学绝没有这么简单：

> 对于那些对疾病（他们称之为心智疾病）更加感兴趣的精神病学医师们来说，生命（活）是一种相当容易的事情。但是，

> 对于我们来说，我们倾向于把患有精神疾病的人更多地看作是人，而不只是疾病；这些人都是在为了发展、为了适应和为了生存而奋斗的人类生命旅程中受了伤的人，以致我们所面临的问题和任务是无限复杂的。（1961a, p.72）

温尼科特显然也承认存在着与躯体异常有关的心理障碍。比如，大脑中可能发生了某些损伤或化学性变化，而大脑又是心智为了发挥功能而必须依赖的一个器官。影响心智结构功能性运作失调的原因可能是遗传性的、先天性的，也可能是感染性疾病所造成的，或者由一种肿瘤或机体退行性过程所造成的，诸如脑动脉硬化，等等。问题在于我们不能在这些精神障碍间做出区分，换句话说，我们不能区分出一种精神障碍是属于某些躯体疾病或损伤后的精神心理表现，并且只能认为这就是这类疾病本身，还是说它根本上就是精神的疾病，也就是与成熟过程失败有关的疾病。这不是一个否认遗传性因素存在的问题，更确切地说，这是对这些因素的补充，补充了那些显得对个体的生命，而不仅是对各种疾病（障碍）本身更加重要的各个方面（1965n, p.58）。若精神病学医师不去关注这种差异，他们只能发现一种器质性障碍，把个体的所有困难都归因于这种器质性问题，将每件事情都在疾病分类学的框架中思考，而从不考虑环境性的起病因素。由此便产生了一种非常糟糕的结果，即在生物化学和神经病学的方法占优势的情形中，心理学的方法就被抛弃了。温尼科特说，甚至就连肺结核这样的疾病，当治疗变成了纯粹使用化学药品时，我们就会失去很多，我们能为来访者长期提供的人性化关怀将被误以为是没有必要的，也就不予考虑了。

无论如何，根据温尼科特的说法，在那个时候精神病学尚在区分这两种类型的精神障碍，它们表现出了相似且融合在一起的症状学。尽管如此，它们事实上却有着本质的差别[15]。真正可以产生效果的是将这两种因素结合，因为能够为一个躯体健康的孩子提供足够好的照护的母亲，可能无法忍受那种紧张去照护一位有着大脑疾病的孩子。

在概括自己对整个精神分析所贡献的实际理论性视角时，温尼科特认为，精神分析倾向于把精神分裂症理解为是一种童年早期成熟过程的逆转。换句话说，如果每个个体都天赋朝向成熟的一种内在固有倾向，那么这种倾向的逆转就构成了疾病，也就是发展倾向的“瘫痪”，停滞在了早已成为事实的绝对依赖期的某个时刻。婴儿的成熟过程最终就停滞了。如果这个观点能够被普遍地接受，那么这就会

> 把精神分裂症带入人类普遍奋斗的领域，并把它带出了具体疾病过程的领域。就这一事实而言，医学界也迫切需要对此有清醒的认识，因为源自人类生命奋斗的那些障碍，不应该随同那些继发于退行性过程的疾病一起被同等对待。（1965f, p.178）

温尼科特毫不怀疑的是，他感兴趣的是人，而不是被赋予了某些特性的物或事，人本身具备某些固有的确定性。他的问题是，人类之所以遭受苦难或困顿，是由于还没有发展出存活能力，而不是由于某种疾病实体和运作在人类内部的各种机制和驱力，尽管后面这些问题也可以被作为自然的、可以量化的疾病实体去研究。我们完全有可能澄清生命组织的功能性运作机制，但如果这么做了，我们就只会制造出清晰的生命组织的特定性结构，而这种做法绝不可能揭示生命本身的本质和精髓。

温尼科特与传统精神分析理论的讨论

虽然温尼科特总是宣称思考和写作的材料都来源于他自己的临床经验，并且使用的都是他自己的语言，但是温尼科特一直也没有放弃与

同辈人进行讨论的机会。正相反，在他的著作和通信中，遍及着他对同时代和之前精神分析文献中出现的几乎每件事情的评论和欣赏。从荣格到拉康，从安娜·弗洛伊德到克莱因学派的代表，其中有 Meltzer、Esther Bick、Susan Isaacs 和 Joan Rivière。从 Spitz 到 Erick Erickson，从哈特曼和其他自我心理学的研究者到 Balint 和 Bowlby，从 Virginia Axline 到 Harold Searles，温尼科特与几乎所有的研究者都发生过争论，这些研究者也都从不同的路线试图扩展精神分析的理论领域。

然而，温尼科特主要讨论的对象还是弗洛伊德和克莱因。特别是在构想自己的思想时，为了努力地区分出哪些是他自己的原创性贡献，他会引用这两位研究者的许多著作来对照。这个原因正是我们在这里重提这些争论的兴趣所在。因为尽管精神分析理论一直在发展，甚至出现了新的路线（例如拉康），但是我们可以说，对于弗洛伊德所构想的基本理论性假设，并没有出现过很大的分歧或重大的理论性变革，也没有发现这些理论性发展能证明本研究中要证实的事，即我们坚持认为，温尼科特的贡献实际上形成了精神分析的一个新范式。在 Thomas Kuhn 的特定科学范式的意义上，克莱因（或拉康）所引入的对精神分析理论的修改并不是一种真正的理论性革命，因为他们都还没有真正地改变指导经典精神分析研究的俄狄浦斯情结范式，这一点我们在引言中有很清晰的介绍。

就像其他的精神分析师和弗洛伊德的研究者一样，温尼科特也认为，在弗洛伊德学派的工作中，存在着两种不同类型的理论。这导致了他与弗洛伊德学派精神分析讨论会在两个相互依赖的水平上发展：第一个水平涉及作为理论性上层建筑的元心理学（metapsychology）；第二个水平指的是弗洛伊德的动力心理学（dynamic psychology），也就是解释个体临床现象的经验性 - 描述性理论。第二个水平的理论与我们在这里所研究的主题有着更加密切的关系，由于这个理论将出现在这个研究中，所以我要详细讨论它。我会格外地关注理论的结构性差异，这对于描述属于本研究（温尼科特）的理论性框架特征非常重要。

对于温尼科特来说，弗洛伊德的精神分析确实超越了精神病学的唯器质论假设和学院派心理学的环境性定位。精神分析师很关注各种内部冲突，它们是精神神经症的发病基础。而且正是在精神分析的影响下，精神病学才开始考虑除了体质形成机制外还有精神形成机制。自始至终，温尼科特都肯定他与精神分析的传承关系，以及弗洛伊德和克莱因对理解精神障碍贡献的巨大价值；温尼科特所欣赏和维持的精神分析传统有两方面，一是认可精神疾病本质上都有心理学源头的理念，二是承认精神分析在弗洛伊德那里已经把它建立成了一种由科学精神主导的研究和治疗方法，这意味着精神分析的理论和实践也将一直经受修正。因此，更准确地说，为了促进精神分析知识的发展，温尼科特成为了一名精神分析师，但并没有感到在知识方面前后矛盾；在自己与婴儿和精神来访者工作的平行经验支持下，他对弗洛伊德学派的元心理学上层结构（meta-psychological super-structure）提出了彻底的质疑。在新的临床现象的推动下，这个质疑目的是提出，在精神性疾病和健康的概念化中存在理论性差异的问题，而这种差异反过来又是基于对精神和人性的不同概念化基础而形成的。

最基本和较普遍的一点涉及这样的事实，弗洛伊德的精神分析是沿着一种自然科学路线建立起来的，而弗洛伊德从来就不曾放弃过把他的发现放置在生物学中，因此，精神分析理论的很多方面都与生物科学保持着密切的关系。就如 Laplanche 和 Pontalis 曾经观察到的那样（1967, p.126），为原初精神的功能运作提供基本模型的恰恰是各种生物学功能，例如这可以表现在弗洛伊德构想用性快感区域的发展来标明各个性欲阶段。

而针对精神与躯体之间这种困难和复杂的结合，弗洛伊德是借助于驱力的概念来解决的，而驱力被理解为物理（躯体）力量的各种精神性表象，借助于驱力的精神和躯体的二元性，它也驱动着精神的运动。[16]通过对驱力的这种特有定义，我们可以断定，弗洛伊德的精神分析与精神的躯体（物理）模型维持着关联，而驱力是它的关键性概念。虽然就支配着弗洛伊德元心理学精细阐述的基本原则来说，弗洛伊德的研究者各有不同的说法，但是，事实是所有的讨论都是在驱力和力比多（性欲）投注的范围内进行的。按照 Loparic 的看法，在元心理学的精细阐述中，主要的方法学原则上是动力学的视角。[17]而在 Richard Simanke 看来，经济学的观点及其带有的必要性原则的特征，是弗洛伊德学派解释精神的基本观点，尽管它还不够充分。而在理论处于特定僵局的时刻，Simanke 说当有必要重新构想理论时，弗洛伊德就会依靠量化的标准。[18]Laplanche 和 Pontalis 曾经断言，离开投资性经济学原则去完满地描述精神过程对于这位精神分析之父是完全不可能的事情。[19]

温尼科特表示，他完全明白弗洛伊德学派精神分析的一般理念是基于上述理论基础而发展的：

> 这里，弗洛伊德正在以经济学的原则对待人性，并且为了创建一个理论性构想有意简化了问题的复杂性。在他所有的著作中都暗藏着一种决定论思想，这种思想假定人性可以被客观地检视，而且能把众所周知的、适用于物理学的定律应用到对人性的理解之中（1958e, p.16）[20]。

此外，由于弗洛伊德觉得自己有义务延续19世纪德国传统哲学和神经生理学的发展，这导致他沿着机械论路线建立了一个心理功能运作的模型。认识到这个关键模型对理解人性仍有局限性后，Masud Khan 说：

> 我们不得不承认这样的事实，19世纪末期神经生理学研究的氛围让弗洛伊德偏向基于机械论模型对人类的精神及其功

能运作进行概念化，因此他构想出了精神装置、能量贯注，以及精神内在结构的各种理论，并据此勾勒出了自我、本我和超我的结构，再加上意识、前意识和无意识的地形图式。

Loparic 指出了弗洛伊德学派精神分析基本概念的从属关系，心智（mind）和精神装置（psychic apparatus）属于“使这个世界和人类的意象机械化的工程，这种做法其实开始于古希腊，并且被尼采（Nietzsche）称作权力意志（the will to power）”（Loparic, 1997c, p.99）。Loparic 也注意到，“在弗洛伊德的理论中，心智使用了一种工具（仪器）或设备（装置），以便执行其各种行动或性能表现（功效）。心智也利用被称为力比多（libido）的能量，来驱动这些设备的运转”。

作为这种理论性定位的结果，疾病便被弗洛伊德的元心理学描述为，“心理装置”内部各种驱力的功能运作的一种障碍。而这种“心理装置”，尽管是“精神的”装置，仍属于物理科学研究对象这一背景被各种驱力和机制所驱动。健康也只能用元心理学的术语去描述。在“可结束和不可结束的分析”（Finishable and unfinishable analysis）一文中，弗洛伊德说，

离开元心理学的术语去定义健康是不可能的事情，也就是说，定义要参照心理装置的各种机构之间的动力学关系，而这些心理装置已经是被我们验证过的，或者是（如果认为是比较好）被推论或推测出来的。

温尼科特从另一种构想角度出发——其中没有抽象的分类，也拒绝把生命完全客观化——他不承认人性的基础可以依靠驱力的强度，或者任何其他可量化实体的因果决定论原则来考虑。同样，他认为也不是发生冲突的各种驱力让生命处于运动之中，婴儿之所以存活是基于

这样的事实：他“是有活力的”，而且有个人以令他满意的方式去响应这种活力，于是他就发展了。因为他天生就被赋予了一种朝向成熟的内在倾向，而且因为有某个人类在促进这种内在倾向的各种成就的达成。那个共存着各种幻想、心理机制和被压抑内容的精神世界（A psyche）不是被规定的，而是在环境中获得的，它们本身都分别是成熟过程中的一种成就。“精神分析师超越了任何其他类型的细心观察者，从临床经验中发现自己处在一个确信无疑的理论性位置，即他们相信个体的心理学生命并非精确对应于出生时刻的开始。”（1987c, p.54）这个理论性位置反对驱力概念，完全可以从温尼科特的总体思想推论出来，除了这一事实外，这个理论性位置还在温尼科特写给 Roger Money-Kirle 的一封信中被阐明了。在这封信中，温尼科特评论到：令人遗憾的是，梅兰妮·克莱因已经做出了这样的努力，让她的主张与生命和死亡驱力的观点一致，而“这个观点也许是弗洛伊德犯的一大错误”（1987b, p.42）。同样，在另一篇文章“对克莱因学派贡献的个人之见”（A personal view of the Kleinian contribution）中，在列举了克莱因的“积极贡献”后，温尼科特提及了“令人怀疑的贡献”，其中之一就是“保留并使用了生和死本能的理论”（1965g, p.178）。

对于弗洛伊德在其理论内部游移的形而上学框架结构，我们也可以区分出温尼科特批评弗洛伊德精神分析的两个方面。一方面是这种理论化的模型本身，广泛涉猎这个主题的 Loparic 指出，一个元心理学类型的理论思考会：

> ……阻止接近乃至损毁人性成熟过程的本质时刻……这是一个问题的两个对立面，实际的表现对立于单纯的思考，观察对立于构建，现象对立于虚构。简而言之，描述对立于元心理学的推测。（Loparic, 1995b, p.44）

事实上，源自朝向成熟这一内在倾向的发展过程，与生物学或与任何其他生理学的根据都没有关系；它反而与人性和存在的能力有关。[21]这不意味着温尼科特忽视了生物学方面。相反，温尼科特实际上考虑了生物学方面，但并没有试图去人性化它们，这就是为什么他使用术语“本能”代替了“驱力”。本能只是一种条件，换句话说，没有这种条件就无法达成人际关系，这并不意味着要把这个条件当作原因或基础。温尼科特认为，就本能来说，人类与动物没有根本差异，让人类与动物产生差异的是这样的事实：人类所有的身体功能，包括本能，都经过了想象性精细加工（imaginative elaboration）这一严密的人类加工通道。[22]大脑也是精神功能性运作的一种条件，但这并没有限定必须按照大脑支配区域分类研究来构想精神。

温尼科特对弗洛伊德的另一个异议是，弗洛伊德一直基于神经症的性质和动力学来思考他的理论，并且把这个理论作为理解所有精神障碍的关键，此外，他认为对神经症的研究可以导向对人性的深层理解。即便是由于他的自恋理论所呈现出的僵局，而使得弗洛伊德开始对精神病感兴趣的时候，他所构想的问题依然源自他为理解神经症而标定的同一个领域。然而，对于温尼科特来说，“他声称，健康的孩子可以基于对神经症及其童年期起源的研究而完全被理解，这听起来很荒谬”（1988, p.37）。温尼科特的争论依靠的是这样的信念，即精神健康的基础建立在生命的最开始阶段，在那个时候人格的基石正在奠定。以这样的方式说一个孩子能到达神经症性障碍的那个阶段，我们就必须要假设，他已经成功地完成了更加原初的生命阶段的各种任务。带着那些基础性成就，只有这个孩子已经整合成为一个完整统一的个体状态，并且“我”与“非我”已经分离，他才可能开始对三元人际关系中所固有的各种内心冲突易感。[23]坦白地说，那些发生在神经症性障碍范围内的人际问题对于精神病性个体是没有什么意义的，而且他们没有发展到能够对这些人际问题产生情绪性影响的位置。[24]依温尼科特的观点来看，在这种特定意义上的神经症其实意味着一种健康，这就是他那句名言的意义：**如果生命原初阶段的发展被干扰了，那么孩子将不会获得到达神经症阶段所必需的“足够的健康程度”**（1988, pp.38–39）。

所有这些与人格基础构建相关的问题，一直都没有在传统精神分析理论范围内被构想出来。当弗洛伊德开辟了他对精神内在动力学的反思领域，以及想当然地认为一个人已经具备了真实感受能力，以及与外部世界建立关系的能力之后，剩下要做的事情就是去分析人际关系的驱力质量，而不是它们的存在方式或现实性，或者婴儿和外部世界的存在方式和现实性。[25] 以这样的方式，当精神分析师成为采集来访者历史的专家时，我们依然要问，他询问的是哪段历史，这段历史是否足够帮助理解来访者的临床现象，例如精神病性现象。在传统精神分析中，个人历史指的是性欲功能的发展史，以俄狄浦斯情结作为基本的情形。然而，对温尼科特来说，生命发展过程还存在着一个史前阶段（a pre-history），**在这个阶段中，婴儿个体已经是一个能被环境影响的人类了，但还没有成为他（她）自己**；成熟过程刚刚开始，这个过程会向着整合成为一个完整统一体的“我（me）”的方向发展；如果这个过程失败了，那么婴儿可能永远都不能达成一个“我”，也不会有可以讲述的个人历史。[26] 婴儿要达成可以拥有个人历史的发展阶段，取决于性欲主导领域外的发展过程，这个过程的绝大部分阶段也处于性欲主导阶段之前，比如与婴儿的时间化整合过程相关的个人记忆的构建阶段。婴儿逐渐时间化和空间化的整合过程，是不能根据驱力的观点来理解的。时间和空间都不是客体，而且都不是目标或力量。然而，没有时间和空间，婴儿就不可能发现客体，更不要说产生获得客体的欲望了。

此种观点还衍生出另一个更加特定的方面，即温尼科特思想与传统精神分析理论之间的差异：由于传统理论构想健康和疾病的概念依据的是用于理解神经症而建立的分类，所以疾病的概念也只能按照与俄狄浦斯情结相关的各种驱力之间的冲突来构想，因此健康就是由自我防御状态组成的。这些防御之所以被建立起来，是为了对抗由驱力间的冲突所引发的焦虑，恰恰是这些防御变得僵化和不灵活了才构成了疾病的一种临床症状。**一个健康的个体，实际上是相对摆脱了对各种本能冲动进行大范围压抑和抑制的人**。

尽管事实上温尼科特也承认，毫无疑问对于呈现出整合人格的神经症（这并不容易做出诊断），这些标准依然有效，但是它们却无法用于理解那些人格还没有整合的个案。尤其是自从温尼科特构想出假自体类型的防御形式之后，这类个案的神经症性症状表现下还潜藏着一个精神病性核心，因此我们一定要对人格的基本核心方面保持警觉，这部分人格的核心**实质上不是本能（的冲突）**。就这些原因及目前的知识来看，继续站在传统精神分析理论术语"本我（id）"的立场上，也就是按照本能（instinctuality）的观点来评估健康的做法不能再被接受了。研究者和分析师们一定要准备好从婴儿生命的一开始来研究人格结构化的过程。尽管从本能功能运作的角度来描述成熟显然比从自我及其复杂演化的角度更容易，但是我们再也无法回避第二种情况了（Winnicott, 1971f, p.21）。

涉及自我结构化问题，有一个方面可能例证了温尼科特的构想方式，他让自我成就发展超越了性功能发展的地位，同样自我的发展也被看作是本能生命（instinctual life）成为可能的一个条件。在温尼科特看来，弗洛伊德精神分析理论的最初假设既涉及从一开始就活跃着的本我（id），也涉及各种自我防御机制，特别是压抑（repression）。为了回避由客体丧失或本能张力所产生的焦虑，各种自我机制就会组织起来，这些成就已经被认为是属于"我"的功能了。这必然需要假设自体已经实现分离，已经出现一种自我结构，或许也已经有了一个个人的身体图式，这就意味着儿童已经达到了一定复杂程度的成熟阶段，已经达成了一定程度的独立性，以及一种防御性个人组织。然而，从温尼科特成熟过程理论的视角来看，要讨论本能张力和自我结构的关系，这些内容都不该再如此假设，也都不再是讨论的核心。基于对精神病的观察，关于这个讨论更准确地表达应该是：并不是本能张力及其导致的防御方式推动了自我结构化的发展，正相反，恰恰是这种被好的环境条件所促进的自我结构化发展，产生了本能张力的焦虑或者客体丧失的焦虑。**只有发展到了本能现象可以被体验、被编目分类，以及被自我功能性运作解释的程度，本能的焦虑才可能有意义。**温尼科特认为，**在自我（ego）之前根本就不存在本我（id）**，而且只有基于这个前提，对自我的详尽研究才是正当合理的。从这个观点来看，当自体的构建发生时所产生的焦虑其实不是一种阉割焦虑或分离焦虑，而是原初自体湮灭的可能性所带来的一种焦虑。在这个方面，温尼科特认为，梅兰妮·克莱因为弗洛伊德的传统理论增添了很多内容，通过强调童年初期的重要性，克莱因阐明了原初焦虑与防御机制之间的相互关系。然而，克莱因理论学派假设与外在客体的关联随着婴儿一出生就已经被建立起来了，这在温尼科特看来是无法接受的，因为它从根本上切断了讨论精神病起源的所有可能性。[27]

传统精神分析理论立场的影响之一是再一次用否定性术语来构想健康。温尼科特非常反对这一观点，因为它构成了精神分析理论中的一个盲点。温尼科特清晰地陈述道：这确实是一种很普遍的情况，即我们从抵抗本能生命所产生焦虑的自我防御机制的角度开始思考健康，这就只能依据自我的防御状态来构想健康，不论这些防御是否是僵化的等。“但是，我们很少能切中要害地描述什么是生命。换言之，我们还得去处理这个问题——生命本身关于什么？”（1967b, p.133）

像“健康就是没有疾病”的观点在这种情况下就是没有神经症性症状，这种观点忽视了这样的事实，即一种好的健康状态一定有它本身的质量，这种质量只用否定性术语是无法描述的。况且还有一种“健康”状态带有一定的症状，是一种防御性构建，并且浸染在恐惧中——恐惧的是纵贯每个个体生命旅程的各种疯狂（madnesses）。因此，温尼科特说，至关重要的是开放地承认，**“没有精神－神经症性疾病的状态可能是一种健康的状态，但这不是一种生命的状态”**（1967b, p.134）。因此，传统精神分析师研究的人类体验只是一个局部的范围，而这个范围避开了人类存在这个根本的原初问题，这就是温尼科特主张的意义所在：

> 那些一直正确地强调本能体验和对挫折的反应重要性的传统精神分析师们，一直无法用比较清晰的或确信的方式来陈述另一种强度巨大的非高潮性体验，它被称为游戏（playing）。（1967b, p.132）

实际上，健康包含着游戏的能力，它是创造性生活（生命）的原型。它指的是个体栖息于潜在空间的可能性，和把自己完全交付于由基本幻象所维持的一种体验的可能性。它还指的是能自由地穿行于在成熟期间所创建的各种不同世界，并拥有与客观知觉性世界建立关系的能力，同时不会太多地牺牲个人的自发性。

在根据自我防御构建健康概念的时候，传统精神分析理论忽略了这样的事实：有些个体确实无法建立自我防御，因为其保护自己的自我能力至今还没有形成。这个问题不在于僵化的防御性组织，而在于各类自我防御形成的一种失败。精神病（psychoses）指的**“并不只是由个体组织的防御，更多指的是个体无法获得足以形成防御的自我力量或人格整合程度”**（1963c, p.220）。在精神病当中，确实也存在着某种形式的防御。事实上，**精神病本身就是防御性组织，但不是那种压抑性防御的类型**，因为具有压抑性防御类型的个体实际上达成了一个统整体的身份，并且已经建立起了一个内部的精神现实世界，他们所遭受的痛苦是各种内心冲突，既包括一些本能的内心冲突——当然它们已经被赋予了个人化的意义，并且与人际关系有关——也包括被审查机制强加的限制和束缚引发的内心冲突。在精神病当中，防御具有一种特别的性质，**它使得内在的成熟倾向瘫痪，阻止了自体的构建**。就这些原因，尤其是从温尼科特的观点来看，神经症其实根本就不是精神疾病的范例问题，而性欲功能发展的理论，尽管是形成神经症性理论的基础，但也不再是关于个体自体构建的最合适理论了。[28]

温尼科特在与克莱因的辩论中反复地重申这些观点，尽管克莱因对弗洛伊德学说中生命最原初阶段理论做出了重大修改，我并不认为在她与弗洛伊德的理论基础间有什么显著的不同。在详细研究原初前俄狄浦斯期焦虑后，克莱因并没有做多少修改，反而更加强调了这些焦虑所谓的俄狄浦斯特征（oedipal character），只是在时间发展线上把俄狄浦斯情结往回扩展了，并通过诸如象征性等式（symbolic equations）这种抽象的构建方法解决了理论性僵局。在温尼科特对克莱因理论的反对中有两个突出的一般特征：第一个特征是反对克莱因诉诸体质性因素，用驱力强度决定人性和成熟的基本方面。若沿着这条路线，发展的动力学就被预先决定了，并且会沿着生物学系统演化史的轨迹和路径发展。内源性倾向被简化为退行的倾向，而神经症与精神病的差异就仅仅是退行特征的深入程度而已。

第二点反对与这样的事实有关，即克莱因以绝对内在精神式的术语来阐述人类婴儿的个体发展，而没有提及环境。这些理论前提方面的差异导致了根本不同的理论和临床路线：温尼科特关心的是如何描述婴儿的个人需求，以及在对这些需求做出响应时各种各样的环境性失败；而克莱因专注于继续描述婴儿的原初心智机制，并继续设置精神的内在冲突和幻想性冲突，完全不顾及外部现实。[29]

温尼科特仔细思考过“抑郁位置（depressive position）”的理论，这是克莱因对精神分析最有价值的贡献，他尤其赞赏这样的事实：抑郁位置的成就被构想成一个正常发展的获得性成就，因此它是健康的一个标志。出于这个原因，温尼科特也对“抑郁位置”这个术语持保留态度，因为用它来说明成熟和健康发展中一种获得性成就时，会让人联想到某种精神障碍。通过把抑郁位置合并进成熟过程理论中，温尼科特称之为个体在担忧（concern）阶段发展出罪疚和责任能力的一种成就。他指出，对这个成就的描述是用他自己的语言构想的，这是他自己工作的结果，因为他知道克莱因根本不会同意其中的各种细节。然而，这种重新描述是有必要的，因为克莱因对抑郁位置的构想是基于她的攻击性概念，而她的攻击性概念与温尼科特的攻击性概念是格格不入的。在1945年，当克莱因构想偏执－分裂位置（schizo-paranoid position）时，尤其是在提出先天性嫉羡（innate envy）的概念时，温尼科特便清楚认识到自己无法接受她的理论性框架——体质性因素（the constitutional factor）被全力凸显在整个理论之中，并提供了一种对临床表现很轻率的解释。这些临床表现本来需要一种更精确的研究，研究内容是在生命原初阶段，婴儿与环境之间独有关系的无限且微妙的细节。

按照克莱因的假设，对许多高度复杂问题的讨论被丢弃了，例如，当提及攻击性的根源时她宣称存在着一定的先天性死亡驱力。温尼科特无法接受任何类似的命题。毋庸置疑，当谈及那些无法设想婴儿在生命一开始就已经有体验能力的研究者时，他指的正是克莱因和克莱因学派的人。温尼科特认为，婴儿在生命一开始的体验质量取决于相遇到的促进性环境。对于从来就不考虑环境的研究者们来说，那些从出生时就很难照料和受到惊扰的婴儿，只能由体质性因素来解释，也就是用“偏执”来解释（1988, p.150）。从温尼科特的视角来看，这条论证路线忽视了婴儿的史前期（pre-history），以及婴儿的不成熟和原初环境。由于一个有体验能力的人类已经存在了，甚至在子宫中就早已存在了，所以在子宫中生活期间、在分娩过程期间，或者在刚刚出生后，就可能已经遭受过好几回“存在连续性”被打断的情况了，有可能已经对这些侵入产生过反应了。这就会导致一种偏执状态，无论多么早熟，这种偏执状态都是起因于环境因素，而不是体质性遗传因素。

在温尼科特的科学实践中，他也无法忍受“那些似乎要把精神分析当作一种宗教或一种带有宗教色彩的政治性观点的人”(Rodman, 1987, p.xxv)，他对待这些人的态度也是冷酷无情的。在一些所谓的克莱因学派运动中，存在某些教条的、传教性质的，甚至是带宗教色彩的倾向，这尤其让温尼科特厌恶不堪。1956年，在听了克莱因宣读其关于嫉羡(envy)的文章后，温尼科特在写给Joan Rivière的信中说，“唯一能够发生的事情，就是那些支持克莱因的人——就像我们所有人能做的一样——将会生产出临床材料或从《圣经》中引用选段来支持她的思想”(1987b, p.95)。温尼科特多次重复过一个与科学交流相关的问题和他对此的不满，即克莱因学派所使用的术语本应该是描述性的，但最终变成了一种政治口号，一种强制性使用。温尼科特在1955年写给比昂(Bion)的信中陈述到：

> (英国精神分析)协会被各种术语封堵了，变得十分无聊。在过去的六个月中，词汇“投射性认同”已经被使用了成百上千遍。当然，几个月之内，“嫉羡”一词也会被带进来，变得到处都是。……这里一定是有什么不对劲，我相信以及希望你将会参与到我们一定要做的尝试中，以便让协会能幸存下来并摆脱这些引起混乱的倾向——一种被主旋律封堵填塞的倾向(1987b, p.92)[30]。

温尼科特目睹了一种宗教式的偏见，不仅在团体的立场中，也在克莱因理论的概念化中，在某些方面，这种现象让其理论成为对原罪原则的一种重申。[31]这种情形就像把一种宗派主义的政治引入了英国精神分析协会，使其变成了对思想自由和沟通交流的障碍，以及对精神分析性科学进步的一种障碍。[32]

与传统精神分析的争辩并没有就此结束，相反，它的内容足以写成一整本书。虽然以下主题已经超出了本研究的范围，但是，我愿意用广义的术语谈及温尼科特与一个被称为“自我心理学”的精神分析学派的理论性和解。通常让我们认为他的思想并行于这个学派的理论性取向的证据，是他对这个学派的某些命题有着真诚的兴趣，特别是那些强调在个体构建过程中环境重要性的命题。然而，这并不意味着美国自我心理学取向的一般思想与温尼科特的思想是相同的。

例如，温尼科特很欣赏哈特曼（Hartmann）的“平均可预期环境（average expectable environment）”的概念，他肯定地说，这个概念与他自己命名的“平凡而奉献的母亲（ordinary devoted mother）”的概念大致相同。其他的精神分析师也使用过相类似的术语，目的是为了描述这样一种环境：该环境的质量可以有效地促进儿童的成熟过程（1984e, p.187）。但是，温尼科特似乎对哈特曼的概念有着特别的爱好，因为他的概念包含了“可预期（expectable）”这个术语，这个术语的意义近似于“足够好的环境（good enough environment）”这个术语的主要特性，也就是在可预测性意义上，这个环境是可靠的。

尽管立足于不同的理论基础，但是在温尼科特思想与自我心理学之间存在着几个理论性亲和之处。其中之一体现在这样的理念，即自我（ego）不可能源自本我（id）。按照哈特曼的观点，心智（理）发展过程不只是与各种冲动、客体，以及与超我等斗争的结果。我们必须假设，这个发展“**是由从生命开始就运行着的一种精神性装置而发出的**”（Hartmann, 1958, p.15）。这些就是“原初自主性装置”或“内在自我装置”，这些装置可能会发展成为各种功能，诸如知觉、客体理解、意向（图）性、思考、语言、记忆，所有这些都是生物体的潜能，处在一种“无冲突的区域”内。内在自我装置的概念非常接近于Glover的“自我核心（ego nuclei）”，而这个概念启发温尼科特提出了与绝对依赖阶段相关的非整合（non-integration）状态的概念。尽管在一般理念上温尼科特的思想与自我心理学存在着亲和力，但是哈特曼的理论无法区分心智（理）（the mentanl）与精神（the psychic），而这种区分对于温尼科特的思想是必不可少的。而且哈特曼的理论基于一种心理装置的理念，这种理念对于温尼科特来说也是完全不相干的。

“自我不可能源自本我”，哈特曼的这一理念与另外一个理念有关，即用本能理论无法解释个体向现实的接近过程，温尼科特也同意这个观点。尽管哈特曼的假设包含了适应（adaptation）这个概念，但它最初被定义为生物体与环境之间的一种交互关系（a reciprocal relationship）。然而，我们不难领会，温尼科特并没有把婴儿看作一个生物体（an organism）。以及在生命的原初阶段，我们还不能以一种交互关系来思考婴儿与环境。因为处于那个阶段的婴儿还没有成为一个具有客体关联能力的统一体（a unity），他只是母亲－婴儿单元体（mother-baby unit）的一部分；而此时对婴儿的适应不应是交互性的，它只能单向地来自母亲。

一方面，两位研究者都同意与本我相关的自我功能有其自主性发展。温尼科特承认哈特曼的自我发展于“无冲突区域”这个理念的意义，他也主张**自我的结构化不需要经历本能的兴衰变迁**。另一方面，在哈特曼看来，无冲突的自我领域与遗传倾向相关。然而，以温尼科特的观点来看，**无冲突的自我领域取决于环境照护的质量**[33]。这些差异都是本质上的，如果说自我心理学对传统精神分析引入了一部分修改，尽管这些修改与温尼科特的立场基本上一致，但这并不意味着温尼科特的思想可以被认为是自我心理学的范畴。

注 释

1. 提到在帕丁顿格林医院的工作，温尼科特表明他幸运地受到了 Guthrie 的影响，Guthrie 是一名小儿科医师，尽管没能做出重大的理论贡献，但创造了一种特殊的氛围，有助于实践考虑到心理学因素的儿科学形式。温尼科特后来被医院任命接替 Guthrie 的位置，目的是继续他所在科室的工作，这是因为他表现出了对心理学的兴趣。
2. 在 1967 年的同一个演讲中，温尼科特表示在 1935 年左右，他找不到人讨论原初情绪困难，这些问题只能被解释为退行。他也提到了这样的想法："我打算告诉别人婴儿在很早就会生病，而且如果理论不能解释这个问题，那么只能去调整理论了，所以就是这么回事"（1989f, p.575）。
3. 参见：Winnicott, 1955c, p.262。
4. 参见文章"关于正常和焦虑的注释"（A note on normality and anxiety，1931b）中 Veronica 的个案，在妈妈离开家住院治疗一个月后，她开始尿床；还有 Francis 的个案，他表现出了与母亲患抑郁症相关的暴力发作。
5. 在这个观点上温尼科特并不完全是孤单的。在第二次世界大战之前的那些年，在儿童辅导门诊工作的 John Bowlby 曾经研究过精神紊乱孩子的成长史，并且在一个共 150 例有各种问题的孩子的正式研究中发现了在偷窃行为与剥夺之间存在着一种直接关系。他们最初把剥夺理解为孩子在童年期的第一年与父母发生了分离所致。这两个人在英国引导了一场广泛的运动，警示卫生当局认识到第二次世界大战期间的儿童疏散所导致的严重问题，同时要认识到这些孩子有着对情绪安全环境的需求。
6. 参见"关于正常和焦虑的注释"和"烦躁不安"（Fidgetiness，1931a）；也参见：Winnicott, 1969a, 第 13、14、19、20、21 和 22 章。
7. 温尼科特以这样的方式警告过许多次，医师和护士妨碍了健康的母亲，并且不能协助有病的母亲去照顾她的婴儿。
8. 涉及精神与心智之间区别的问题，将会在第二章小标题为"精神 - 躯体性存在：躯体、精神和心智”一节继续讨论。也可参见：Winnicott, 1954a 和 1988（part I）。

9. 尽管整体趋势是维护这个概念的启发性多产效果，并且依然保持非常积极的和自信的态度，但是它的作者们恰恰承认，从身体源头而来的精神现象的遗传起源观点遗留下了系统性问题。例如，Kronfeld 认为，人们可能已经看到了“某些精神的变化取决于特定的躯体性变化，但是这些现象是无法解释的”（Kronfeld, 1927, 引用于 Tellenbach, 1961/1980）。

10. L. Kanner，术语“自闭症（autism）”的创造者。他陈述到，精神病学家的好奇心直接指向个体的精神疾病，而不是患精神性疾病的这个人（参见：Kanner, 1935）。

11. 这不能只归因于弗洛伊德。Jaspers 在他的《普通精神病理学》（*General Psychopathology*）一书中，也观察到精神病学的基本主题是作为人的个体，而且“不是发生在精神性疾病中的每件事情，都是能够使用科学的标准来解释的。人类是文化的创造者，他们发展出了信念和道德标准，并且不断超越自己的经验性人类自体，这是科学研究能够认识和领会的唯一自体。在精神病理学家的知识中，最关键的部分是从与其他人的联结和关系中得出来的。他从这种人际关系中所获取的收益，取决于他付出自己的特定方式，以及作为治疗师参与到事件中时是否能够观照自己和他的来访者”（Jaspers, 1959/1997）。

12. 从那时起，精神病学的情况发生了很大变化，精神分析可能正在收获它自己贡献的累累硕果。关于把疾病放在来访者之前这个古老问题，作为世界卫生组织的专家，在 Solliès-Pont 医院工作的精神科医生 Henri Aubin 在他的一本书《儿童精神病》（*Les psychoses de l'enfant*）中肯定地说：“我们所关心的问题将永远不再是为来访者贴标签，把来访者归类等屈服于一种植物学的研究了，而是朝向对个案的理解和一种治疗性处置。我认为，绝大多数执业精神病学家都会用这种方式来看待事情。”（Aubin, 1975, p.10）

13. 据某些儿童精神病学史学家的说法，我们有可能回溯性地识别出第一次闯入儿童精神病领域的首个案例，即所谓的“阿韦龙的疯狂男孩维克多（Victor of Aveyron）”——“第一次对一个精神病性儿童的有意义观察”（Aubin,

1975, p.13)。按照 Misès 的说法，这个案例观察和 Itard 医师（一个在聋哑研究所工作的医师）对小维克多进行再教育的论文，给儿童精神病学领域加入了“演进型人格障碍的概念，并追溯性地提出儿童的精神病性问题是一种缺陷性的临床表现”(Misès, 1969, p.10)。

14. 也可参见：Misès, 1969, p.11。一些精神病学史学家认为，将这一主张频繁地归于 Moreau de Tours 是一个错误。这个争论的各个方面已经超越了本研究的范围，它们可以在文献（Aubin, 1975, p.12）中找到。

15. 例如，参见：温尼科特对 William Goldfarb 所著《儿童精神分裂症》(*Childhood Schizophrenia*）这本书的评论（1963e)。在这些案例中，用药物治疗来访者可能是必要的，目的是为了中和有机体中不活跃的生物 - 化学的失衡。但是，依然需要把这些患病的人交给心理治疗师来照顾，因为这些疾病是在促进成熟的过程中环境的失败所造成的，这种失败可能意味着母亲难以令人满意地为具有躯体问题的儿童提供照护。

16. 关于驱力（Trieb）这个概念在哲学和心理学中的详细考查，参见：Loparic, 1999a。

17. 在 1985 年的文章“精神分析的阻抗”(Resistances to psychoanalysis）中，Loparic 早已经解释说，弗洛伊德的推论——从阻抗的现象到压抑力量存在的主张——都以一个附加方法论的论题为先决条件，即所有心理学中因果关系的解释一定是动力学的。Loparic 说：“基于《精神分析导论》中的这段摘录，我们可以清楚地理解这就是弗洛伊德学派关于科学解释的概念，‘我们不只寻求描述和分类现象，还要把它们理解为一种心智中各种力量相互作用的标志，理解为同时工作的或处于相互对立的各种有目的意图的一种表现。我们关注的是心理现象的一种动力学观点，从我们的观点来看，被觉察到的现象一定要屈从于那个假设的唯一重要趋势。”(Loparic, 1985, p.32)

18. Simanke 强调“无意识”一文中第四节（弗洛伊德，1915e，AE，vol. 14, p.178）的重要性，作为弗洛伊德著作中的一段，其中经济学的原则比地形原则和动力学原则占上风。(参见：Simanke, 1994, p.171)

19. 参见：Laplanche & Pontalis，1967, p.125。

20. 这种评价完全与海德格尔（Heidegger）相一致，海德格尔在 Medard Boss 的坚持下阅读了弗洛伊德著作，他说："弗洛伊德的元心理学是把新康德主义（Neo-Kantian）哲学应用于人类。"（Heidegger, 1987/2001, p.207）按照这位哲学家的观点，弗洛伊德学派的理论一方面受自然科学的支持，另一方面受康德（Kantian）客观性理论的支持。它建立在"对精神生活完整解释"的假设上，但"这个假设并不来源于精神现象本身，而是一种现代自然科学的基本假设"（Heidegger，1987/2001, p.208）。
21. 这种立场的一个例子可以在"原初母性贯注"（Primary maternal preoccupation，1958h）一文中找到，在这篇文章中，温尼科特最初修正性地引述了其他精神分析师的作品中关于母亲与婴儿之间关系性质的一些描述。除了提及安娜·弗洛伊德的研究之外，他论述了 Margaret Mahler 的"自我稳态平衡（homeostatic equilibrium）"和"共生关系（symbiotic relationship）"，他注释到："我认为这些各式各样的概念需要被结合在一起，而对母亲的研究也需要从纯粹的生物学领域中解放出来。'共生'这个术语很适用动物和植物的生命状态，它只是把母亲与婴儿之间的关系比作了动植物生命——仅限于物质性相互依赖的范围。而'自我稳态平衡'再一次回避了一些很好的部分，如果我们站在婴儿应得到的关怀立场上去看这种关系，那么这些部分就会呈现在我们眼前。"（1958h, p.301）换句话说，术语"共生"和"自我稳态平衡"都不是人类关系特有的性质，它们都可以适用于人类婴儿或猫科动物的幼崽。
22. 关于温尼科特人类本能的概念和对身体功能的想象性精细加工概念的详细解释，参见：Loparic，2000b。
23. 对于温尼科特来说，术语"深入（deep）"指的是无意识幻想或被压抑的内容。"深入"不是"早期（early）"的同义词，因为"一个婴儿需要具备一定的成熟度才能逐渐变得深入"。（1958i, p.111）
24. 例如，兄弟姐妹之间的嫉妒（jealousy）在精神分析的情景中被理解为是对于其他来访者的恨。温尼科特说，那些遭受精神病性问题的痛苦和退行到依赖的个体，"要么不会对还有其他的来访者的存在持有反对意见，要么还无法想到有另外一个来访者存在"（1955b, pp.288-289）。

25. 有些研究者坚持认为，这种立场源自这样的事实——对于经典精神分析来说，它应该属于笛卡尔主义的形而上学传统。现实，无论是外部的还是内部的，只有一种意义：它是某些已经给定的事情，其中已经充满了各种客体。接近这种现实的唯一途径就是表征。从这个视角来看，就不存在一种“现实感构成”的想法，现实感作为存在方式所固有的一部分，是发展和贯穿于整个生命过程期间的。（Loparic, 1997a）
26. 关于这一点更详细的介绍，参见：Loparic，2001b。
27. 梅兰妮·克莱因，在她的著名文章“关于一些精神分裂样机制的注释”（Notes on some schizoid mechanisms）中一开始就说：“我经常表达这个观点，即从生命的一开始就存在着客体关系。”（Klein，1946, p.2）
28. 参见：Loparic，1997a。
29. 参见：Winnicott，1989a，第 53 章第 2 部分。
30. 对于这种倾向，温尼科特非常小心谨慎地将其称为媒体取向（media-oriented）。当提出术语来标示在他的理论视野中许多变得很明显的现象时，温尼科特是非常小心谨慎的，很担心这些术语最终被当作陈词滥调，或被当作“温尼科特的事情”，缺乏它们应该包含的体验性意义。例如，在从“环境－母亲”区分出“客体－母亲”这件事中，他警告说，这些表达不应该变成空泛的口号，以及“发展出一种僵化的和阻塞的特性”（1963b, p.102）。
31. 参见：Winnicott，1971g, p.95。在这个评价中，温尼科特并不是孤单的。Pontalis 也肯定地说，克莱因把嫉羡和罪疚理论归因于最原初的儿童期，“这不过是原罪神话的一种精神分析性抄写”。（Pontalis, 1981, p.95）
32. 参见：温尼科特写给克莱因的信，1952 年 11 月，Winnicott, 1987b。
33. 对于 Masud Khan 来说，在温尼科特的工作与哈特曼关于无冲突的自我领域的研究（Khan, 1975, p.xviii）之间存在着一座桥梁，它就是温尼科特在文章“设置情景中的婴儿观察”（The observation of infants in a set situation）（1941）中所描述的“犹豫时期（the period of hesitation）”的概念。

（凌笋昂、赵丞智　翻译）

第二章

✻

成熟过程理论的基本概念

成熟是一种先天的整合倾向

温尼科特成熟过程理论建立在两个基本概念之上，也就是说个人成熟过程从根本上取决于两个因素：朝向成熟的先天倾向和促进性环境的连续存在。我们首先从第一个因素谈起。

在温尼科特看来，人类个体天生就具有一种朝向成熟发展的内在固有倾向。这个概念构建于另一个想法上，即人类个体本质上都是一种暂时性存在。温尼科特说，人类个体“是人性在时间轴上的一种抽样样本（time-sample）”。[1] 所有的人类现象都是人性（human nature）在时间轴上的展开和演变，这种演变方式的特点是人类现象不能被描述为任何发展水平上实质性的东西，否则就会遭到扭曲基本人性的不利损失，而基本人性是：一种有时限性的存在形式。温尼科特的个人成熟过程理论，在时间维度和发展阶段维度上，解释了贯穿于个体一生中这种先天朝向成熟倾向的各种各样的发展任务。

温尼科特理解的人性究竟是什么呢？人性“几乎是我们所拥有的一切”，其本质体现在贯穿于成熟过程中朝向**整合成为一个统一单元体（unit）的先天倾向**。作为一种人性的时间样本（time-sample）在人类个体中都被赋予了朝向**成熟的倾向**，也就是说朝向**整合成为一个统整体**

的倾向，这就是人类个体最重要的继承。“每个个体都继承了一种朝向成熟的过程。”（1974, p.89; 1984h, p.62）每个个体**命中注定会走向成熟**，这就意味着个体终将会发展成为一个完整的统一体，而且能够对“我（Me）”负有责任。根据这个发展理论，那些在个体发展过程中失败的、不能被整合到生命体验中的东西并不会就此不存在了，而是会成为不安的扰乱。

朝向整合成为统整体的倾向决定并驱动着个体成熟，这个理论思想是温尼科特的想法长期演变的结果。在20世纪40年代，温尼科特关于“发展始终是一个进行过程”的想法就已经出现了，当时，把具体的发展过程与成熟本身联系起来还存在很多困难。我们从温尼科特1959年的文本中发现了这样的陈述，在遗传性方面最重要的是“个体的先天倾向，倾向于成长、整合、与客体关联，以及朝向成熟”（1965h, p.137）。我们可以看到，当时在这一问题上，成熟作为“整合成为一个统一体的倾向”这一基本方向还是比较模糊的。直到1968年的文本中，温尼科特阐明了“**统整体状态是人类个体情绪健康发展所能达成的基本成就**”。在1969年温尼科特重申了“在个体情绪发展中存在一些**普遍性**的东西，这个东西被称为**整合倾向**，正是这个倾向把个体带向了一个**统整体状态**”（1989i, p.244）。[2]

我们不应该认为，温尼科特的“人性由整合成为统一体的先天倾向构成”这一论题具有实在论的特征。它本身就不是一个永恒的实质，Loparic 说，

> 因为温尼科特理解，“人性在数十万年的发展过程中也进化着，就像人的身体和生命的进化一样”。他并不反对人种的种系发展史，也就是说他赞成人种具有自我整合倾向的种系发展史，尽管温尼科特并没有专门针对这个主题做过论述。然而，温尼科特同时注意到“几乎没有证据表明，人性在

比较短的一段有记录的历史跨度中已经发生了改变”。因此，温尼科特的人性观点可以被理解为，它指的是我们个体发育(ontogenesis)的固定性结构，或者以更少的生物学用语、更多的温尼科特语气的话来说，它指的是我们的个体或情绪发展，而这个发展被朝向整合的先天倾向所驱动（Loparic, 2000b, p.355）[3]。

为了达到这个最终构想，即“统整体状态(the unitary status)”是人类个体情绪成熟方面的基本健康成就，温尼科特必须要克服并超越传统精神分析已经建立起来的两个假设：第一个假设是，原始自我的组成和连接现实的能力是给定条件。第二个假设是，分割的理念和人类的本质“动力学（dynamic)”都可以用“驱力（pulsions)”来描述。通过观察婴儿和精神病来访者，温尼科特引入生命发展的“原初阶段”，在这个原初阶段中，我（me)还没有被建立起来，并且一个未被整合的存在(non-integrated being)正在从一种本质孤独的状态中浮现出来。这种孤独将会在一定程度上被克服，但始终会隐藏在个体的心灵深处，并将持续整个生命过程。确实也存在一种基本分裂（essential splitting)，但它与驱力(pulsions)并没有什么关系，这种分裂是一种人性的遗传，体现在向他人和世界开放关系的倾向与人类原初孤立状态之间的裂隙和张力[4]。一种成功的整合过程将会导致个体内在这两个极端状态之间的共存和转化，一个极端是本质孤独状态，另一个极端是与他人和外部世界的沟通和交流状态。

成熟与促进性环境

尽管成熟是一种先天倾向，但朝向整合的成熟并不会自动发生，就像仅靠时间的推移就够了似的。这只是一种倾向性，并不是一种决定性。为了达成这一整合的结果，**婴儿从根本上需要依赖促进性环境，以便得到足够好的养育关怀**。依赖这个事实完全发生在人生的最初阶段，它是温尼科特理论的本质："除非是处于某种环境条件之下，否则人类婴儿不可能开始存在。"（1960c, p.43）没有一个婴儿，或没有一个幼儿可以变成一个真正的人，**除非他生活在一种能够提供支持和促进成熟发展过程的环境照护之中**。那些不能够获得这种足够好的养育关怀的婴儿，"无法满足他们自己的需求，哪怕仅仅是小小婴儿的需求。基因显然不足以完成这个任务"。（1968d, p.94）从生命的最初阶段开始，人类个体的基本需求就是"存在"，并要继续不断地存在着。个体绝不只是要到达生命的开端，以求有个入口可以随后进入生活的过程，个体还必须要让自己在整个生命过程中活下来才行："抓住生命的起始点，并且在那里活下去，这是一种永恒不断的努力奋斗"。（1965j, p.192）有一些"死亡的"婴儿，尽管他们的躯体是健康的，但他们从生命一开始就找不到存在的基础。有一些婴儿未必身体死亡，但他们是被劝服接受"喂养和活着，然而他们存活的基础显然是牵强的或缺失的"（1988, p.107）。

这一切意味着达成一致的、真实的和统一的身份（这意味着我与非我之间的分离，也是生命最初阶段结束的分界线）可能永远都不会发生。对于精神来访者来说，他们的精神障碍源自生命最原初的发展阶段，而这种统一体身份正是他们没能实现的事。为此困难和问题格外折磨他们，因为这些痛苦"与其说是生命的一部分，还不如说是尚在挣扎着到达生命的那部分"。这样的来访者在"活着，还是死去"之间长久徘徊，他们逼迫着我们必须面对这类问题——实际上关系到整个人类，而且可以归结为以下疑问——生命究竟是什么？那些值得我们活下去的又是些什么东西？

因此，在**个人成熟过程**中，关键的不是那些孤立的功能——无论是生物学的、精神的，还是性的功能，而是人类生命本身，严格说是其中的非常个人化的感受：存在感，存在的真实感，在真实世界中作为自体的当下存在感。在所有这些生命的感受当中，没有哪一种是被生物学受孕或出生提前赋予的。即使大脑及其生物学结构是完整的，生物学出生这个事实并不能保证个体达成并拥有活着的感受、真实的感受，以及有能力获得真实体验的感受。人类所有的因素和维度贯穿成熟整个过程，终会被逐渐整合进人格中，但起点始终都是个人的存在感，这是一种最初的、纯粹的连续存在感。此外，让个体活下来的驱力，以及维持活着和发展的驱力，也不再用“力量（force）”这个概念来描述了。贯穿各个发展阶段或客体固着的不再是力比多了，而是人性，它由于自身先天的成长倾向而暂时体现在个体生命中，并逐渐发生和发展出一个自体，而这个自体会同时从个体内在和关联环境各种因素两方面，整合形成一个完整的统一体。

成熟过程的一般特征

成熟过程开始于受孕之后的某一时刻，而且贯穿个体生命的整个过程，直到其自然死亡为止。而自然死亡是生命存在整合的最后一个事件，也是生命健康要完成的最后一个任务。

个体生命发展过程是以发展的各个不同阶段或步骤展开的，这些发展阶段都是短暂且暂时的，它们大概可以列举如下[5]。

绝对依赖的原初阶段本质的孤独感，出生的体验和理论性首次喂养阶段。相对依赖的初级阶段：幻灭（disillusion）阶段和心智过程的起始阶段；过渡性阶段；客体使用阶段；“我是（I AM）”阶段。经过以上几个阶段，婴儿的发展进入了“朝向独立”阶段：担忧阶段（the stage of concern）。接下来进入了相对独立阶段：俄狄浦斯阶段；潜伏阶段；青春期；成年开始期；成年期；老年期和死亡。在老年期，绝对和相对依赖的特征又重现在生命中了。

我们不能精确地确定与这些发展阶段相对应的实际年龄，但是可以确定一个大致年龄范围，所以每个发展阶段可能要比实际年龄更加宽泛些。不同的发展阶段对应着各种任务和不同性质的成就，它们是由朝向整合的先天倾向本身赋予到个体整个发展过程的。如果婴儿能够成功完成某个阶段相对应的发展任务，实际上也就达成了该阶段发育成熟的成就。随着发展，任务变得愈来愈复杂，如果个体是健康的，他就能够很自然地参与和处理所在特定年龄阶段的任务和挑战。随着时间的逐渐推移，

> 婴儿就会发展成为男人或女人，不提早也不延迟。在恰当的时候，伴随着新的适宜性变化，中年阶段就到来了，最后会发展到老年期，各种功能开始受到抑制，直到自然死亡来临，最后我们会盖着健康的印鉴离开这个世界（1988, p.12）。

从整体视角来看，成熟可以被描述为一个旅程，它启程于**绝对依赖期**，经历了**相对依赖**的一段时期，到达了**朝向独立**的阶段，再一直到达**相对独立**的阶段，健康的个体会有规律地、持续地度过贯穿整个生命过程的每个阶段。我们需要注意的是，描述每个发展阶段的术语都是关系取向的，它们总是意味着有另一个人的存在和参与。然而，在成熟过程的一开始，"关系"则具有"**独一无二的**（sui generis）"特征，这是因为此阶段的婴儿事实上还不是一个完整的统一体（Unity）。而此阶段的统一单元应该是母－婴这一对组合体，此时母亲被婴儿感觉为他自己的一部分，也就是说此时婴儿是把母亲作为一个主观性客体来感受的。

在个体生命的最原初阶段，情绪发展的各种基本任务和成就已经开始出现了，此时婴儿生活在一个对母亲照护从绝对依赖到相对依赖的状态。这种依赖不仅是由于此阶段婴儿的不成熟，也是这个生命阶段固有的发展任务和成就的性质所造成的。因此，这些原初阶段可以被称

为生命的根本期，而且是毫不夸张的“根本”，正是在这些根本时期，生命存在的根本基础就被建立了，即人格和精神健康的发展基础被建立了。这个发展基础是通过婴儿解决和完成三个任务而获得的，这三个任务是：在时间和空间中整合；逐渐把精神安住在躯体中；客体关系的开启，或者启动与现实的连接。随着这些任务的逐渐达成，此发展过程中的第四个任务也在同时进行着——通过微小的整合体验的连续性重复，自体逐渐构建了起来。整合状态在这样的方式中变得愈来愈稳定了，以至于婴儿逐渐朝着整合成为一个统整体的方向不断前进和发展[6]。

我们也可以按照个体在每个发展阶段能够创造出的现实感，以及在发展的每个时刻能够与环境建立的关系的性质来描述个体的发展。婴儿最初生活在完全主观性构想的世界中，然后向主观与现实之间的中间状态发展，这就是过渡性（transitionality），过渡性是主观世界通向客观世界的中途状态。此后婴儿便朝着构建“我”的方向发展，把“我”构建成一个完整统一（整合的）身份，并把我（me）与非我（not-me）进行区分，最后开始能够客观地知觉外部的或共享的世界。

> 起初，关系指向的是主观性客体，要经过一个漫长的旅程逐步发展和形成关联到客观知觉性客体的能力，并且能承认和允许这是一个分离存在的客体，是在个体全能控制感之外存在的客体（1963c, p.224）。

假如人类个体有一个开始，那么这个开始一定得被设想为是“许多开始的总和（a sum of beginnings）”。在以上的引文中，达成了具有身份的“我”，并与“非我”区分开，这便标定了个体的开始。也许这是最主要的一种标志，此刻个体已经开始有能力与外部现实世界建立关系了。然而所有这一切又都取决于先前那些开始和任务的成功达成。当谈到精神健康（psychic health）的时候，最重要的是温尼科特所指的一个事实，那就是儿童已经满意地完成了最初的那些任务，并且已经设法达成了统整体状态，这是相对独立期可以开始建立的基本条件。从这一点开始向前发展，借助于已经建立起的各种发展基础，尽管个体还有可能会遭受精神障碍的困扰，但是成为精神病的风险几乎就不存在了。

在一个已经完成了整合的“我”之中，统整体（unity）的达成时间是12 ~ 18个月，这个阶段可以用一个相当合适的术语来命名——“我是（I AM）”。已经达成的“我（Me）”是最初的自体本身，在经历了整个原初发展阶段，并在各个水平和面向逐渐整合后，现在“我”已经与母亲分离了。此时婴儿的整体状态还不是一个凝聚性的整体（cohesive whole），他还无法经历挫折，也不会有各种心理冲突，仅仅是一个时－空的整合体，在这个整合体中，“有一个包含着各种事情的自体，而不再是存在于多个亚结构中的或者散乱无序地闲置在四周的各种解离元素”（1971g, p.90）。在这个成就中，存在着一个完成和一个开始，因为到“我是”状态，就有作为一个身份的真实存活感和存在感，“它本身不是一个终结，它变成了一个确定的位置，从这个位置开始，生命从此就获得了安住，并将有序地展开和发展”（1989xd, p.435）。

我们一定不能把在“漫长旅程”中发展的婴儿当作一辆汽车，从一个已经存在的地点出发，到达另一个同样已经存在的地点结束。人类个体的生命过程没有现成的地方让我们开始或到达，也不存在一个早已被决定的人生历程，只有客观知觉性现实正在等待着我们去发现。尽管这样的景象是有局限性和危险的，但是婴儿的确更像是在走那条路，他构建着自己向前的道路和历程，又不失去之前所经历过的历史内容。在不断前进中发展的个体，逐步建立起他们的自体，就像修建一条新的道路一样。[7]

由于成熟过程的各个阶段是按顺序呈现的[8]，而且恰恰是“阶段（stage）”这个术语可能会导致人们认为每个阶段都有清晰的分界线，并且是一个阶段紧接着另一个阶段。然而很有必要强调，虽然发展阶段是按照顺序呈现的，但发展**并不是一个线性过程**。首先，在人类一生中不同发展阶段所各自拥有的任务存在着部分重叠。其次，在温尼科特的概念中，发展（development）并不等同于进展（progress），发展包括退行（regression）的可能性——无论什么时候生命都需要休息，特别是在超负荷或紧张的时刻，或者为了返回到曾经经历过丧失的那个地方。这也是由于另一个事实，即达成的成就并不保证不会丧失，一旦被满足或达成，就意味着也可能会丧失，之后再一次被满足或达成，也有可能会再经历一次丧失[9]。这就是为什么我们可以在一个人身上发现并找回他在任何年龄阶段的所有类型的需求，包括最原初发展阶段的需求，以及目前发展阶段的所有需求或需要达成的任务。人类其实并不具有准确的实际年龄，“他们在某种程度上同时是所有年龄段的人类，或者是没有年龄的人类”。

对于生命开始阶段的任务，这种成熟成就的“不完全”达成现象尤其真实。这些基本任务从来不是在原初阶段被完成或处理后就结束了，它们所形成的从来也不是确定不变的成就，因为“它们本就是并会一直是贯穿于每个人一生中的基本任务。这些任务始终如故，维持不变。但是随着成长和发展，个体会面临更多的任务，其生命就变成了一种每日在现实中挣扎的忙碌状态”（1988, p.83）。

然而，尽管成熟过程是非线性的，但是我们不能忽略的事实是有些发展任务（尤其是指原初阶段的任务）只能是在其他任务达成之后才能达成，这是它们有可能达成的一个先决条件[10]。这就意味着每个发展阶段各种任务的达成，都取决于前几个阶段的任务已经被成功完成。如果之前的任务失败，新的任务虽然会一直浮现，但失去了之前发展性收获的个体会缺乏处理和完成新任务所必备的成熟条件。个体甚至就只能利用心智来处理这些任务，但这将会是站在一种不健康的虚假基础上，不可能再建构出作为人格成就的自体本质部分。例如，对于达成担忧（concern）阶段有关的任务，温尼科特说，

> 如果要发展到抑郁位置，那么更早期阶段的内容必须要被成功交涉——要么是在生活中，要么是在分析中，或者在生活和分析中同时被交涉和达成。为了到达抑郁位置，婴儿必须要被构建成为一个完整的人，而且要作为一个完整的人与其他完整的人们建立起关系（1955c, p.264）。[11]

也就是对于一个儿童来说，他要想有能力担负起对自己本能冲动的责任，那么必须已经成为了一个“我（me）”；只有“我”才有能力关注和担忧本能冲动的后果。如果这个过程不能发生，那么儿童就不能获得感受罪疚的能力，他将会不带罪疚感而简单地继续活下去，固然他就会带着扭曲的人格继续活下去。精神分裂样个体的问题源自生命非常原初的阶段，他们的位置要早于那些已经有了足够成熟度，而且已经获得了感受罪疚、担负责任能力的人，他们很可能就没有与担忧能力相关的显著的发展性成就。而且对于他们来说，“在补偿和恢复能力缺失的情况下，不得不使用魔法性再创造的方式”。

当有一个或两个发展阶段任务失败时，情绪障碍就会形成。**情绪障碍的特征与其在发展线上的起源点有关，即与婴儿或儿童养育环境失败时所涉及的发展任务特征相关**。

因此，成熟过程理论为我们思考和理解临床实践中所遇到的人类现象，构建出了一个必要的假设性框架和视界。根据这个理论，我们想要思考的任何精神现象，无论其处于疾病状态，还是处于健康状态，都可以被恰当地认识和理解。前提是我们能从最原初发展阶段开始，思考个体的全部发展过程，并且能够确定精神现象起源和发生的阶段，即能够对与**精神现象或障碍发生相关的情绪年龄段**有所警觉。只有使用这样的方式，我们才能理解个体所涉及问题的本质，得出精神障碍的具体分类，并且根据需要为他们提供明确的关怀和照护。我们必须要“始终根据**发展中的个体**来思考问题，这就意味着需要返回到很早的发展时期，以便考察问题的起源点能否被发现并被确定”（1984c, p.81）。

由此可以推断，在具体的临床案例中总是存在着一个主要的困难，它与个体特定发展阶段的某个任务没有被解决或完成有直接关系，这就是为什么诊断是如此的重要。温尼科特说，与分析性技术有关的主要困难之一，是**需要知道在分析性关系的某一特定时刻来访者的情绪年龄是多大**，以便提供与来访者呈现出来的特定需求相关的关怀和照护，而这些特定需求是随着来访者情绪年龄的变化而变化的。

关于原初各阶段，如果婴儿不能解决或完成与当时成熟阶段相关的任务，那么个人成熟过程就会被打断或干扰。从打断点开始，之后所有的心理构建性发展将会从根本上被扭曲，个体会形成并获得防御性性格，而且将无法获得个人价值感。

精神－躯体性存在：躯体、精神和心智

温尼科特把个人成熟与身体成长区分开来。个人成熟主要与环境促进的生命体验有关，给出构建完整统一人格的可能性；而身体成长在很大程度上取决于遗传因素。然而就身体成长的具体情况而言，环境也是决定性因素，因为身体成长会受到那些与成熟相关问题的强烈影响。

无论何种现象，我们必须要考虑同时拥有**躯体**和**精神**存在的**整体人**（total person）。温尼科特写道，人性“不是精神加躯体的问题——它是一个精神与身体相互关联的问题”（1988, p.26）。心智（Mind）“的特征有它自身的特定规则，而且一定被认为是精神－躯体功能的一种特定情况”（1988, p.11）。虽然精神功能与躯体功能之间存在操作性差异，但考虑到它们的特有本性和整合倾向，**精神和躯体是一种互相紧密连接的状态。人生（人的存在方式）本质上就是一种精神－躯体性**

状态。

对于外部观察者来说，识别和区分一个人的躯体、精神和心智总是可能的，但这就意味着需要从整体人（精神－躯体性）的特定视角来观察，只不过为的是思考整体人的元素之一。其实，对于一个处于发展原初阶段的、被妈妈当作一个整体——一个潜在精神－躯体性存在——来照护的婴儿个体来说，这样的区分是没有任何必要的。当婴儿得到了正确的抱持和养育时，他

> 不需要知道自己都是由什么部分组成的。婴儿其实就是一个胸腔连接腹部，有着松散无力的四肢和独特的、可以被随意摆动的头颅的躯体。所有这些部分正在被行使着抱持性养育功能的母亲聚合在一起，在妈妈的双手和双臂里，它们逐渐聚合并组合在一起，最后成为一个整体的人。（1969g, p.568）

躯体是一个**活体**（living body），随着这个活体被**精神**（psyche）**不断地用想象性精细加工来修饰**，活体也被逐渐个性化了。毋庸置疑，这个活体是躯体性的，但它又不仅仅是生理学或解剖学意义的。它当然也不会是一架躯体机器，它具有**精神自主性**，需要传统医学来治疗。这样这个活体就不是一具仅仅可以通过研究尸体来认识的身体。活体是个体生命活力（aliveness）的一个方面，呼吸、体温和运动性是生命活力的先天固有成分，除了组织活力之外，作为一个活体，“组织是活着的，而且它们构成了整体动物的一部分，同时受着这个动物各种各样精神状态的影响”（1988, p.26; my italics）[12]。在一些焦虑情境中，儿童的新陈代谢几乎降低到零，假如在这种情况下受伤，“有时候如果我们不能对儿童的创伤部分或者组织损伤产生兴趣并提供普遍关怀，身体损伤或创伤是不能恢复其生命活力并痊愈的。”（1931p, p.17）。

在个体中，精神（psyche）所涵盖的是躯体以外的一切，包括心智（mind），而心智可以被理解为精神－躯体性操作的一种专有模式（mode of psychosomatic operation）。精神启动并开始于“**对躯体部分及其各种感受和功能的想象性精细加工**（imaginative elaboration），也就是对躯体活力的想象性精细加工”（1954a, p.244）。[13]**在不失去**这一原初功能的同时，精神自始至终在其成熟过程中不断向更高级的功能状态发展，它包含着能够被各种不同词汇意义的思考所覆盖的全部心智操作。然而，精神的核心工作不过是渐进性构建人类的暂时性，然后在人类生命中展现出历史感。从婴儿的原初暂时性开始，也就是从婴儿身体本身开始，精神功能既负责对各种类型身体体验的想象性精细加工，也负责对那些体验性记忆的存储和聚集。随着发展，这些精神内容变得越来越复杂和精致，精神逐渐把“各种过去的经验，各种潜在可能性，对当下此刻的觉察，以及对未来的期望”相互连接起来（1988, p.19）。恰恰就是这样的操作为我们的自体感受赋予了含义，并见证了“我们的个体存在于身体里的所有感知觉”。

正如前面提到的，精神的首要工作是对各种身体机能进行想象性精细加工。被想象性精细加工过的身体，就形成了一个有生命力的活体，可以呼吸、运动、寻找和探索、吸吮、蹬踢、休息、被拥抱、发生改变、被洗澡水浸泡，等等。无论婴儿正在体验什么，一切事情最初都是在身体中，以及通过身体被体验到的，**然后经过想象性精细加工这个精神功能进一步被个性（人格）化**。从一出生开始，婴儿就已经拥有了生命，尽管这个生命还很受限制，但已经是个人化的了，婴儿的任何体验都不会被体验为一种平淡无奇的、简单的身体感觉，而是被体验为一种**感知性意义**（a sense）[14]。换句话说，**婴儿身体的那些具有功能性、感觉性和运动性特征的直接体验**，实际上是一些感知性意义，因为那些直接的身体体验，事实上都经过了想象性精细加工的过程。尽管这些感知性意义不能被直接观察到，但稍后将会在婴儿的游戏和（或）在向依赖退行的临床情境中显现出来。

正如Loparic表述的“意义的创造（creation of meaning）”[15]，它是理解想象性精细加工这个概念的关键。它**先于表象、言语化和象征等心智操作功能而发生**，这些心智操作对此时的婴儿来说还非常不成熟。温尼科特谈到，在人类个体发展过程中，各种各样的整合形式是“精神与躯体之间的一种满意的工作安排”，他还补充说：“这是在需要增加智力和言语化概念之前就开始的事”（1971d, p.270）。

由于使用了“想象性精细加工”的概念，温尼科特能够做出许多陈述，诸如：有很好的证据说明，胎儿在子宫内的生活，无论是身体活动相，还是休息相都是有意义的（1988, p.21）；或者当足月出生的时候，婴儿感受到恰恰是他的冲动“产生了各种变化和身体的连续行进——通常是头部向前——朝向一个未知的和新的位置和状态”。温尼科特也注意到，“**想象性喂养**体验比纯粹的身体体验要宽泛和丰富得多”，婴儿生命的需求“要比睡觉和吃奶更多一些，要比从好的喂养中所吸收和维持的本能满足更多一些”（1993e, p.17）。正是那些婴儿在被哺乳时做着的事，而不只是让婴儿增加体重这层意义上的养育活动，确证了这样的事实——婴儿“需要被喂养，但不**仅仅需要被喂养**，他需要真正活着，不仅仅是对我们提供的刺激产生反应”。对于婴儿来说，吸吮拇指也是一种高级的想象性精细加工活动，因为这个活动意味着“处于婴儿控制和处理中的拇指，代表了用这种方式聚集在一起的所有其他客体，而且他用嘴巴把这些客体放进了关系之中，等等”（1987b, p.122）。吸吮拇指也包含婴儿为客体（乳房、拇指等）寻找位置的企图和尝试，把客体维持在内在世界与外在世界之间的中途过渡状态，这就构成了“对外部世界客体或身体内部客体丧失的一个防御，更确切地说是对客体控制的主观性能力丧失的一种防御”（1945d, p.156）。[16]

“想象性精细加工”这一概念的定义仍然比较模糊不清。温尼科特说，这个概念是“我们后来称为‘想象（imagination）’的一个早期粗糙形式”（1993h, p.17）。在温尼科特早期的文本描述中，他有时候使用术语“幻想（fantasy）”来指代后来更加明确的术语“想象性精细加工”。然而我们必须要强调，这个从一开始就精细加工各种身体机能，以及对精神与躯体之间彼此相互关系负有责任的“想象”，还不是传统术语意义上的“幻想”，正如我们将在下文看到的那样。在1954年写给 Betty Joseph 的一封信中，温尼科特说：“我正在努力引起别人对生命早期原初阶段的关注，但这离幻想就更遥远了”（1987b, p.59）。

温尼科特将“精神”这一传统概念的内涵做了替换，它在传统理解上与“心智”意义相同。而温尼科特所理解的精神涵盖了心智，心智仅仅是其中的一个方面。同类的替换就是在谈到早期发展阶段时，用“想象性精细加工”的概念代替了“幻想”。这里面的原因如下，在精神分析传统理论中，幻想是一种能发展出各种心理机制的**心理（智）功能**（mental function），诸如内摄和投射机制。按照传统理论，从生命开始幻想中就充满了各种心理操作机制。然而对于温尼科特来说，我们没有充足的理由假设非常不成熟的小婴儿拥有如此复杂的心理操作机制。温尼科特认为，生命初期存在着一个完整的原初发展阶段，在这个阶段中通过想象性精细加工的精神运作过程，婴儿的身体不断**图式化**（schematisation）。也就是说，早期的这种精神运作导致了一种个人化的身体结构、各种感觉、各种运动和一般躯体机能的感知性意义，而这个精神运作过程并没有心智功能的参与。[17]从温尼科特视角来看，**幻想**作为一种心理操作机制，是在已经构建完成的内部世界中运作和发展的，它**属于比较靠后阶段的心智功能**，而且不像“想象”那样直接对现实进行精细加工。更确切地说，幻想其实是对记忆内容的一种创造性加工。因此，幻想的运作过程要求精神已经建立起一定的时限性（temporalisation）状态，而在生命开始时，精神的时限性还没有发生。

再者，如果在生命原初阶段使用术语“想象”，那么其本身可能会引起一个误解，即一些“意象”参与了“想象性精细加工”的运作过程，这就把“想象性精细加工”说成了另一种心智操作机制。温尼科特在脚注中对这个问题进行了澄清，他清晰地解释了所使用的术语“幻想”指的是什么，并强调了在原初发展阶段中幻想的特征是什么：

> 它让我想起了一件事，可能我使用的词汇“幻想”在某种程度上会让你们感到困惑。在这里我不是谈论“白日梦(fantasying)”，也不是谈论“人为的幻想（contrived fantasy)”。我是在思考儿童个人或精神现实的全部，一部分是意识的，但绝大部分是无意识的，以及包括那种还没有以言语化、图像化或声音化的结构性形式所形成的东西，因为它还是原初的，几乎完全靠近可能出现生命的生物学源头（1989p, p.69）。

对身体机能的想象性精细加工，既不是言语化，也不是图像化的加工，而且接近“产生生命的生物学源头”。我们可以说这种原初精神功能是生命进一步发展的必要基础。所以，从心理操作的意义上来讲，幻想是在个体发展过程中比较晚才获得的一种心智功能。幻想在传统意义上开始于个体能够做白日梦的时刻，但温尼科特清楚地指出，幻想是在客体使用阶段才开始出现的。这时一直被作为主观性客体的母亲便开始被婴儿摧毁，目的是为了把母亲驱逐出全能控制体验的领域，也就是把母亲驱逐到外部的世界中。如果母亲有能力幸存，那么孩子就会发现并获得了“‘爱’这个词的新意义，并在婴儿的生活中会出现一个新事物，这就是幻想”(1969b, p.31)。[18]

尽管如此，我们要强调，随着婴儿幻想能力（the capacity to fantasise)的出现，想象性精细加工的运作方式并不会消失。这个原初精神功能会一直维持并贯穿整个生命过程，它逐渐变成了一种“无限复杂体(infinitely complex)”，同时伴随着其他心智功能的不断增多，以及他们自身成长和发展所施加的新任务，而这些发展都来自解剖学结构上的转化，也来自生理组织、器官和大脑新的功能形式、结构形式和敏感性。在1958年的文本中，温尼科特提供了一个清单，按照年龄连续发展阶段的时间顺序，列出了需要婴儿进行想象性精细加工的任务，从而澄清了原初精神功能在发展过程的主要任务达成中所起到的本质作用。

想象性精细加工指的是从生命的一开始，所有婴儿身体机能的、动力的、感官的和本能的内容都同步被组织起来。换句话说，它们被“自我的功能性运作”铰接并整合在一起，其结果就是形成了一种“自我的体验（experience of ego)”。凭借这个组织功能，在对躯体机能的想象性精细加工过程的参与下，本我的体验（experience of id)，也就是那些本能需求被满足的体验才不会被丢失，而是被聚合在一起进入全部精神的各个方面。而且恰恰是因为这个过程，温尼科特认为：“对于那些还没有被自我功能运作（ego-functioning)所涉及、登记和编目、经历和体验，以及最后解释的现象，使用术语‘本我（id)’是没有任何必要和意义的”（1965n, p.56)。[19]

出于同样的理由，温尼科特能够肯定的是，无论在理论中还是在常态中，婴儿的自我是建立在其身体自我（bodily ego)基础上的。然而，如果自我要能从身体自我中发展出来，婴儿就得有足够好的母性照护（good-enough maternal care)，这种照护有利于促进精神安住在躯体中的整合倾向。回想起弗洛伊德在几十年前也曾经阐述过自我是建立在身体自我的基础上，温尼科特评论说：“弗洛伊德有可能会接着说，在健康的状态下，自体维持着与身体及其机能明显的同一性”（1966d, p.112)。在这个问题上，温尼科特的观点不同于弗洛伊德，温尼科特认为在身体中精神的整合不会自动发生，尽管发展具有必然发生的先天性倾向，但是它要求支持性促进环境作为发展条件。因为支持性促进环境是一个无法衡量的要素，所以发展成就的达成有可能发生，也有可能不发生。歇斯底里性转换和躯体化这两个概念，都不能帮助理解建立精神－躯体性关系的困难和破坏精神－躯体性关系的威胁这两个主题。

然而关于这个问题，弗洛伊德和温尼科特之间的意见分歧并没有就此终止。弗洛伊德把身体构想成一个产生内部和外部感知觉的地方，所以他能够肯定，“首先是身体自我的出现，然后才是自我的出现。自我不仅是一个表面实体（a surface entity），而且是表面实体的投射本身”（Freud, 1923b）。在英文版《自我与本我》（*Ego and Id*）的脚注中，弗洛伊德特别增加了这段话：

> 自我从根本上……“源自身体的感知，主要源自那些从身体表面而来的感受，除了代表……心智结构的表面现象外，它也可能是身体表面在心智层面的投射”[20]。

Loparic 对这些脚注做了一些评论，其结论是：

> 就像自我和本我一样，弗洛伊德主张的身体自我是一个假设的实体，与**身体表面**有关系，它本质上不同于温尼科特的“自我”概念，温尼科特的“自我”是建立在对实际（有效）体验过的婴儿**整个身体**的想象性精细加工上的概念（Loparic, 2000b, p.382）。

温尼科特主张人类存在（human existence）本质是精神－躯体性的存在，但这一论点并不意味着模糊了精神和躯体的各自明确特征，也不是将二者互相同化的一元论（monism）[21]。事实上，我们主张的是一种二元论（dualism）。他陈述道：“躯体和精神都是存在的。”（1988, p.11）或者这样说：“并不存在躯体和精神的固有同一性。”（p.123）我们必须要识别和区分这两个情况，不仅是考虑到二者是紧密联系的，也是趋向整合的。从发展中的个体这一视角来看，

> 自体和身体并不是先天就叠加在一起的，但是这样的叠加应该成为一种现实，这是健康的必要性所决定的；只有这样个体才能够承受住认同一些东西，一些严格说来，不是自体的东西（1988, p.123）。

然而，温尼科特趋向于整合的二元论，无论如何也不会靠近笛卡尔学派的心身二分法理论。首先，后者认为心智和身体是物质的，而不是生命存在本身。此外，这些物质具有不可调和的特性。思维实体（res cogitans）与广延实体（res extensa）之间并不存在产生联系和整合的可能性。这就是温尼科特理论陈述的意义所在，即心理的（mental）和身体的（physical）不是用来描述这两个对立现象的术语，**躯体（soma）和精神（psyche）恰恰才是对立的**（1988, p.11）。其次，从笛卡尔学派视角来看，心智（mind）同化和主宰了精神的全部。然而，对于温尼科特来说，精神（psyche）远远不局限于心智功能。就温尼科特坚持主张的二元论，在术语上明确不同于笛卡尔学派，Loparic 认为：

> 在温尼科特的思想中，笛卡尔所说的心智（mind）与身体（body）之间存在的实质性差异（substantial difference），并没有因为唯物主义或是唯心主义的还原论而遭到否认，只是这种实质性差异被身体机能与精神功能之间的**操作性差异**（operational difference）所代替了。以此类推，心智和身体的联合统一问题，也可以由身体机能被**精神功能整合的问题**所代替，而这两组功能中的任何一组功能的完整性，都不可以化约为另一组功能（Loparic, 2000b, p.360, note 20）。[22]

同时，由于活着的身体（the living body）在某种程度上也是外部世界的一小部分，而且有它自己的成长模式和暂时性，所以我们必须要说，身体总会剩下某些部分在某种意义上没有被整合，特别是在身体生病的时候——暴露出了其本身的自主性和模糊性。因为在某种程度上，这些部分逃离了个体的全能感受的范围，而且没能完全被精神操作覆盖[23]。因此，检查“婴儿将其身体本身及他关于身体的感受和想法所进行的原初混合，总是很重要的事情”（1988, p.95）。如果温尼科特没有保留身体自主性的想法，他就不可能断言：“健康的人可能不得不生活在畸形的、疾病的，或者衰老的身体中，或者可能不得不生活在饥饿中，或者强烈的疼痛中，这些都是非常痛苦的事情。”（1971f, p.29）

心智是在什么地方与精神－躯体性存在（psycho-somatic existence）纳入一起的呢？温尼科特说，心智概念“是某种与精神非常不同的东西”（1958j, p.7），心智构成了“一个有序的特殊自身”。当环境的关怀和照护促进精神－躯体性合作关系（psycho-somatic partnership）发展时，心智就不会作为一个单独的实体而存在，它仅仅是精神－躯体性**功能运作的一种特殊方式**，是一种专业化的智力功能，“作为精神－躯体性功能运作边缘的一种繁荣华饰”，它达到了“高峰点”。

心智功能（mental functions）涵盖了“思考（thinking）”这个术语的所有意义。在生命最初的开端，它们使用的是分类编目（cataloguing）的功能，进行比较和归类：“这是一种对事件进行分类编目、储存记忆和归类的心智功能”（1958j, p.7）。随着这些功能的发展，它们开始使用时间作为尺度去测度空间，把原因和结果联系起来，最后做出预期或预测[24]。在健康的状况下，婴儿的心智被驱动着行使它的特殊功能，伴随着越来越多精神－躯体内聚的自然发展，这始于妈妈开始去适应（the de-adaptation）的阶段，也就是从绝对依赖阶段转换到相对依赖阶段时。智力的发展过程（intellectual processes）为婴儿提供了适应过程中处理困难的能力，这个阶段的婴儿特别需要的能力主要是理解和预期养育环境的暂时性失败，这些能力可以保证婴儿继续在独立的方向上发展。

这些能力的发展有它独特的时间性发生特点，同时也是一种正常的防御功能。因为它不是一种对超过当时成熟能力的侵入而做出的反应，所以不是病理性质的。

在适当的时候，当心智功能开始运作时，凭借着获得的适应性照护的重复体验，婴儿已经**通过各种非心智的方式**（no-mental ways）“知晓（knows）”了许多事情。当智力过程开始有效行使功能时，如果小婴儿已经建立起了这种前认知性知识（pre-cognitive knowledge），这对于其精神健康来说绝对是至关重要的。这种知识为婴儿的存在构建了一个必要的基础。在整个生命过程中，尤其是在那些关键时刻，当个体需要对自己或他生活的世界感到放心和有安全保证的时候，所依靠和利用的恰恰就是这个必要的基础。

心智功能开始运作的时机正是从绝对依赖向相对依赖阶段的过渡时期，而且这时开始运作将不会湮没婴儿。尽管事实是这样的，但是在成熟过程的开始时期，我们已经能够观察到一些心智功能以某种“原初想法的前认知性序列（precognitive ordering of incipient thought）”（1989s, p.154）被运用——虽然我们对此仍知之甚少。因此，我们可能会说到“原初心智（rudimentary mind）”，它是前表象性的（pre-representational），对于知觉来说，它仍然没有足够的成熟度[25]。这种原初心智功能在发展的那一时刻应该是自然发生的，而不是被压力或侵入（pressure or invasion）所推动的，那么对于婴儿来说就并没有超载。有一种现象一定是异常的，那就是婴儿的心智被迫过早地行使功能，这是由于婴儿产生了对警觉状态的防御性需求，其根本原因是保护性环境的失败，比如养育环境的不稳定。足够好的母亲虽然也会因为婴儿表现出“聪慧”或“机灵”而感到高兴，但她始终能考虑到婴儿不成熟的情绪性表现，以至于不会过早开发、利用婴儿对失败的理解和忍受能力。如果母亲放弃了保护性功能，而且疏忽了自己对婴儿需求的适应性行为，她便会开始指望和依靠婴儿凭自己的智力来处理失败的情境，而这种失败情境其实已经超越了婴儿此时特有的忍受能力，那么就可能导致早熟的自我发展。这就是我们将要看到的一些病理性自我状态的案例，在这些病理性案例中，心智本身变成了一个实体存在物。

当认为心智是精神－躯体性的一种操作模式，而不是一个实体存在时，心智就不会再被定位在身体中了。然而，人们倾向把心智活动放置在头脑中，甚至头脑之外，尽管它与头脑也有一些特殊的关系。[26]温尼科特说，他不能够回答为什么有些人倾向于把自己的心智活动放置在头脑中，但我们可以从这个普通的理解中看到，这也是典型的以精神本身对身体机能进行想象性精细加工的一种结果。温尼科特认为，这也许是缘于以下事实，因为人类婴儿出生时就带着一个出奇的“大头颅”，这个大头颅经历了出生过程的影响和产道的挤压，确切地说，当寂静的原初心智突然开始以“猛烈活跃”的方式行使功能时，它就登记、编目和记忆了出生过程中产生的大量不连贯（中断）性[27]。然而，尽管事实是原初心智依靠大脑的功能，但就“精神－躯体性存在”来说，心智操作并不一定必须与身体中某一指定的位置相关联。尽管如此我们仍然会沉浸在：

> 一个幻想中，幻想“有一个我们称之为心智的地方，那是智力运作的地方，而且每个个体都会把心智放在自己身体的某个地方，每当自己进行思考的时候，就会感觉到那个地方的肌肉拉紧或体验到血管充血”。（1988, p.53）

我们都知道，有时候心智是靠“直觉 / 肠胃（in its gut）”来理解事情的，而且我们毫不怀疑，在音乐会上，钢琴艺术大师是靠手指尖来理解世界的。

遗 传 性

温尼科特所使用的“遗传性（heritability）”这个术语有着两重含义，它们彼此有着严格的区分。首先指的是趋向成熟的先天倾向，在他的观点中，这是人类的主要遗传性；其次指的是生物学遗传。在本节中我的目的是，在成熟过程中，在个体的构建过程中，以及在精神病性障碍的病因学中，研究一下他所做的有关遗传学方面的工作，同时也研究一下遗传性这两重含义彼此之间的关联性。

一方面，我们有着朝向整合的天生倾向。从1954年所写的文字来看，温尼科特就已经开始认为在整合倾向中的发展趋势背后存在着一个生物学驱力（1955b, p.280）。温尼科特没有阐述过，由于这个生物学因素的参与，我们是否有权去思考朝向整合倾向的变异程度。然而可以肯定的是，这个潜在的整合倾向不可能被还原成任何基因性遗传。另一方面，遗传性或先天性因素有可能造成某些器质性问题，损伤或获得性疾病[28]，它们决定了几个特定的心理障碍和人格倾向：“存在一些基因，它们决定了成长和获得成熟的模式和遗传倾向。”（1969c, p.187）在同样的意义上“人格特质及其向精神病学类型和障碍的倾向的遗传都属于躯体性质，遗传的特点限制了心理治疗的使用”（1988, p.19）。因此，我们必须要在各种**遗传模式**（决定结构性和生物性模式）与成长和成熟的先天倾向（可能在这些模式之中自然发生）之间做出识别和区分。这种做法的意义不是“要否定遗传因素的存在，而恰恰是要为它们增补一些重要的方面”（1965n, p.59）。

对任何精神障碍的准确检查，都必须考虑到所有可能的因素，既包括遗传性因素，也包括环境因素。首先，不管怎样我们一定会想到，单纯从心理学视角来看，“**遗传因素是环境性的，也就是说，遗传性是在个人生活和精神体验之外的因素**”（1989vk, p.124）。当听到温尼科特说婴儿的遗传倾向都是个人的外在因素时，人们通常都感到吃惊。但是它们对于婴儿来说确实是外在的或异己的，就如一个母亲有做到足够好的能力，也有抑郁倾向一样的外在（1968d）。[29]只有婴儿反复体验过母亲特有的这些养育特点，它们才会成为婴儿人格的一部分。

此外，温尼科特在与精神病来访者工作的临床经验基础上观察到：在绝大多数案例中遗传因素是不存在的，或者是无关紧要的。这里面有精神分裂症的案例，有些案例的“精神病遗传倾向是强烈的，但是在其他案例中，遗传倾向不是一个明显的特征”（1965, p.62）。在遗传因素非常活跃的案例中，我们需要处理由躯体障碍导致的继发性心理并发症（secondary psychological complications）。然而，我们必须要把这些伴有躯体因素基础的心理障碍（psychological disorders），与那些**精神障碍**（psychic disorders）区别开，而且这个精神障碍是温尼科特为发展过程障碍预留的一个术语，这个术语也能够说明它们本身的特征。

我们必须考虑的是，那些注定会出现心理并发症的躯体性障碍（somatic disorders），可能（通常都）会伴有与成熟过程相关的障碍。这个成熟过程障碍之所以产生，是因为承担养育任务和责任的父母面临着额外的困难，使他们难以养育那些发展艰难和受困于器质性大脑问题的孩子。

虽然我们必须要考虑到身体性遗传的参与，但它不应该被认为是一个决定性因素。例如，当我们研究一个特定的个体是如何使用智力时，我们通常会实施一些智力测验，也就是对智力能力以及大脑组织的质量进行评估，因此这基本上都是一些遗传性指标。这类测验是有用且必需的，但是温尼科特说：“它们对于人格和个人情绪成长的评估是没有理由和依据的。”（1988, p.140）

与智力功能相关的主题是一个极好的例子，它说明了我们如何把器质性遗传因素纳入障碍病因的考虑，而又不将其归为唯一的病因学解释。当低常遗传性导致大脑组织出现问题，而表现出了智力能力受限时，除了上面提到的父母养育困难之外，婴儿把不够好的环境适应转化成足够好的环境养育的能力也会降低。因此，精神功能有缺陷的人群中的精神病来访者的数量要远远多于正常人群。另一方面，

> 超常大脑组织遗传可能使婴儿容受了在需求适应方面的严重失败，但对于这样的婴儿，就可能存在着心智活动滥用的情况，以至于临床上可能发现有一些智力过程过度发展的现象，背后关联着潜在的精神分裂症性崩溃（1953a, p.225）。[30]

低常遗传性大脑组织（器质性缺陷）和超常遗传性大脑组织都有可能表现出缺陷。在这种情况下，**就看母亲能够在多大程度上对异常婴儿实施适应性照护了**，即使婴儿的大脑功能已经受限（例如智商是80），如果能够提供特殊条件的促进性养育环境，那么婴儿就可能表现出健康的情绪发展，甚至可能发展成为一个受人欢迎的、有价值的人，“他就会发展出好的性格和稳定的性情，甚至能够成为好的婚姻伴侣和父母”（1988, p.13）。另一方面，如果一个超常遗传性大脑组织的儿童（例如智商是140），由于非常差的环境养育，对自己的发展感到严重痛苦和不安，他也可能罹患严重的疾病，遭受精神病性危机，无法形成可靠稳定的性格，以及很有可能在未来某一天无法照顾自己。这些孩子不仅无法利用他们的智力，反而常常会落入无助和困惑的状态中，或者最终表现出被诊断为心智缺陷的各种症状和困难（1954a, p.341）。[31] 在这两种案例中，遗传性倾向是不同的，但是并不能决定这些个体将来会成为什么样的人。

上述对成熟过程的研究也得出了一些结论：大脑是精神及其特有的心智二者发展的必要基础，这就意味着如果要研究精神－躯体的发展，我们必须先假设躯体损害或原初躯体疾病是不存在的[32]。为了研究一个正在发展中的人，假设其身体健康非常必要。因为只有在没有躯

体性疾病的假设条件下，才能进行如此复杂的研究。如果假定个体在最原初阶段没有身体疾病，那么我们就能研究一个人的精神和躯体逐渐整合的情况，构想出特定的基本原则（1988, p.28）。

例如在研究心智的案例中，我们必须假设存在完整的大脑组织结构。如果由于一些器质性损伤或躯体疾病导致大脑出现了损害或缺陷，就发展性研究来说，我们不可能获得任何结论。即使假设大脑组织结构是完整的，我们也不能把描述躯体或精神的同一概念应用于心智，也就是说对于心智本身，我们也不能说它是健康的或是有疾病的。心智功能取决于大脑组织的质量，但是这也只能说心智较好或较差，或用较高或较低的智商值来描述。温尼科特说，“心智（理）健康（mental health）”这一表达其实毫无意义，同样“心智（理）疾病（mental illness）”这一表达也毫无意义，因为“事实上，健康和智力这两个概念之间并没有直接的联系。在健康状况下，心智在大脑功能正常运作水平上高效率工作，**因为个体的情绪发展是令人满意的**”（1988, p.14）。

尽管大脑没有任何问题，但精神（psyche）却可能会得病，而且如果养育性环境不够安全，不能允许精神本身致力于想象性精细加工的工作，反而逼迫它过早地使用心智（理）功能资源，以便对出人意料的养育性刺激保持警觉，精神发展就会进入一种疾病状态。在这种情况下，精神（psyche）就被纯粹的“心智化（mentalized）”了。温尼科特说，当这种情况发生时，心智（理）功能运作就变成了“一种自在之物（a thing in itself）”（1954a）。这并不意味着心智本身变成了病态的，而是开始进入一种独立运作状态，变得早熟且过度活跃，并且与个体体验相脱离，而心智本来的存在方式必须也是一种精神－躯体性存在方式。因为心智总是预设一种警觉的状态，它忙于应付和阻止任何环境性侵入，所以个体也不能产生任何体验了。这时就会过早浮现出某种意识知觉（这纯粹是心智性的），是一种不成熟的我（premature me），也是一个没有被充分发展到适当道德良心状态的不成熟自体。当这个状态发生时，精神躯体的聚合度是微弱的，甚至可能是被阻塞的，躯体与精神之间是一种对立状态，而精神完全被心智运作控制着。

所以，从发展和与发展相关障碍的视角来看，真正的危险并不是身体的或精神的**构造**（constitution）。我们“不可能通过评估就推测出婴儿潜能的发展结果是什么，婴儿发展是一个复杂的现象，它包含了婴儿本身的潜能加上环境因素”（1970b, p.253）。为了理解这个观点，我们只需要观察一个2岁的孩子即可，我们能察觉到，在家庭中有新生儿降生后，他也不再是原来的他了。在许多这类案例中，会有一个被诊断出需要治疗的疾病。同时，温尼科特又说：

> 我们一定不能让疾病模式的存在掩盖一个事实，即有问题的这个孩子是个有弟弟或妹妹的孩子。在潜质相同的情况下，这个孩子如果是最小的那个，或是独生子女，或者如果又有个婴儿已经出生了，但却死了，那么这个孩子的情况会不一样（1970b, p.253）。

无论婴儿有什么样的遗传潜能，他所获得的养育性环境照护是建构成人过程的一部分。如果对他自己需求的适应足够好，就会出现一个发展机会，于是这个个体几乎会在最大程度上发展他的遗传潜能。在某些情况下（或许非常有必要），婴儿需要养育环境尽可能地对他的患病倾向进行补偿和平衡，甚至是应对已经发生的疾病。

温尼科特的情绪成熟理论认为，没有任何预先被决定的事情，有的只是一个趋于整合倾向的潜在性。在健康的状态下，这个潜在倾向会导致个体构建统整体身份，建立与世界和外在客体的关系。个体有没有可能朝着整合的方向来满足和完成遗传性继承，取决于他遇到的促进性养育环境发生了什么情况。与此同时，他的满足方式完全是不确定的，而且依赖于那些无法估量的要素，诸如环境的照护，甚至很大程度依靠的是运气（luck）[33]。也许这种遗传潜在性本身携带着成熟过程将要完成的因果决定因素，但这种积极因素并不是存在的基础。这一过程不存在任何先天具有各种目标的内在推动力，也不存在开始时就有的动力性冲突——并不是这些冲突启动了生命，使其独立于个体和环境之外开始运动（in motion）。驱动精神发展的特定事实是婴儿要活着，而且他本身就携带着朝向整合的先天倾向。整合倾向并没有被构想成精神工作完成的结果，而是被构想成精神本身浮现的基础。**成熟过程是人性创造潜能的展示**，它只能发生在本身的时空里，并不是在躯体和生物学术语中的一种自然过程的线性时空概念。

通过个人体验进行整合

温尼科特个人发展理论（personal development）的基本论题之一，是个体若要到达感觉活着的那个点（the point of feeling alive），能够拥有他的遗传性或先天性潜能，那么全部的存在状态都必须要被体验到。否则，这些状态将会以未整合的形式保留在人格组织结构中。这既指身体结构和人格倾向，也指那些生命的状态和事实：出生，生命存在的连续性、宁静或兴奋的状态、成功和失败、前依赖阶段的孤独感、初始的无组织状态、无法想象的极端痛苦，等等。温尼科特抛弃了这样一个想法，即认为属于个体的那些元素可以独立于他自己对它们的体验之外。[34]

温尼科特理解的“体验（experience）”是什么意思呢？他在著作中没能清晰定义这个概念；它应该属于那些“其义自见”的概念之一，也就是需要依据温尼科特在其整个工作中对这些概念的使用情况来理解。首先，成熟过程各个不同时刻的体验是不相同的，因此当用在这些初始阶段的时候，在获得对整体自体和对世界的一些体验后，这个术语的意义将包括时空整合的开始，以及精神在身体中安住的开始，所以我们也必须要区分这个术语用在这些时刻前的意义。其次，在收集几个相同主题的短文之后，我们可以肯定“体验”和“真实的感受（feeling of real）”被相互交织地使用着，对于个体来说，只有那些在体验中获得的感受才是真实的。但是一个人也可以认为，有些事情——存在的状态、幻想、梦或事件，也只在被感觉为真实时才是一种体验。此处，在一个能被描述和可被觉察的现实（这个现实可以被看到，也可以被说出来）意义上的外在现实，与“真实（real）”的含义没有任何关系。按温尼科特重新给出的定义，弗洛伊德所谓的“现实原则”是指，“世界存在的事实，无论婴儿是否创造了它”（1986h, p.40），这个现实原则对温尼科特来说，是“自发性，创造性和真实感的死敌”（1984i, p.106）。

一个40岁左右的男人怀疑遍及任何现实的事情，并为此感到非常痛苦。他告诉我说：“在成为一个人之前，我就很善于社交活动了。我非常清楚别人对我的期望，而且我能很准确地完成别人交给我的任务，但这不曾有任何意义。我没有真实感，我感受不到这个世界或他人是真实的。我没有历史，我不知道我为什么活着，或为什么继续活着。”这个男人其实并没有什么现实原则的问题，他的痛苦在于缺乏真实感受。

关于“什么是体验的一般特征”这个问题，温尼科特只有少数几篇文献涉及，其中之一是在1952年他写给Money-Kyrle的一封信中：

> 体验是在幻象（illusion）中的一种不断重复的交换，一种在创造性与世界提供的那些东西之间反复达到的相互作用。体验是一种自我成熟的达成，而环境为此提供了某种基本的要素。这个成就并不总是能够完成和获得的（1987b, p.43）。

恰恰是生命早期所处的环境为个体建立体验的能力提供了不可或缺的要素。这个要素可以让婴儿尽可能容身在一个主观世界中，这个主观世界则被“全能的幻象（illusion of omnipotence）”所支配。在这个最适合的坚实基础上，逐渐建立起了那些对自体现实和世界现实的必要信念。[35]婴儿主观世界的局限性可以在其全能范围内被追踪和探查。发生的每件事情都会变成婴儿的一种体验，因为它被婴儿的节奏所支配，并源自婴儿的自发性姿态（spontaneous gesture）。以这样的方式发生的体验，不会干扰和破坏个体的存在感，此时此刻生命存在就是连续的。因此，体验能力与自发性和原初创造性密切相关，也与真自体（true self）的本质相关，简单地说体验能力与生命存在息息相关。

概括起来，按照温尼科特的理论，婴儿从子宫内的生命开始已经是一个人类存在了，这是由他天生的体验能力所确定的。尽管婴儿的体验能力是先天的，但这个能力必须要被不断实践和训练，逐渐体验到真实，并把这些真实体验整合进人格。在最初发展阶段，如果能够提供给婴儿促进性照护和关怀，这个结果才会发生，否则体验能力将会枯萎。因此，体验能力是一种发展性获得（习得）能力，它取决于一个无法估量的因素——环境的促进性，否则婴儿就有可能无法获得这一能力。鉴于这个原因，虽然：

> 有可能诱惑一个婴儿进入喂食状态，进入所有身体性过程的功能运作状态，但是**这个婴儿可能不是把这些事情作为一种体验来感受的**，除非它有了一些**简单的存在**（simple being）为基础，而这些简单的存在足以能建立起最终可以发展成为一个人的自体。（1987e, p.12）

有一些人从一开始就找不到存在的基础，因为他们不被允许有全能的幻象；对于这些人来说，真实的感受会让他们产生难以忍受的疲惫感，以至于无论经历过多少情景，事情都还是破碎的。他们总一定要重新开始，就像什么也没发生过。在他们的记忆档案中只记录着曾经发生过的事实，但是这些事实完全无法被影响或改变。总之换句话说，这些人不能够从体验中学习，甚至更加准确地说，他们没有进行体验的能力。他们不能处在当下的事件当中，取而代之的是，他们的自主性体验和参与感是缺席的，只能拼命地保护自己不受外界的入侵，有一点像是被关在禁闭的牢狱中，或者是在拼命地阻止可能产生的一些痛苦。因此，所发生的任何事情对他们来说都是外界的干扰，与他们没有内在意义的相关，由此也就没什么事情能持久下去。

温尼科特似乎一直对体验无可替代的价值深信不疑，这一信念不仅渗透在他的理论中，也渗透在他的生命中。温尼科特在去世前不久才开始写自传，传记的标题就是“不少于一切（Not Less than Everything）”，[36]温尼科特写了一段祈祷文，他祈求在他“死亡的时刻还能活着”，以便这一时刻也能成为他的体验，这就是最后的体验。[37]

众所周知，他讨厌任何脱离体验的抽象性理论构建，这可能源自上文的同一个信念。正因为他的这种厌恶，术语“体验”就不能被定义，而只能被使用，这是为了让体验不只被智力性理解，还应该被理解为另一种更加准确的类型，那是特定人类情形（human context）的事情。如果要想在体验领域获得概念或想法，那么必须得直接投身于人类处境当中。为了表明母性照护的发生是通过母亲对婴儿的觉察和识别，而不是通过故意的心智行为，温尼科特说：“我们发现母亲并不需要列出一个清单，写上明天必须要去做的每件事情，她只需要能够感受到在那一时刻什么是被需要的即可。”（1965vc, p.71）或者，他努力向母亲们展示，其实她们没有必要期待婴儿一出生就会吸奶，“绝大多数婴儿在开始探索这个世界之前需要有一段时间，而当他们发现一个客体时，也不一定都会急着狼吞虎咽去吃它”（1968f, p.64）。

有一些重要理论结论就源自对这种体验的各种概念化，源自拥有体验的能力，源自婴儿从一开始已经是一个能够拥有体验的人类存在的事实。婴儿会表现出一些特定的困难，诸如被迫害的预期，这不能用遗传或人类无意识来解释，相反它极有可能完全与过分迟缓的出生过程有关，或者与其他过早的环境性侵袭体验有关。那些很轻易就把婴儿的一些原初表现归因于遗传因素的研究者，并没有考虑和重视婴儿的出生前历史，也没有考虑到依赖是启动生命时最重要的事实。温尼科特说，我们很容易下定论说那些偏执的婴儿（paranoid babies）有遗传倾向，或者会表现出体质性因素（constitutional factor），但是这种推理路线也忽视并转移了“那些非常有趣和重要的个体发展现象，以及对个人体验的记忆”（1988, p.149）。

确实是这样的，因为身体总是被包含在内的，生物学遗传因素（如果它能够清晰地被分离出来）总是要表现出来的。当某些新生儿对光亮表现出强烈敏感时，他可能就需要遮光物。另一些新生儿则对热、触觉或听觉比较敏感一些，实际上，一些新生儿确实会被噪声惊扰，同时其他新生儿似乎没有听到这些声音。有一些婴儿会被环境的情绪氛围影响，而同时其婴儿显得更隔离和沉思。某些婴儿反应非常快速，对不舒服和疼痛更加敏感，一旦有刺激出现，他们早已尖叫哭泣了。也有一些婴儿反应比较慢，需要一段时间来探索一种体验，如果环境的节奏加快，他们反而会表现出厌恶或愤怒。还有一些婴儿的敏感性分布比较均匀。另一些婴儿，他们的某些特殊敏感性则会加剧。事实上，被加重的敏感性有可能为所有这些不同类型的婴儿预置了一种超凡的特殊能力（有时候可能是其成为天才的原因），或者预置了一种疾病的可能性——具有这种敏感性的婴儿，可能对被感染和被创伤有着高度的易感性。此外，正如前面已经提到的，当考虑这些方面的时候，我们必须要考虑到婴儿的出生前历史，以及他已经拥有了一些子宫内生活体验的事实。

一个非常敏感的孩子必定会对母亲有更多的要求。然而，当我们谈到“主动性适应（active adaptation）”时，我们清楚在思考的是一种引导母亲适应和习惯这个特定婴儿（certain baby）的能力，而不是养育这些婴儿的技术。虽然就像我们已经阐述过的，遗传学因素决定了一些个体的模式和特征，诸如身高，有更多或更少的肌肉，有较好或较差的大脑组织，更多或更少的活力或敏感性，这些特征没有一个是由发展决定的。当把某些性格特征或障碍归因于个体的体质构建时，则没有对母亲的适应性技术给予应有的关注。[38]在所有这些中，最重要的事情是婴儿有一个有能力适应和陪伴他的母亲。只有这样，婴儿才能在其成熟过程中以最有可能的方式去发展他的遗传潜能。我们也必须把偶然因素包含在内，促成母亲很好地执行其功能，例如，如果一个反应慢的孩子碰巧有一个也反应慢的母亲，面对孩子的缓慢或迟钝，她不会反应过快也不容易变得厌烦或者没有耐心——这样一对母婴结合，就是非常幸运的。

事实就是这样的，如果我们把环境的基本参与（这是一种预先的参与，也是一种使客体关系得以构建的条件）包括在人类个体精神构建中，那就不可能逃避这一事实——我们必须要在婴儿发展的更加原初阶段，去仔细观察和思考母－婴关系中那些极其微妙的互动细节。

原初阶段的未整合状态

如果全部成熟过程都趋向于整合，那么当这个过程开始的时候，婴儿处于一种什么状态呢？温尼科特主张，在生命的一开始以及在贯穿整个原初阶段的绝大部分时间里，婴儿处于一种未整合的状态（a state of unintegration）：

> 我们需要这个理论，假如一个人将要到达婴儿“居住”的地方——一个奇怪的地方——在那里**还没有任何东西被析出而作为非我**(not-me)，因此也还没有形成“**我**(me)”。不如说，在那里（婴儿）还不知道有母亲，不知道有自体之外的客体，甚至这种说法也是错误的，因为在那里自体也还没有出现。我们

> 可以说，在这个非常早期的生命阶段，婴儿的自体还只是一种潜在的可能性。（1965c, p.17）

虽然从观察者和母亲的角度来看，那里确实存在“一个婴儿”，但是从婴儿的角度来说，还没有作为婴儿的自体存在，也没有母亲和这个世界存在。此时的婴儿还不是一个统一体单元（unit），那些将要被整合的，将要成为的一个完整人的许多方面，此时仍然处于一种**不连贯的碎片样状态**。在整合之前，婴儿似乎就处于一种散开的凌乱状态，“没有被组织起来，没有条理，只不过是感觉－运动现象的一种聚集状态，这也是被抱持性环境聚集起来的状态”（1965k, p.148）。

未整合（unintegration）不是一种缺陷（a deficit）状态，伴随着未整合的是一种无意识（1988）。它是婴儿极端不成熟的自然状态。而且它意味着自体中聚合力的缺乏，在时间和空间中整合的缺乏，精神躯体整合的缺乏，以及根本上**整体性**的缺乏。婴儿最初拥有的唯一时间性（the only temporality），除了生物学时间之外主要是一种能够继续存在的弥散性感觉（the diffuse sensation）。具有一种否定意义的术语——未整合——有着存在的道理，它指的是一种“还未（a not-yet）”的状态，指的是一种开始任何整合之前的状态，因此也就指的是“我（me）”和精神（psyche）建立之前的一种状态。这种“否定性”陈述没有病理学的含义，也不是将要出现的那种混沌状态（a state of chaos）。因为在生命的一开始，既没有混沌，也没有秩序（1988）。此外，未整合必须要与瓦解（disintegration）区分开，瓦解具有一种防御性特征，并且它只能发生于已经达成了一些整合之后的阶段。

当婴儿受到了好的照护时，未整合状态就：

> 是一种自然的状态了，并且没有人会去介意这个状态。好的照护产生了一种情形，一种让整合开始成为事实的情形，于

> 是一个“人”就开始出现了。就此来说，这是真实的，从此照护的失败确实就可以导致瓦解，而不是导致返回到未整合状态。瓦解被感受为一种威胁，因为（根据定义）已经有个人在那里存在并确实感受到了威胁。（1958d, p.98）

这个理论的要点如下：**只有从未整合状态开始，才可以产生多种整合的形式。**假如整合是一种规定条件，那么人类就不会是现在这个样子了。因为作为人类所具有的特征，健康与各种困难和障碍状态一样，都与成功或失败地完成了生命最初阶段的整合性任务相关，这些任务都是发展性成就。在这一点上，温尼科特的立场展现出了超越经典精神分析理论的重大进步，经典精神分析理论是基于神经症而构想出来的，而神经症性障碍的人格是已经完成了整合的人格。经典理论一点也没有办法走近这些早期基础成就的独特性质，也并不允许我们去评估这些早期基础成就建立失败的后果。[39]

从未整合状态开始，在兴奋状态期间，整合的各种小体验就发生了。在兴奋状态过后，婴儿为了休息会很快返回到未整合状态。这样反复不断地前进后退，整合状态就会逐渐变得更加稳定和持续。然而，整合状态永远不会成为个体能够完全掌控的一个安全领域。个体生命中始终存在着丧失自己的风险，但是对于一个健康的婴儿来说，这种风险越来越取决于极端超载的情境。健康的个体不会时常担心自己的精神性存活（psychic survival）。

母亲 - 婴儿关联：绝对依赖

在生命的最初阶段，婴儿绝大部分时间活在一种未整合状态中，这是一种绝对依赖的情境。只有凭借母亲的适应，婴儿才有可能存活下来，而这种母亲的适应也应是一种绝对适应。当还在子宫内的时候，以及出生后第一个月期间，婴儿的依赖是如此的极端和绝对，以至于我们无法把这个新个体作为一个单元体（unit）来思考。“这个单元还只是一种**环境-个体组合**，而新个体只是这个组合单元的一个部分”（1988, p.131）。这就是温尼科特那句名言的意义：**“从来就不存在婴儿这回事”**。如果是这样，不把婴儿正在接受的照护包括进描述中，那就没办法描述那个婴儿。环境照护（environmental care）只有被逐渐合并（incorporated）才会成为婴儿自体的一个方面，同时，促进性环境逐渐变成了某些外在的东西，并且与婴儿发生分离（1987c）。环境，最初是母亲，或者更准确地说母亲的存在方式，**她最初是婴儿的一个部分，并且与婴儿无法区分开**。此时，并不是存在着两个个体，而是只有一个**独特的母亲-婴儿关联体**，可以称为二元一体（two-in-one）。[40]

绝对依赖状态并不只是基于婴儿的脆弱性而言，或者基于他离开帮助就无法存活的事实。它也不是指因为婴儿不过是“一块白板”，环境有着能“生产”婴儿的巨大影响。甚至不是指一种情感依赖的问题，因为此时的婴儿还没有成熟到足以体验各种情感。绝对依赖指的是这样一种事实：婴儿完全依赖于母亲，这是为了存在——在生命的最初时刻，他只能以**他本身的和他能够采用的那种方式而存在**——而且这满足了其整合成为一个单元体的先天倾向。在绝对依赖的原初阶段，婴儿与母亲的这种独特关系，为婴儿将要发展出与外在现实之间的各种关系提供了一个模式。恰恰就是在这种关系内部，与外在世界相关联的幻象正在被建立。同时，相信人际之间有可能产生沟通，以及相信生命可以是有意义的信任感也在被建立起来。

虽然术语“依赖（dependence）”意味着另有一个人类存在，但这里的另一个人还不是经典精神分析意义上的“客体”，因为此时婴儿还没有充分成熟到能够知觉或者渴望各种客体的地步。此时，母亲既不是一个外部客体也不是一个内部客体，因为外部的意义和内部世界的意义，都还没有被构建出来。从婴儿的立场来看，“在生命的最早阶段不存在任何外部因素，母亲也还是孩子的一部分”（1965n, p.61）。尽管如此，母亲的照护在本质上还是参与了婴儿自体的逐步构建，因为婴儿总是受到他所接受的照护的即刻影响。

关于温尼科特学派中原初“环境”的概念，必须要依照两个基本方面来理解：(1) 它既不是外部的，也不是内部的；(2) 它是一种对依赖进行支持和响应的情况，婴儿完全依赖于另一个人，而对婴儿来说这个人又没有与他分开，或者还不是一个外部的人。[41]在这里包含着一种观点——其心理学和哲学的范畴仍有待充分领会——即自体的现实和世界的现实是在成熟和发展的过程中、在母－婴关联的内部被逐步建立起来的。婴儿“我”（ME）的构建，以及同时进行的内部精神现实和外部现实的构建，只有在其与另一个人的关联中才能发生，婴儿的自体必然会从婴儿－母亲联合体中浮现出来。与“非我（not-me）”分离开的“我”是一种对原初融合体（the initial fusional unity）状态中发生的原始性认同的超越。这就是温尼科特所陈述的“我是”状态（the I AM status）的意义，即“我是”状态“……**意味着除非在一开始连同另一个与我还没有区分开的人类在一起而发展，否则我什么也不是**”（1987e, p.12）。自体发展的地方不是一个内部精神空间，而是发生在人际交互之间，发生在母亲与婴儿的人际互动空间之中。[42]这个空间也是一种前个人化的空间，因为此时还没有两个完整的人，每个人都是二元统一体中另一个人的一部分。尽管这样，必须要指出的是从生命一开始，就已经存在着一个很小的脱离（detachment），在母婴二者之间已经存在一个小的间隙，因为“在最密切的连接中，都会存在着某种缺乏，所以每个个体本质上总保持着绝对的孤立（absolute isolation），并且永远保留着孤立的状态”（1988, p.157）。[43]然而，尽管有这个空间的存在（并将永远存在着）——它将会使母亲和婴儿分离开，并将永远把个体从外部世界中孤立出来——但与此同时，**就其上述功能来说，这个空间一开始还并不存在**。这样的功能达成其实是靠发展的成就实现的，而这种发展成就在过渡性阶段（the stage of transitionality）才开始起效。[44]

在生物学和生物界中，我们能够发现类似于这种人类本质孤立状态的现象："蛋"（受精卵）是在母体（亲）内暂居的客人（guest），而不是母体的一个部分。在整个怀孕的过程中，蛋或卵一直被一些用于保护它的膜（间隙）物质包裹着，同时，这些膜又把它与母亲（体）"分离"开。当婴儿出生时，这一套保护膜就被丢弃了。然而，无论是婴儿还是母亲都没有丧失任何他们自己的东西。从正在被构建的人类个体角度来看，为人类本质孤立留有余地的这个"间隙"其实一直就在那里，并将永远存在。同时，在适当的时候，这个间隙将会变成母亲与婴儿之间的第一个真实距离，这是一种既能分开又能联合的距离。因此，"蛋（受精卵）"的类比唤起了人类本质的孤独感（the essential aloneness），这是人类的原初状态，正是在这个原初孤独状态中，婴儿在一开始的时刻就发现了他自己。在那个时候，人类存在（being）就从"不存在（non-being）"的状态中浮现出来。无论个体与外在世界有多好的沟通，或者有多好的关系，这种孤独感将会永远被保留。恰恰就是从这种基本孤立的状态中出现了对接触的基本幻象（the basic illusion of contact），而且在稍后一些阶段，潜在空间也就出现了。在适当的时候，这个空间将会被各种过渡性现象和过渡性客体填充，而这些过渡性客体既属于婴儿的一部分，同时也是环境的一部分。

促进性环境的其他特性：足够好的母亲和婴儿的父亲[45]

促进性环境（the facilitating environment）一开始就是"足够好的母亲"。"足够好"这样的表达指的是母亲有能力承认婴儿的依赖，并对其能够做出响应，这是母亲与婴儿发生认同的一种结果。这种认同能使母亲知道某个时刻婴儿的需求是什么，以及知道如何满足婴儿的这些需求。在母亲对婴儿的照护中，**"足够"**的好包含了母亲的自发性和"个人在场”，以及母亲的一种信任能力，她相信婴儿处于一个持续进行的成熟过程，因此并不是母亲自己（即她的照护或对情境的控制）将会给予婴儿什么样的生活。母亲的作用只是促进了本来就属于婴儿的发展过程。母亲之所以足够好，是因为她在非常精准的程度上照护着婴儿的需求，而不是满足自己的需求，诸如要把事情做得非常好的需求。婴儿所需要的是一个真实母亲的关怀和有效照护，这个母亲有能力持续一贯地做她自己，由于是个人，她一定会犯错误，但是正因为母亲会犯错误，她恰恰是真实可靠的[46]。

一开始，足够好的母亲的照护朝向一种对婴儿需求的绝对适应，稍稍过了一段时间就会变成一种相对适应了。温尼科特坚定地认为，问题的关键是“适应需求”，而不是满足欲望。按照这样的观点，他清晰地描绘了生命初始阶段的特征，此时婴儿还不是一个拥有各种欲望的个体，而是一个处于绝对依赖状态的不成熟的存在。关于这个发展阶段，各种误解和争议的来源

> 是一种这样的思想（有一些分析师认为），在对精神分裂样来访者的治疗中和对婴儿的照护中，术语“适应需求（adaptation to need）”意味着满足各种本我－驱力（id-drives）。在上述情境中满足本我－驱力，或者挫折本我－驱力，其实都不是问题，还有更加重要的事情在发生——给予婴儿的自我发展过程以自我－支持。（1965d, p.241）

在1966年写给Lili Peller的一封信中，温尼科特提到，在儿科学领域有意识地留心儿童依赖之后，他发现他的那些精神分析师同行们只认为依赖与本能需要（instinctual needs）有关，这种认识多么令人恼火啊！于是他补充说：“你们可能已经注意到了，在我最近写的文章中，我已经设法列举与术语‘需求（need）’密切相关的各种精神病性焦虑

(the psychotic-type anxieties)。这些焦虑其实与本能没有关系”(1987b, p.156)。在另外一篇文章中，他陈述道，在最原初的初级阶段，

> 术语“需求”在这里是有意义的，就如“驱力（drive)”在本能的满足领域中有意义一样。把术语“欲望（desire)”用在这个位置是不合适的，因为欲望属于更加复杂的高水平位置，它不能被假设出现在我们正在研究中的这个不成熟阶段。(1970b, p.256, note 7)

环境要适应“源自存在（being)和成熟过程的各种需求”(1965j, p.183)。也就是说，正是从持续性存在的需求（the need to go on being)开始，所有其他需求才会浮现出来，而所有这些需求的重要性在很大程度上要压倒所有“快乐原则（pleasure principle)”。这就是温尼科特要把人类本能发展放在成熟过程这条更加广泛的路线内思考的原因。

母亲对婴儿各种需求的绝对适应其实是暂时的，但是在实施绝对适应的这段时期内，它意味着母亲要完全投入。在此期间的婴儿几乎需要另一个完整人的全部，也就是说婴儿需要母亲把她自己全部交出或奉献给他，即便是每天有一小段时间里是这样的也行。这通常是能做到的，因为如果母亲是一个健康的女人，她就会自动进入一种“原初母性贯注”的状态，这个状态开始于怀孕的最后几个月，并一直持续到婴儿出生后一段时间。这是一种非常特别的心理状态，其特征是母亲的敏感性大大增高，

> 可以与以下状态相比：一种退缩或解离状态，或一种出神漫游状态，甚或在深度水平上的紊乱状态，诸如精神分裂样发作状态。处于这种状态中，人格的某些方面就暂时掌管了全部的精神活动。(1958h, p.302)

正是在这种状态下，婴儿和婴儿照护的全部占据了母亲的生命活动。凭借着这种状态——这意味着母亲的部分退行，母亲也变得能够与婴儿认同，并且知道婴儿的需求是什么。同时，母亲能够把自己维持在成年人的位置上，因此她不但有能力精准地理解婴儿，而且能够有效地照护婴儿，为婴儿提供所需求的一切。母亲必须腾空她的个人生活，为了把自己奉献给婴儿。作为一个成熟的女人，母亲并不会因此而遭受到自恋性伤害。足够好的母亲总是能够献身于婴儿，术语“献身”，其实意味着母亲的全部投入，意味着她有照护婴儿的能力，这与多愁善感或感情用事（sentimentality）没有关系。温尼科特说，任何形式的多愁善感或感情用事都比无效养育更糟，因为它们其实暗含着对恨和攻击的无意识否认，而恨和攻击是构成全部建设性努力的基础——即使在养育孩子的问题上也是如此。

母亲的照护经常被认为是一种溺爱和放纵，但是，足够好的母亲的爱和仁慈通常不是溺爱和放纵。有时作为某种剥夺（deprivation）的结果，婴儿在一段时期表现出了某种特殊需求，若母亲能够理解婴儿传达出的这种需求，那么她可能要对孩子放纵一些，并且在一定的时间内会“宠爱或纵容（pamper）”孩子。但是，这种溺爱和放纵实际上是一种治疗，是由于日常的母亲照护出现了失败才在这时显得非常有必要。“由母亲实施的治疗可以具有治愈的功效，但这不是一种母爱（mother-love）。”（1958c, p.128）

母亲适应孩子需求的能力与智力水平高低没有关系，这种能力也不会因为她从书本或讲座中获得了多少知识而变化。母亲的育儿知识具有自然的本性，能让母亲成功地供养婴儿，这与她对当下事情的理智性评价无关，也不需要她理解一切。让母亲定向于婴儿的是她与婴儿认同的能力，这种能力来源于母亲自己曾经作为一个婴儿被养育和照护的体验，母亲保留着舒适和安全的身体记忆，以及个人亲密感的体验记忆。此外，母亲知道婴儿的需求是什么，因为她是有活力和有想象力的人类。她能够等待自发性姿态的出现，因为她“知道”很多诸如此类微妙的事情，例如为了把婴儿从一个地方移动到另一个地方，婴儿需要准备妥当，全部的活动过程也需要一定的时间。母亲还知道，更加重要的是要尊重婴儿对照料的拒绝，而不是打着遵守规则或担心营养不良的旗号去强迫婴儿进食，因为就发展来说，**“喂养的基础其实就是未进食”**（1968f, p.64）[47]。

虽然“原初母性贯注”是一种自然发生于母性的状态，但确实有一些女性害怕这种状态，并且拒绝这种状态所包含的退行现象。这些女性紧紧地攥住成年人的状态不敢放弃，她们无法或不能移向与婴儿认同的状态。这种类型的母亲倾向于用心智来照顾婴儿，她们的养育行为都是故意而为之的，是被一些理智建立起来的规则所支配的。她们在为孩子提供一些基本照顾方面可能是成功的，但是她们无法与孩子进行带有**亲密感的深入和静默的沟通**。她们会作为“某个应该去照顾婴儿的人”去照顾婴儿，也就是说她们提供的是一种非个人化的照顾（impersonal care）。这就是典型的在“**做**”一个母亲，而不“是”一个母亲的例子[48]。婴儿需要的足够好的照护，不是一种通过思考而设计好的照护程序，它不应该是深思熟虑过的，或者是被机械地执行的，这种照护只能是由一个人类提供，这个人就是母亲或母亲的替代者，她必须是有活力的，有能力把自己放在另一个人的位置上，同时还要有能力维持做一个成年人并持续地做自己。令人惊奇的是，婴儿似乎天生就具有一种对沟通质量的控制能力，并且需要我们设法与他们建立这种沟通。由于母亲处于一种原始认同婴儿和全神贯注于婴儿的状态中，母亲会比较警觉地防范和避免发生出乎意料的事件，因为这些事件可能会使婴儿受到惊吓，甚至造成创伤。这种警觉的注意力其实并不是源自智力上的谨慎考虑，而几乎总是来自母亲的躯体性记忆。母亲完全处于一种警觉注意的状态，这也会体现在她的姿态中。她的各种运动，她的目光注视，都是指向婴儿的，都处于一种自然保护婴儿的状态。

即使当母亲完全把自己交了出去，与婴儿发生了完全的心身卷入的时候，她的自发性也依然保存着（preserved），她仍然有能力始终如一地做她自己。从这时开始，“不得不做的事情”不过是自然而然发生的，因为“孩子们总是会从我们这里拿取最好的东西”。

为此：

> 为了做到始终如一，让孩子可以了解到我们，我们一定要做自己。如果我们始终如一地做自己，孩子就能够真正地认识我们。当然，如果我们装腔作势，扮演某个角色，那么当我们摘下面具被孩子逮个正着时，我们迟早会被揭穿。（1993b, p.123）

随着时间的推移，根据婴儿越来越成熟的能力，足够好的母亲对婴儿适应的绝对性也逐渐减少。以这样的方式，母亲允许婴儿逐渐朝向相对依赖状态移动，然后朝向独立发展。如果母亲是一个健康的人，去适应（de-adaptation）就会自然而然地发生，而这又与母亲某个时刻的状态不谋而合，即她对绝对适应婴儿的需求感到疲劳和厌倦的时刻。这段过程对于婴儿的发展来说是必要的。如果母亲没有能力逐步放弃对绝对依赖的适应状态，那么也会给孩子造成各种严重的发展性困难。

在描述**平凡而奉献的母亲和她的足够好的照护时**，温尼科特避免了任何对母亲或父亲人物形象的理想化[49]。父母不是无私利他的天使，孩子也不是整天围绕着天堂乐园——孩子从机械式完美世界中无法获得任何益处。假如有可能做出一种选择，温尼科特承认，他在很大程度上会更喜欢一位这样的母亲：她有能力质疑自己的行为，有能力思考由于她做或没做什么才导致有些事情出了错误。温尼科特不喜欢这样的母亲：她“转向外界去寻找原因并解释一切”，而不能为任何事情承担责任（cf 1993d, p.103）。此外，如果母亲是健康的，那么她常常会在**婴儿获得恨母亲的能力之前更早地去恨婴儿**。温尼科特罗列出母亲恨自己孩子的充足理由：在母亲怀孕和分娩期间，婴儿对于母亲的身体意味着一种危险；婴儿妨碍母亲的私生活；婴儿会让母亲的乳房受伤；尽管婴儿有排泄物和其他烦人的事情并表现出对母亲失望，母亲都得去爱婴儿；婴儿兴奋性的爱（excited love）是自私的；婴儿并不知道是母亲在喂养他，或者在为他付出牺牲，等等。母亲自然而然就得容忍自己的恨，而不能否认这种恨的情感，但同时母亲不是完全对此无能为力。母亲不能对着婴儿直接表露这种恨意，除非通过儿歌或者温柔地说一些恶意的话来表达。[50]一位平凡母亲最卓越的品质之一恰恰就是：**"她要有承受住被婴儿伤害到一定程度的能力，同时要有恨婴儿到一定程度，而不会对婴儿造成不良影响的能力。"**（1949f, p.202）

还有另外一个问题，刚刚生过孩子的女性本身也需要处于依赖状态。[51]甚至可以这样说，面对婴儿做自己时的那种无能为力感，母亲同样也是无助的。为了很好地执行养育工作，母亲需要在与孩子父亲的关系中感受到是被爱的，也需要在家庭圈子内部和更大的各种社会圈子中感受到是被接纳的。在这个时刻，父亲的角色极其重要，特别要发挥保护母亲和供养家庭的功能。如果一个母亲被爱人充分保护着，就会免于对日常世俗的担心和困扰，并且可以让自己完全献身于由双臂形成的育儿之圈，因为处于这个圈子中心的是婴儿。父亲一定要帮助母亲，使她在身体方面感受到舒服，在精神方面感受到幸福，这都是非常重要的。特别是对于第一个孩子，母亲倾向于夸大她的照护——实际上是想变成一种魔法性养育，以便自己能提前猜出婴儿的需求，而父亲的帮助"会让母亲更加人性化一些，让母亲远离那些使她变得魔法化、强势和损坏慈母心的个人因素"（1961a, p.73）。父亲的有效存在和帮助，给母亲提供了一种道义上的精神支持，也为她努力向孩子生命中注入的秩序和安全提供了必要的支持。从生命的极早期阶段开始，孩子们就对家庭氛围很敏感，对父母让他们感到的稳定性很敏感，即使在他们还不懂父母是与他们分离开的人、父母彼此也是分离开的人类时，这些敏感性也都一样。

然而，对于婴儿来说，他们对“父性（亲）”的需求必定会跟随着对“母性（亲）”的需求之后到来[52]。在生命早期阶段中，作为一个父亲、作为第三方，他其实还并不存在，因为此时婴儿甚至也不知道母亲的存在，此时婴儿只能与由环境提供的照护建立连接。由于此时婴儿甚至还没有形成二元关系（a dual relationship），更不用说三人关系了。尽管如此，此阶段的父亲可以作为母亲照护的复制者而起到非常重要的作用，在这种复制者的角色中，父亲把他自己的某些东西增加到了婴儿身上，就像稍后我们可以看到的那样。[53]但即使这样，对于婴儿来说，父亲过早地出场是不好的。对于父亲和母亲在处理和抱持方面必然的差异，婴儿还没有做好准备。尽管如此，还是有很多男性比女性更加具有母性的例子，而且有临床案例报告说明，父亲提供母性照护的才能减轻了由于母亲的精神病理而造成的环境失败的程度，并使孩子免受某些精神障碍的折磨，否则这些障碍可能要比实际上还要严重得多[54]。

如果经过了一小段发展，父亲开始直接、积极地参与照护婴儿的工作，即使此时整体还处于母性功能之中，一定的父性元素最终也会被包含进入婴儿自体的建构中。从孩子的视角来看，父亲首先是作为母亲的一个方面存活着，“这个方面代表着那些牢固而严格，以及坚定不移、不妥协和坚不可摧的元素”，而且，当所有进展都顺利的时候，父亲连同这些元素被逐渐地转化成为了一个人类，最终变成了男性，“这个男性是可以让人感到害怕的，可以被恨的，可以被爱的，以及可以被尊重的”（1986d, p.131）。这种男性元素对家庭的安全感是有贡献的，也有助于建立家庭对一个特定孩子的意义。[55]当然，孩子能不能使用父亲，以及用何种方式使用父亲，取决于父亲的存在方式。

在1969年的文章中，温尼科特仔细思考了朝向整合的先天倾向和一神论中有关这种统一状态的象征，然后他增加了另外一个元素：不管父亲是否已经代替了母亲，在某一时刻，婴儿似乎**第一次瞥见了作为个人整体和全部**的父亲，而且以这种方式，婴儿会把这个父亲作为一个模范（model）用于自己的整合。如果父亲不在场，婴儿也不得不以某种方式来实现整合，但这种整合方式将会非常的艰难，除非他可以使用与另外一个完整人类建立的非常稳定的关系（1989i）。

到婴儿已经达成了一个统整体"我"的阶段时，他正在努力克服和处理整合本能生命的任务及相应的困难，此时父性（亲）人物的在场就显得意义重大。在这个成熟阶段，也就是担忧阶段（concern）[56]，孩子正在驾驭原始本能驱力的内在摧毁性，并正在达成对其负责的能力。孩子已经开始把驱力恰当地归属于自体的功能，因此也就认识到了本能冲动对母亲所造成的伤害。于是，孩子便开始指望父亲（他的在场、坚定、干预的能力和设置界限的能力）保护母亲免受孩子自己驱力的伤害。如果父亲不能起到这个作用，孩子就丧失了行动、运动和变得兴奋的自由，并且会发展出一种自我－控制（self-control）来使他的自发性瘫痪，并且普遍地抑制他的本能[57]。

随着婴儿获得了更大的成熟度，依赖需求就会慢慢减少。由于幼儿的成熟和发展过程是被其连续不断地适应的，当母亲逐渐无法再适应婴儿的需求时，她也促进了逐渐"去适应"的发生，为的是帮助孩子与她发生分离，并允许孩子体验一种相对依赖的状态，其结果就是孩子也创造出了一种过渡状态（时期），并将会走向独立。母亲，然后是父亲，乃至之后的家庭、学校、各种社会团体，以及孩子不断扩展的人际圈子，都会为人生开始各个新阶段时的需求提供相应的照护。

父母的位置意味着他们必然要对孩子负有责任。父母必须能胜任其角色，让家庭和住所成为一个稳定的地方，满足孩子们成长的需求。孩子们为了成长需要摧毁父母，父母也必须得有能力在各种各样的摧毁中幸存下来。这就要求父母能有一些让位。父母要保持自己的自发性和创造性，这对于他们分别作为完整的人类是至关重要的，这在某种程度上，对于他们的孩子也是重要的。然而，当孩子出现时，父母一定要有能力放弃他们的位置。母亲的自发性对于婴儿是非常必要的，母亲持续地做她自己是婴儿需要获得信任的来源之一。然而，成年母亲不能把婴儿暴露于自己的驱力面前。另外，有一些孩子发现自己被迫生活在一种强烈的创造性氛围中，然而这种强烈的创造性是属于父母或保姆的，而并不属于孩子自己。“……这就会扼杀孩子们，而孩子们的存在也就停止了。或者，这些孩子就发展出了一种退缩的应对方式”（1986h, p.52）。为了养育孩子，让他们能生活在真实的世界中，又能保持他们的创造性，“**我们确实必须暂时放弃创造性，必须是顺从的，必须是适应的**……”。显然，这同样也适用于分析性设置。

温尼科特的概念：自我、自体和我

由于术语“自我”“自体”和“我”是成熟过程理论基本词汇的一部分，它们的意义已经远远不再那么模糊不清了。这些术语也被使用于不同的哲学理论、神学理论，或心理学理论中，有着各种各样的含义，所以澄清它们在温尼科特成熟过程理论中的用法非常有必要。

在1962年之前的文章中，温尼科特经常不加区分地使用“自我”和“自体”这两个术语，导致了概念含义的不准确。大概是在20世纪60年代初期，Fordham，一个荣格学派的分析师，也是温尼科特的私人朋友，让他认识到：

> （他）正在把词汇“自体”和“自我”当成同义词——当然它们不是同义词，也不能是同义词。因为“自体”是一个单词，而“自我”是一个术语，方便表达一种大家一致同意的含义。

温尼科特认识到，这两个术语具有不同的语义类型。“自我”是一个理论性术语，它的意义是在一个特定的研究者群体内部由大家一致决定而接受的，而单词“自体”是日常用语中一个描述性词汇，“这个词汇本身远远比我们了解的含义要多，自体不仅使用我们，而且可以指挥我们”（1960a, p.158）。

温尼科特对“自我”最清晰的陈述写在1962年的一篇文章中：“术语‘自我’可以被用来描述成长中人类人格（human personality）的一个部分，在适宜的条件下，这部分人格倾向于整合成为统一体。”（1965n, p.56）正如我们可以看到的那样，术语“自我”不能被用来给精神装置的某一个实体（结构）命名，因为温尼科特不用精神装置的启发式概念来工作，而是用“自我”这个术语命名各种精神－躯体方面趋于组织和整合的倾向，最初这些方面还没有达成整合，若一切顺利，这些方面便逐渐聚集成为一个“我”。这里的自我与经典精神分析的自我有着不同的含义，自我心理学和 Edward Glover 的自我核心（ego nucler）的概念给了温尼科特一些提示。事实上，在传统精神分析理论中，并不存在与温尼科特的“自我”相对等的一个概念，因为无论是弗洛伊德的理论，还是克莱因的理论，都没有朝向成熟倾向的概念。为了避免这种由于复杂的术语问题所引起的混淆，我们也一定要牢记在心，“自我”原本就不是弗洛伊德的术语之一，它是在 Strachey 把德文版弗洛伊德学说翻译成英文版时被引入精神分析英文文献中的。在提及与现实相关联的精神装置实体时，弗洛伊德谈到了“Ich”，也就是德文中的“我（I）”。最有可能的是，在温尼科特阅读弗洛伊德的文本时使用了 Strachey 的翻译，而且当提及弗洛伊德理论中的这一点时，他开始使用术语“自我”。在温尼科特自己的理论中，自我的意义已经被修改了，同样他还使用了“我”，并给出了这两个术语的不同含义。“自我”作为一种朝向成熟的倾向，而“我（me，或来自 I AM 中的 I）”作为整合任务完成的一种结果，即统整体的身份（unitary identity）这一成就的达成。

在弗洛伊德的理论中，至少在理论的最初构想中，自我（Ich）是从本我（id）中浮现出来的，也就是作为一种转化通过与现实原则相接触而产生的。弗洛伊德说，自我（Ich）是由于本我（id）被外在现实直接影响和修改之后而产生出来的一个部分。[58]就这一点来说，甚至弗洛伊德学派内部也是有争议的，因为我们很难理解，一个给定的结构（本我）如何能够产生出另外一个完全不同性质的结构（自我）。温尼科特非常喜欢由 E. Glover 所引入的理论性改良，他基于 E. Glover 提出的核心（nucler）或原初无组织自我结构（primitive unorganised ego structures）的概念，构想出了**未整合的原初状态**，这个状态是生命发展原初阶段的一种特征。[59]

举例可以帮助澄清自我和自体概念的不同含义。在某一点上温尼科特强调，自我既是虚弱的也是强壮的。自我究竟是一种什么状态，全部取决于母亲提供自我支持能力如何。

> ……婴儿得到增强，因此也变得强壮的自我能够比较早地组织防御，并且能够发展出个人的模式……。恰恰就是这个由于母亲的自我支持而变得自我强壮的婴儿，在生命的早期就成为了自己。（1965c, p.17）

在另一篇文章中，温尼科特坚定地认为，婴儿的自我（朝向整合的倾向）：

> ……假如没有一个满意的促进性环境，会是极度微弱的。然而，母亲或母亲形象会提供自我支持，如果她提供的自我支持足够好，婴儿就会有非常强壮的自我，并且会拥有他自己的组织。（1989m, p.101）

我们应该注意到“自我”与“自体”之间的不同，即先天朝向成熟（整合）的倾向取决于环境所提供的支持。正如温尼科特在其他文章中说的那样，母亲的自我支持，或者母亲的辅助性自我，使婴儿的自我变得强壮并且帮助婴儿获得整合性体验，引导孩子更加容易地拥有他自己的组织，并**成为他自己**，也就是形成一个被整合成为“我”的**自体**。就术语命名法来说，我们应该说，**正是“自我（ego）”引导着整合性倾向形成了一个统整的自体**（a unitary self）。[60] 自体是整合性倾向的一种结果，但这种倾向必须要处于一种有效的发展中。这就是为什么温尼科特说，“早在术语自体（self）有相关研究意义之前，自我就为研究提供了它本身作为材料”（1965n, p.56）。

随着温尼科特思想的逐步形成，术语自体被轮流用在两种不同的方式中。在更加核心和普遍的意义上，自体指的是个体在某个发展阶段所达成的统一体状态（the unitary status）。这个阶段就是假如孩子可以说话，孩子将会说“我是（I AM）”的时候。如果我们在这个意义上使用术语，那么“自体”就是整合过程中达成了一系列成就的一种结果，而且只有在婴儿获得了身份（identity）的阶段，“自体”才能以稳定一致的形式建立为一个统一自体。此时此刻，一个存活和运作在真自体基础上的健康婴儿甚至已经将一种功用性的假自体整合为其人格的一个方面，这种有用的假自体能够让孩子有效地处理一些社会性需求。在同样的意义上，作为“自体”的同义词，温尼科特也使用术语“我（me 或 I）”。因此，“我”就是与母亲分离开的“自体”，正在实现统整的身份（unitary identity），并且正在把真假自体整合进这个身份中。当术语“自体”在这种整合人格的意义上使用时，温尼科特会假设，在这个成就达成之前，自体是不存在的。这可以用一段引文加以说明，这段引文描述了生命更加初始的阶段，温尼科特陈述道：

> 不如说，那时（婴儿）还不知道有母亲，不知道有自体之外的客体，甚至这种说法也是错误的，因为在那里自体也还没有出现。我们可以说，在这个非常早期的生命阶段，婴儿的自体还只是一种潜在的可能性。

同时，在《**人性**》这本书中，温尼科特在几个段落中也使用了术语“自体”，此时的自体用于表示**一切**短暂的**整合性体验的结果**，而这些体验还不到统一整合成为一个“我”的状态。例如，当提到最原初阶段在兴奋状态的那些整合的短小片刻时，他说，本能需求和具有运动性（motility）的驱力二者都先于“整个自体聚集在一起的时刻。在这些时刻，意识（觉察）已有可能出现，因为直到此刻**也有了一个能被意识到的自体**”（1988, p.117）。

“自体”的这种在一切整合性体验（甚至在统整自体达成之前）的意义上的用法，在后来的著作中也得到了证实，那时温尼科特为世界的概念和主观性客体的概念提出了自己的新构想。在与（主观性）客体兴奋而活跃地遭遇时，婴儿就会处于一种暂时统一的状态中，经由与客体的**原始性认同**（婴儿就是客体），他便有了**作为一种身份而存在**的首次体验。温尼科特使用了新的术语（稍后将在第三章中阐述）肯定地说，“当存在于男婴或女婴或来访者中的女孩元素（the girl element）发现了乳房的时候，恰恰也就是自体被发现的时候。”（1971i, p.180）从那个时候起，温尼科特便越来越频繁地使用“自体”这个术语，来表示从未整合开始的任何程度或形式的整合，即使这种整合还只是处于初期和瞬间的状态。

在1970年的一篇文章中，温尼科特更加明确地讨论过自体的概念，以及它与自我之间的不同，在这篇文章中，他陈述道：

> 自体不是自我，而是“我”这个人，自体只是“我”，是基于成熟过程而运作的一个总体。同时，自体有各种不同的部分，事实上自体是由这些不同的部分组成。这些部分在成熟过程的运作过程中，从内部－外部的方向（from a direction interior-exterior）凝聚着，这个发展过程一定（在一开始最大程度上）是由人类环境辅助完成的，而这个环境具有抱持和处理功能，并有一种活生生的促进性方式。从个体视角来看，只有自体和自体的生命才能使人类活动或存活变得有意义。（1971d, p.271）

J. B. Pontalis 观察到，在法国的精神分析界温尼科特的存在和自体的概念受到了质疑，因为它们的意义被错误地近似于 Guntrip 的自体概念。为了与现象学中某些传统含义相一致，Guntrip 结合自体的概念，试图把一种统一的和统一性主体的想法一起引入精神分析。这个主体能够认可他自己，具有统一性和连续性，“这个主体的存在很容易从不可化解的冲突、另类的无意识和不可调和的表象之中逃离出来……”（Pontalis, 1981, p.127）。当 Pontalis 坚持认为“四分之三个世纪的分析性经验逐渐摧毁了一种完全是一元性主体的幻觉，摧毁了一个人完全确信属于他自己的幻觉”（Pontalis, 1981, p.127）时，他这种反对 Guntrip 的理由当然是正确的。无论如何把 Guntrip 的自体与温尼科特的自体对等看待是错误的。温尼科特的整合成为统整自体的倾向不是在谈一种驱力领域（pulsional field），也不是指会被克服或被消除的无意识冲突。它反而是指个体的所有方面，指各种潜在可能性。它们最初是无意识的，但也不是指压抑无意识的那种意义。这些方面包括身体，身体记忆，暂时性和空间性（最初是主观性的，然后才是客观性的），安静和兴奋的状态，生命本能，幻想，世界的外部性，等等。这一切从未整合状态开始，逐渐地整合成为一个统一体（a unity），成为个体这个完整的人的各个部分。按照 Pontalis 的观点，这个统一体状态并不类似于没有裂隙的聚合，也并不是 Guntrip 所构想的那种自体－沉着状态（self-possession）。相反，恰恰是因为整合成为一个统一体，以及发展出了一个内在精神现实世界，个体才能够容受住各种无意识的冲突。

成熟过程理论的哲学和认识论特征

抛弃了因果决定论

对于精神障碍的认识和分类来说，最重要的是建立其病因学理论。病因学（aetiology）这个术语在语源学上的意思是一种疾病成因的理论，在历史上，这个含义的形成一方面来自基于因果关系原则的科学概念，另一方面源自关于实体本性的决定论观点，这些实体就是科学研究的对象。鉴于之前所说的，温尼科特既不同意已有的人性概念，也不会为科学的决定论辩护。在描述人类存在的起源时，他所依靠的是不承认因果关系解释（causalist interpretation）的一系列表达：**从具有潜在性的婴儿到真实的人类这条通路是无法用因果关系的方式来理解的**。这不是一个早已嵌入个体给定特性的更新过程，也不是说这个过程随着时间的推移就能不断地发展和显现。从一开始，婴儿内部就没有什么本质的“决定因素”，既没有躯体性决定因素，也没有精神性决定因素。婴儿内在的整合倾向和原初创造性倾向是唯一的例外，尽管如此，婴儿所有可能的特性必定依然要被创造出来。遗传性决定因素规定了一些器官的极限，但是它并不能决定个体将会成为什么样的人。一个个体的浮现或成为一个有身份的人，这不是一个自动发生的过程，它从根本上取决于一个无法估量的内在因素，即婴儿的创造性；同样还取决于其他一些无法估量的因素，诸如母亲的心理健康水平和运气。在1960年，温尼科特提到，每个发展阶段分别都会持续一定的时期，而这些时期对每一个孩子来说都各不相同。温尼科特坚定地认为，**“即使我们提前了解了**

某个特定孩子的这些时期，但是（这些时期）并不能被用来预测这个孩子的真实发展情况，因为还有其他的因素存在，比如母性照护”（1960b, p.43）。

虽然个体的遗传特性规定了一个模式以及某些可能性和局限性的结构，但是人类不能被认为是一种预先设定好的产品，他既不会被其生物性或精神性构造所决定，也不像学院派心理学一直公认和提倡的假设那样只会被他的外在环境所塑形（mould）。一旦发展过程启动了，人类就投入了可能发生的邂逅等各种不确定性之中，而且正是这些无法估量的因素决定了人类的潜力将如何被实现。正因如此，Loparic 把温尼科特的概念近似于海德格尔的概念并进行评估后，看到了温尼科特描述的这种个人成长过程中人类的“持续进行”性（ongoing）。

另一方面，尽管从根本上依赖于环境的照护，但必须要说单纯环境“既不能使婴儿成长，也不能决定其成长的方向”（1963c, p.223）。当环境足够好的时候，它也不能以因果关系的方式决定婴儿的成长，它仅仅为成熟过程的活动提供了促进性条件。温尼科特也认为，我们常常以为是自己制造出了孩子，并教会了他们一切。但真相恰恰是相反的，因为“我们甚至不能教会孩子们走路，只不过在某个年龄阶段他们走路的先天倾向得到发展，需要我们能成为能提供支持的人”（1987b, p.186）。

这同样适用于理解各种精神障碍（psychic disorders）。毫无疑问，在没有足够好的环境性照护的条件下，孩子的精神健康是不可能被建立起来的。然而，温尼科特说，“我们也知道，相对说坏的环境会直接导致某种疾病性结构，矫正性环境的体验也并不能直接治愈来访者”（1963a）。例如，神经症性障碍其实并不是由父母直接导致的。

我们发现，有许多非因果关系的例子遍及温尼科特的所有著作。在一篇写给父亲们的文章中，温尼科特从**解剖学**和**生理学**遗传的角度讨论了每个人在婚姻伴侣选择方面的责任。在这篇文章中他表明：在游动的精子穿透卵子之后，事情就开始由它们自己运转了，而需要父母做的就是为这种胎儿的先天成熟倾向提供保护。对于父母来说，知道他们自己做不了什么会非常有帮助——他们不是非得做什么去让婴儿转变成为孩子、让孩子长大、让孩子良好而清洁地成长、让孩子逐渐形成宽宏大量的特质，以及让孩子知道如何为合适的人精心地选择适合的礼物。“不需要任何人来让孩子变得饥饿、愤怒、幸福、悲哀、深情、有善心或顽皮。**这些事情恰好就发生了**。”（1993b, p.123）尽管如此，还有许多事情父母要负有间接的责任，其中之一就是“母亲通常要通过平凡但优良的管理来预防孩子发生精神分裂症”。（1987b, p.45）

因此，人类或其成熟的起源不能被看作一个因果效应性的事件。使人类存在浮现出来的力量并不具有产生效应的特征。更准确地说，它允许**还不存在的状态进入一种存在状态**，允许还没有呈现出来的东西实现在场，允许存在的可能性显露出来，并进入生命的不确定性之中。[61] 温尼科特理论的非因果（non-causal）特征也在这样一种事实中被揭示出来，即尽管环境照护（environmental care）被认为在个体的构建中有着重大的贡献，但并不存在任何母亲应该遵循的**养育规则**，也不存在任何有关母性行为的法则以保证母亲可以成功地完成养育工作。恰恰相反，任何宣扬“足够好的母亲”如何做的标准就是在摧毁母亲。有的所谓如何做母亲的“知识”已经被传承了几千年，但它们是不能被归类和教授的；它们完全是个人理解的结果，对于每一个新的婴儿来说，这些知识必须要被再次创造性使用，甚至对于双胞胎也是一样。

在区分和突出温尼科特理论的非因果关系特性时，可能会出现有关认知，和随之而来的治疗性获益问题。一个可能的答案就是：非因果关系理论更加强调和突出人类生命是不安全的这个本质特征，以及从根本上不可控的特征。对于温尼科特来说，承认这个事实并保持接近所谓人类的“神秘”，都是非常有必要的，但这不应该引导我们走向任何一种神秘主义。相反，恰恰因为这是科学工作，因为这一工作具有严谨性，在遵从科学研究对象的特殊性质的情况下，我们对生命的不确定性这一事实一定要加以维护。这是由温尼科特所实践的人类科学的方法论原则之一，而我们一定不能以扭曲人性的代价来尝试将人类本位化或主题化（thematise man）。由于这个原因，我们有必要承认“模糊不清（obscurity）胜过虚假的澄清”（1989k, p.240）。这似乎正是温尼科特在1954年写给安娜·弗洛伊德的信中那个提问的意义，这个提问在本书的引言中提到过，在温尼科特对有关元心理学（metapsychology）的各种术语表达了深刻的怀疑之后，他提问道：“（之所以怀疑元心理学概念）难道是因为它们看起来像是一种共同的理解，但其实这种理解还不存在吗？”（1987b, p.58）

人类发展的一种非因果性概念可能会被看作一场彻底的变革，这不只对精神分析是这样，而且对科学哲学本身也是一样。这一点也是把温尼科特的思想与弗洛伊德的力比多理论、克莱因学派的理论，以及建立在驱力（forces）观念之上的任何其他理论概念区分开的要点之一，以驱力为基础的概念会认为人类发展可以按照统治自然实体的法则来理解。

否定性

在温尼科特对人类的概念中，有一种**本质的否定性**（intrinsic negativity），它遍布于生命的所有确定性（positivity）方面，并在生命存在与非存在之间维持着一种永恒的张力。这个本质的否定性可能最不同于经典精神分析的“死亡驱力（death pulsion）”概念。那些对婴儿和精神来访者的研究清晰表明，人类一直致力于“存在与非存在（being and not being）”之间的奋斗。换句话说，人类所有存在的能力都始于非存在，而**存在**从来就没有被完全给予（属于）过人类。存在总是人类一种飘摇不安的成就（a precarious achievement），就其本身而言，这个成就并不总是能够被达成：“**有些人很可能耗尽他们所有的生命时光还不能‘存在’，他们始终都在不顾一切地努力，寻找可以存在的基础**”

（1984b, p.112）。

因为温尼科特以这种思想方式构想人性，所以无须借助于自然主义或能量式的推测性概念——诸如死亡驱力，这在他看来完全是刻意且没必要的。死亡或攻击驱力把**邪恶推崇为一个本身可以独立运作的实体**，这就忽视了人类的“依赖性”（不论是绝对的还是非绝对的）的完整含义，也因此忽略了环境因素的一切影响，而这种忽视会引发相当大的损害。

人类起源之处不是确定性（positivity），人类是不可以从基因中被推论出来的，也不是一种规定性构造的结果。温尼科特说：“只有基因是不够的。”人类也不源自母亲的渴望和心愿[62]。针对这个问题，温尼科特自问——“当作为存在的人类个体从非存在中浮现出来时，他是什么状态？”他回答道：“在生命一开始，存在着一种**本质的孤独感**（an essential aloneness）。”对于人类而言“并不是从一种无机物状态中浮现出来的，而是从本质**孤独**中浮现出来的”（1988, p.133）。“在孤独之前的状态是一种无活力状态（unaliveness）”（p.132）。一旦从非存在状态中浮现出来，人类就被扔进了“生命之旅”当中，并且没有可识别的基础以供存在。他唯一的有结构而无内容的决定，就是要存活下来，走向成熟，以及整合成为一个单元体。尽管如此，这种倾向的发展还取决于周围发生的事，而且有可能还会失败。此外，朝向整合的倾向自身还携带一种否定性“操作因子（a negative operator）”，而且这种倾向始终要整合非存在（not-being），伴随着人类的发展，整合倾向和非存在永远是交叉前行的。人类的生活（命）被构想为处于两个未在存活（not-being-alive）状态之间的间隔之中，人性的基础是存在与非存在之间的那个空间。存在在首尾两端都向着空无的状态开放，这一事实为人类生命及其发展可能性的所有展现提供了基质：“在个体的婴儿发展过程中，在‘活着（living）’从‘未活着（not-living）’之中发生并建立了它自身，而‘存在（being）’也变成了事实，并代替了‘非存在（not-being）’，正如‘沟通（communication）’起源于‘静默（silence）’”（1965j, p.191）。

特别来说，健康可以被看作对原初非存在状态的超越，而且是对存在的缓慢占用（appropriation），然而存在却总有可能逃脱这种占用。实际上，对于海德格尔和温尼科特来说，生命是作为一种占用而出现的，而这种占用是依托于原初否定性（original negativity）发生。如果整合倾向不被允许遵循它的自然过程，那么各种精神疾病就出现了，其中精神病是最初的形态。也就是说，精神病起因于这样的事实：在成熟过程的开始阶段**应该达成的那些成就**——婴儿朝向整合并与所有非我（not-me）的东西建立联系的结构性倾向——都**没有发生**。按照温尼科特的理论，这就意味着个体一定要建立起生命的确定性（positivity），为的是把生命起源的否定性（negativity）包围住，而不是去否认它。**存在在场**（presence）的构造恰恰是在原初否定性上被编织出来的，从而才能掩盖**缺席不在场**（absence）的无底深渊。只有用这样的方式，存在（being）和在场（presence）才可能发生：“**只有源自非存在**（non-existence），**存在**（existence）**才可能开始**”（1974, p.95）。

这种观点很符合健康这个标签所涵盖的所有成就，诸如供养自己的能力和沟通的能力：

> 唯一真正的吃是以不吃作为基础的。正是出于还没有创造性，出于孤立状态，各种客体的创始和世界的创始最终才有了意义。除非从本质的孤立开始发展，否则就不会有陪伴的乐趣和喜悦。随着个体逐渐走向死亡，这种孤立还会反复不断地出现（1984b, p.111）。

最后，所有的发展成就都是不稳定的、危险的，甚至已经获得的成就也有可能会丧失。这就是游戏（playing）和文化生活的“潜在空间”被认为是“我们的生存之地”的原因（1971g）。游戏本身就是种不安稳

(precariousness)的体验，它有着限制性，也有着幻象领域的特点，这就决定了游戏只在一定时间内是有效的，游戏会开放也会关闭。这就是为什么游戏可以作为创造性生命的一个范例，而创造性生命（creative life)是唯一值得活着的生命。不安稳意味着把人类与生命和生命的意义连接在一起的那根线可能总是容易被打断的，或者可能从来就没有被建立过：

> 这种连接是可以被建立起来的，通常是在创造性生存(creative living)与生存本身之间建立连接，而为什么创造性生存可能会丧失，为什么个体对生命是真实的或有意义的感受有可能会消失，这些原因是可以被研究的（1971g, p.93）。

在我们现有的元心理学（经典精神分析）中，这个问题的解决还没有合理的**基础**。在经典精神分析的理论中，个体的存在及其存在能力，并不是研究重点。Pontalis（1977）曾经把《游戏与现实》（*Playing and Reality*）翻译成法文，在他为这本书法文版所写的前言中提到了这个问题：

> 即使温尼科特使用了经典精神分析的概念，但这些概念似乎并不足以表达他想阐述的意思，看起来弗洛伊德受到精神-神经功能运作思路的影响而专门提出的无意识概念，并没有被温尼科特用来解释存在的缺失这一维度（the dimension of absence)。在温尼科特看来，存在的缺失是主体中一种必要的空虚（void)。我想建议，如果弗洛伊德学派关于精神机构和心理位置（the agencies and psychical places)的地形学理论可以描述主体内在性冲突（the intra-subjective conflict)，那么对于温尼科特来说，这些都是继发性表现，因为在那个时候，

> 自体（主体）已经处在一种残缺不全的状态了。我们关于精神现实的完整概念已经被这种观点重新改造了（Pontalis, 1981, p.152）。

在这里有一个主要原因，就是温尼科特在职业生涯早期就成为了一个精神分析师，他认识到在理解人性方面神经症具有非本质的特征。在神经症中，生命中的纠结和争斗并没有遭到温尼科特的怀疑。神经症的“**否**（no）”是一种发生在生命内部的东西，是个体历史中已经有的部分。在精神病中，与之相关的“**否**（no）”否定的是个体本身存在的可能性，因此，它还没有成为个体历史的一部分，因为这个历史只能构建在个体存在的基础上。折磨精神病来访者的是生命或死亡这样的基本问题，这些问题甚至不能在传统的元心理学框架内部被构想出来：

> 我们很少能触及要点，所以**离开了有疾病或没有疾病**的概念就很难开始描述生命究竟是什么。换句话说，我们还没有弄清楚**生命本身究竟是什么**这一问题。精神病性来访者促使我们要关注这类基本问题（1967b, p.133）[63]。

成熟过程理论的语言和描述性分类

温尼科特在描述情绪发展过程的时候，通常是从后期的发展阶段开始，而后期这些发展阶段都已经被经典精神分析研究过了。然后，他才呈现出那些更加原初的发展阶段，“进入了最早期时刻的未知状态，在那个时候，术语‘人类（human being）’也可以被应用于子宫中的胎儿”（1988, p.34）。例如，温尼科特在《人性》一书中就是按照这样的顺序来描述的。

选择这样的描述顺序的原因是：温尼科特知道，他所假定的绝大部分读者都是精神分析师，而他们习惯于思考那些已经被建构完成的个体。他们也很习惯于元心理学的语言体系，这种语言体系中的术语所涉及的不是一个“人（person）”，而是各种“精神装置（psychic apparatus）”、各种驱力的组成、各种驱力的强度和各种心理防御机制，这些术语原本就是用来描述各种驱力障碍和心理冲突的。

由于温尼科特关于人性（human nature）以及原初阶段的概念也在本质上不同于元心理学所构建的概念，以及一般经典精神分析的概念，当温尼科特涉及这个主题时，准确地说，为了处理生命开始时期发生在婴儿身上的事情的特性，他对用来表达自己观点的语言格外谨慎小心。他反复强调，每个发展阶段的描述，都要求一种新的陈述方法和一种特定的语言（1988）。他说，被用来描述人类现象的语言“是随着孩子的发展而成长的”（1964e, p.9），所以适合描述某个阶段发展成就的语言，对于另一个阶段来说就变成了“错误的语言”（1988, p.34）。尤其是用描述俄狄浦斯阶段的那些相同的术语来描述生命的原初阶段是一种错误的做法，因为在俄狄浦斯期，我们假设个人身份和个人完整性已经达成。而且这时，内在生命已经与各种无意识冲突共同存在了，这些无意识冲突是由本能生命和人际关系所造成的。

正如前言所述，坚持改变语言术语远不是随意的，也不是个人的癖好。这反映了由生命各种原初现象本身加诸理论化的需求。温尼科特努力要传达出，在婴儿与母亲之间，在临床情境中来访者与分析师之间，在他们“亲密关系的魔法中（magic of intimacy）”直接发生的而不是被歪曲的事情。他知道，在体验性领域（包括婴儿和精神来访者）仅仅通过智力或心智的方式，理解是不可能发生的。理解的发生需要分析师与来访者建立一种亲近（proximity）并沟通的形式，这与母亲与婴儿之间发生联结是相同的。就这种语言来说，本质上这种沟通属于静默（silence）、前语言和前表象性沟通。在谈到母亲与婴儿之间的沟通时，温尼科特指出，读者正在被引导“到一个位置，在那个位置言语表达没有任何意义”（1968d, p.91）。所有这一切与本身立足于对想法和言语化概念进行言语性解释的经典精神分析之间，还有可能存在何种连接吗？

个人成熟过程理论不只开放了恰当地理解生命原初状态的问题，而且一个完全新颖的语言体系由此也开始变得很有必要了，但是这就给发展后期阶段的描述性语言加诸新的条件。虽然温尼科特在对发展后期阶段的处理方式中，保留了经典精神分析文献描述神经症性障碍时早已经固定下来的许多术语，但是温尼科特确实又重新描述了俄狄浦斯阶段相关的现象和因此形成神经症的相应理论。这种基于成熟过程理论而进行的重新描述，是在该理论自己的术语范围内实施的，而且作为加强精神分析整个理论基础的一种新范式的结果，这种重新描述已经变得很有必要了。

注　释

1. 人性的暂时性存在这一特性的意义对于温尼科特学派精神病的理论极为重要。
2. 温尼科特在这篇文章中表明：在他没完全意识到时，他所考虑的这种倾向就已经在他十年前的文章中出现过，也就是说，大约从 20 世纪 50 年代末到 60 年代初开始，他就谈到了这种倾向。作为例证，温尼科特列举了他的一本书《成熟过程和促进性环境》，还有"攻击的根源"（Roots of aggression）这篇文章（1964c），而后面这篇文章作为唯一的新章节收录在《孩子、家庭和大千世界》（*The child*，*the Fmily*，*and the outside world*）这本书中，也在《剥夺与行为不良》（*Deprivation and Delinquenly*）一书中，作为"攻击及其根源"一文（1939）的文章附录出版了。
3. 引文中对温尼科特的摘录出自温尼科特文章（1963d, p.93）。
4. 关于基本分裂（essential split），参见：温尼科特，1988，第四部分，第六章。
5. 各个发展阶段以及它们各自的任务，将会在第三和四章中详细讨论。
6. 参见：本书第三章，题目为"原初自体的构成"。
7. 在许多宗教中，人类生命的特征是通过朝圣者的隐喻来表达的。在西班牙托莱多的一座 13 世纪女修道院的墙上，人们可以读到："朝圣者，没有路可走，你必须做个行者（Peregrino, no hay caminos, hay que caminar）"。当代意大利作曲家 Luigi Nono（1924—1990）在后期的一部作品就沿用了这个思路谱曲，并献给了电影导演 A. Tarkovsky，这个作品的音乐表现缓慢而迟钝，时常出现断续和不稳定的感觉，让人几乎崩溃了。海德格尔通过借用 Hölderlin 的一首诗的题目"流浪者（Wanderer）"，刻画了这个相同的特征。
8. 只有在温尼科特《人性》这本书中，我们才能发现各个成熟阶段的序列性呈现。然而，我们还是能够发现有几处这样的主张贯穿于温尼科特的整个著作中，让我们能够确证这种发展顺序。
9. 无论如何，获得了某种东西然后失去它的状况，完全不同于从来未曾获得过它的状况。

10. 就这一点来说，它是支持温尼科特拒绝梅兰妮・克莱因的天生嫉羡（envy）理论的重要观点之一，因为个体还没有达到能够嫉羡的位置。把这种感受强加给婴儿是不合理的，嫉羡情感出现时的前提条件是已经发展出外部客体并能评估，而这个时候婴儿还处在一种极度不成熟的状态，婴儿还没有能力知觉到有外部客体的存在，更不用说去知觉外部客体的各种属性特征了。嫉羡的感受只能被归属于那些已经达成外部感受（the sense of externality）的个体。
11. 在同一篇文章中，温尼科特用自己的术语介绍了他认为梅兰妮・克莱因对精神分析最重要的贡献——"抑郁位置（depressive position）"。他肯定："术语'抑郁位置'对于正常过程来说是一个不好的名称，但是还没有人能够发现一个更好的名称"（1955c, p.264）。我的建议是，把这个发展阶段和它相应的发展成就都称为"担忧（concern）"。关于这一点参见：本书第四章的注释 31。
12. 关于温尼科特"人类动物（human animal）"表达的意义，参见：Loparic 2000b。在这篇文章中，Loparic 澄清了温尼科特的理论对于经典精神分析范式转换这个方面。Loparic 看到，后者忽视甚至删除了身体（body），偏好去谈论欲望和其他精神的表现。而在温尼科特的理论中，身体（body）变成了躯体（soma），一直被纳入考虑。哲学家 Loparic 说："弗洛伊德并不关心精神－躯体性存在（psycho-somatic existence），而是更关心意识中，也就是精神之中的裂隙。……身体至多被作为一种驱力的物质源头，被认为是这种驱力源头的精神表象"（同上，p.393）。
13. Loparic 在之前提到的同一篇文章中解释说："温尼科特理论的本质在于精神的当下意义，而术语'精神'（psyche）在经典精神分析中并没有当下的意义。为了特指相同的现象域，经典精神分析尤其喜欢使用术语'灵魂''心智''精神装置'和主体。温尼科特从来就没有为他的术语选择做出明确的解释。至少，这种选择部分可归因于语源学。在普通希腊语当中，'精神'首先意味着生命（life），包括动物生命，而处于第二位才意味着非物质的或不朽的灵魂，有意识的自体或作为各种情绪、欲望和感受核心的人。无论如何，按照温尼科特的理论，在一定意义和一定程度上，从生命的一开始精神就已在婴儿之中。温尼科特所使用的术语‘精神’，并没有暗示任何可能与心灵（the spirit）有联系的事情，按照经典精神分析的解释，心灵有着独立于身体之外存在的性能。出于同样的理由，温尼科特排除了‘灵魂’这个术语，除非为了标明‘一种精神的性能’时才使用。而从根本上，精神性能也取决于大脑的功能运作，而且可以是健康的或是病态的”（Loparic, 2000b, p.361）。

14. 一种只是身体的感觉（physical sensation）变成了体验（experience），这是因为想象性精细加工使得身体感觉有了意义。1952 年，Money-Kirle 在信中提到了在想法（ideas）与感觉（sensations）之间加以区分的实用性，温尼科特表示同意这种区分，但是同时提道："我更愿意说在想法与体验之间的差异"（1987b, p.40）。
15. 关于作为创造意义的想象性精细加工的概念，参见：Loparic, 2000b，第七节。
16. 参见：温尼科特 1987b，第 74 封信。也可以参考第四章的注释 4。
17. 有一本书名为《幼儿的运动性及精神运动性协调》（*Coordination Motrice et Psychomotrice du Tout Petit*）（1992），其作者 M. M. Béziers 和 Y. Hunsinger 都是心身联结运动（psychomotricity）方面的专家，我们在这本书中发现了想象性精细加工如何导致身体图式化的例证。Maria Emília Mendonça 向我指出了书中接近温尼科特理论的地方。在本书给婴儿换衣服的那一节中，作者说道，当把婴儿放到换衣者身前时，婴儿会用自己的脚踹蹬正在给他换衣服的那个人。这种用脚踹蹬所产生的反作用力在很多方面是非常重要的，其中之一就是“从静态的身体这个角度来看，摆弄婴儿的人以这种方式支撑住了婴儿后背的整体延伸。婴儿便伸展自己的身体，并打开了髋关节的各个节点（运动和感觉的延伸），用脚使劲地踹压，这些运动都为孩子提供了一种**挺直了的意象**，为将来‘能够以直立姿势挺直（straightening up）’做着准备工作”（Béziers & Hunsinger, 1992, p.49）。我们有理由相信，这种“意象（image）”不是一种视觉的形式，就好像是婴儿看到他自己的站姿似的。这当然是一种图式化的过程，这就把他是如何凭借双脚让自己完全伸展、直立起来和获得支撑的各种感受图式化了。

18. 温尼科特，1969d。
19. 有时候，当涉及任何本能生命的方面时，温尼科特都会使用经典精神分析的术语，并用“本我（id）”和“自我（ego）”的术语。这种用法有着沟通的功能，他在自己的理论中赋予这些术语的意义，与经典理论和其他理论假设所赋予这些术语的意义并不一样。例如，在温尼科特理论中，“本我”和“自我”并不指精神装置的实体，本我也不是由各种驱力和冲动构成的。对于人类本能来说，本我是早已经被辨认出来的普遍方面：“本能生命必须要同时考虑身体功能以及对这些功能的想象性精细加工两个方面。就本能生命来说，它意味着弗洛伊德所说的性的方面，也就是说局部的和普遍的兴奋这一整个范围，这也是动物生命的一种特点”（1965h, p.130）。接着，温尼科特就用术语“自我”来指代在整合意义中朝向发展的先天倾向。
20. 关于术语“自我（ego）”在弗洛伊德和温尼科特理论中使用上的不同，请参看本章的第十节。就“自我（ego）”来说，超越理论之间的差异的要点在于这样的事实，即温尼科特把人类存在构想为具有精神－躯体性的（psycho-somatic）特征，并且由体验构成。所以，这里的自我相当于精神－躯体性体验，而不仅仅是表象性的。
21. 几个世纪以来，如果说医学只是考虑器质性问题，那么经典精神分析则促成了现今被广泛应用的一种观点，即任何事情都可以归因于精神方面，同时完全忽视了身体的自主性、暂时性特征。
22. 在 El Ateneo 编辑部出版的《精神病学百科全书》（*Enciclopedia de psiquiatria*）的“精神病（psychoses）”这一条目中关于身体与精神（或心智）之间关系的永久讨论里，我们发现了一个有趣事实：术语“精神病（psychosis）”首先是在 19 世纪被 Ernst von Feuchtersleben（1806—1848）在严格的精神病学意义上使用的，当时他是维也纳医学院的院长。“他模糊地使用术语‘精神病’和‘精神变态（psychopathy）’来表示患了精神疾病（mental illness）的意思，以便与‘神经症（neurosis）’，或‘神经衰弱（nerve infirmity）’做出区分。按照 Feuchtersleben 的看法，**神经衰弱的概念并不源自心智（mind），也不源自身体，而是源自心智与身体之间的关系。**重要的事情是二者之间的相互作用，以及这种运作方式的形成模式，它们要么成为了一种联合体，要么成为了一种‘身体 - 灵魂’二元体（body-soul duality）。作者把他自己局限于描述这种情况，并没有打算去探索它们的‘真正复杂性’。”［Resnik, 1977 apud Vidal, Bleichmar, & Usandivaras（orgs.），1977, p.539］

23. 一般来说，在这些案例中有可能发生的事情是，想象性精细加工赋予了疼痛或痛苦一种被迫害的意义。
24. 对于儿童思考功能运作的细节，参见：温尼科特，1989s。
25. 这里的“原初心智（rudimentary mind）”与婴儿的心智能力（mental capacity）没有任何关系，如果婴儿被允许自然发展，心智能力甚至可以是个例外情况。
26. 按照温尼科特的理论，这就构成了头疼作为症状的一个重要根源。
27. 参见：温尼科特，1954a。
28. 这里重要的是提到了在遗传因素与先天因素之间的区别，遗传性在任何意义上来说，都涉及了怀孕之前已经存在的各种因素。术语“先天性（congenital）”指的是两组障碍：一组包括出生之前（怀孕期间）已经存在的各种疾病和缺陷，另一组是由出生后遗症所导致的问题（1988, p.38）。
29. 温尼科特在另一篇文献中提供了一个很有说服力的例子，来说明患有遗传性身体畸形的孩子如何在生命存在意义上达成一个健康自体。
30. 这个描述说明了其中一种精神分裂症类型的防御性组织，这种防御组织存在着一种分裂，温尼科特称之为“分裂性智力（split-off intellect）”。
31. 心智惑乱（mental confusion）状态和严重的学习困难几乎总是在精神病学的范围内被诊断为心智缺陷（mental deficiency）。按照温尼科特的理论，除掉那些器质性损害的个案，这些都是发展进程中发生的情绪障碍，它们与供养环境失败有关。
32. 这种分类指的是明确的躯体性因素所导致的那些疾病，例如脊髓灰质炎和败血病。
33. 因此，我们可以说，温尼科特为躯体性障碍构想了一种非因果性病因理论，这个理论将会在本章节稍后部分提及。这就是为什么 Loparic 把温尼科特理解的婴儿称之为“持续存在（ongoing）”，并认为海德格尔用“**亲在**（Dasein）”

表达的存在感也归属这个婴儿的原因。

34. 因此，这将是治疗工作的关键方面之一，在分析性设置的特殊条件之中为首次体验提供条件，而这些都是个体未曾体验过的事情。

35. 主观世界的概念、全能幻象的领域，以及幻象的能力，这些温尼科特思想的关键点都将在第三章中详细讨论。

36. 源自 T. S. Eliot 的诗最后“四重奏”的一行。

37. 参见：Clare Winnicott, 1989。

38. 环境对于塑造个体人格的重要性已经不是什么新观点了。早在 1946 年，安娜·弗洛伊德的著作《自我与防御机制》（1946/1968）的出版，就激起了对母性和环境照护在婴儿的原初发展阶段中所起作用的重新评估。Dorothy Burlingham 和安娜·弗洛伊德（1942）在第二次世界大战期间的著作，导致了对外在环境及其影响的研究的发展。第二次世界大战前，John Bowlby 研究了心理紊乱的孩子的背景，在一个对 150 名罹患各种类型问题孩子的正式研究中，他发现了偷窃行为与剥夺之间的直接联系，而后者尤其与孩子在儿童期早年阶段与母亲的分离有关（Bowlby, 1951; Winnicott, 1951a）。Serralha（2007）针对温尼科特著作中的环境主题进行了很重要和很详细的研究。

39. 在温尼科特理论中值得注意的是，所有的发展成就和能力，也就是说个体所拥有的一切都是从一种无能力状态中、一种空无状态中、一种否定某种事情浮现出来的状态中开始发生的。这种处于起源点的否定性绝不可能被完全超越。它作为全部生命成就的不安全和不稳定的标志一直存留。那些实现了存在的一切事物，随后都有可能停止其存在。这可能是温尼科特思想中与海德格尔的有限本体论思想相接近的地方，尽管他自己并不知道。在本书第四章最后，将会继续讨论这一点。

40. 这种表达是 Z. Loparic 首次提出的，参见：Loparic, 1997a。

41. 环境最初并不是婴儿外在的条件，而是婴儿本身的一部分——这个概念不但对经典精神分析来说是完全新颖的，而且对于普通心理学来说也是全新的概念，并且它的特性只可能从个人发展的理论角度去理解。当试图通过内部和外部两极化来对比克莱因和温尼科特时，我们认为这种问题构想本身可能就是有问题的，而且这种讨论也是徒劳的，因为每当这两个学派分别提到环境时，他们其实指的不是同一个东西。

42. 在他的著作中有一些段落，温尼科特断定：在生命一开始，我们所发现的是“个体完全融合在环境中，也就是术语‘原始自恋（primary narcissism）’所指的意义”（1988, p.157）。在同一部著作中，温尼科特解释道他所理解的“原始自恋”是这样的意义：“原始自恋，或者环境作为事实被接受之前的状态，是唯一一种能从中创造出环境的状态”（1988, p.130）。在另一篇文章中，他还提到了这个原初时刻的特征是不成熟和依赖，我们可以读到：“我对在这个发展阶段使用‘自恋（narcissistic）’这个术语从来就不满意，因为整个自恋的概念忽略了由母亲的一般态度和行为所造成的巨大差异”（1972, p.191）。
43. 理论的这个要点将会在第四章“回归起源”一节中得到解释。
44. 过渡阶段和过渡性现象将在第四章“过渡阶段”一节中呈现。
45. 弗洛伊德学派和克莱因学派的精神分析师们发现他们很难接受这样的思想：起初的关系就是与母亲的唯一关系，也就是说是一种纯粹的二元关系，因为这种思想抛弃了作为个体构建基础的俄狄浦斯情结概念。
46. 足够好的母亲是温尼科特式精神分析师临床实践的模型。尽管有所不同，但足够好的母亲有效的实践也同样适用于精神分析师的工作。至于母亲要做到“非常好”的需要让我想起了一个年轻男人，他一直因母亲的这种需求感到窒息。当他第一次进入我的治疗室时，他对我说：“为什么这里有这么多的坐垫呢？我得全部把它们垫在屁股底下吗？”
47. 这是另外一个例子说明温尼科特认为要从否定性开始，从还不存在（not-being-yet）开始，才能让任何成就可以有意义。在另外一段文章中，我们注意到：真正的吃（real eating），只能以不吃（not-eating）为基础。温尼科特观察到，这一点对于理解神经性厌食症问题做出了巨大的贡献。
48. 在“存在（being）”与“做（doing）”之间的差异，以及在作为“存在”的乳房与只在“喂奶”的乳房之间的差异，将会在本书第三章“原初自体的构建”一节中做详细讨论和说明。
49. 在《与为人父母者的谈话》（*Talking to Parents*）这本书的前言中，编辑者提到在BBC一系列的电台演讲节目期间。温尼科特得到了制作人Isa Benzie女士的支持和鼓励，温尼科特说，恰恰就是她用他的话说，“从我所有的谈话内容中精炼出了一个短语‘平凡而奉献的妈妈（the ordinary devoted mother）’。这个短语立刻就为养育孩子这个工作定了性，而且这个短语很适合我的需要，它让我既摆脱了理想化，也避免了教育和鼓吹。这让我能够成功把对孩子的照护描述为是一种随时随地的自觉性和自发性实践”（1993a, p.xiv）。

50. 温尼科特反复指出了多愁善感（sentimentality）的危险性，按照温尼科特的想法，多愁善感是父母对来自自身的自然之恨的一种否认，而父母之所以产生这种自然之恨，是由于他们深受孩子对自己的影响。一些摇篮曲既表现了父母要表达恨的需求，也防止他们去报复孩子，而父母的报复确实是孩子无法承受的。其中有一首摇篮曲是这样唱的：

“宝贝睡在树顶上，乖乖地睡吧！
当风儿刮起之时，摇篮就会摇动，
当树枝折断之时，摇篮就会坠落，
摇篮和一切都将会坠落，宝贝！”

巴西也有一些摇篮曲是这种调调：

“大公牛，大公牛，大公牛，
长着黑脸的大公牛，
跑过来，抓住这个害怕鬼脸的小孩子。”

51. 关于在环境性促进中父亲的作用以及可能阻碍个人发展的父亲性失败，可以参看Claudia Dias Rosa（2011）的复杂和详尽的著作。

52. 有时候温尼科特受到批评说他把过多的责任归咎于母亲，以及说这些责任事实上就落在母亲身上而不是父亲身上。女权主义运动者普遍不能接受温尼科特的这些思想。例如，Elisabeth Badinter 用极端讽刺和相当不理解的态度引用了温尼科特足够好的母亲的概念（1980）。然而，温尼科特所描述和主张的是婴儿的需求，不是某种理论和 / 或意识形态。至于说到与人格构建基础相关的这个事实，主要的责任和义务确实在于母亲，不过当我们考虑到婴儿的绝对适应期只占几个月——两个月、三个月或四个月的时候，考虑到在这个时期母亲所做的事情将会让她的孩子免于成为精神病，母亲的这个重大责任看起来一点也不过分。此外，在母亲有能力退行到原初母性贯注的自然状态时，这个责任将不会是一种超负荷的任务，它也是母亲自己的一种需求。

53. 关于在生命原初阶段时期父亲的贡献和这个问题的一些理论性解释，参见：本书第四章“担忧阶段”一节。
54. 参见：17 个月的 Sally 案例，温尼科特 , 1996c, p.207。
55. 温尼科特报告了一个史无前例的儿童个案，这个孩子给他的过渡性客体起的名字就是“家庭”，温尼科特记录了这个孩子很早就试图修复父母的失败，其父母未能为他提供一个有凝聚力的家庭的感受。30 年之后，这个个体仍然挣扎于他没有能力接受他与父母之间的疏远，以及最终家庭的瓦解（参见 1986d）。
56. 担忧阶段将会在第四章中描述。
57. 这个主题连同在俄狄浦斯情结中父亲位置的主题将会在第四章中阐述，并在担忧阶段和俄狄浦斯阶段中分别描述。
58. 这个概念很自然就有理论性影响，其中之一是自我结构化与驱力的盛衰有关。关于温尼科特对这个问题的评论，参见：温尼科特 , 1964b。
59. 参见：温尼科特 , 1989j。
60. 在“创造性及其起源”（Creativity and its origins，1971g）这篇文章中，温尼科特断言，精神分裂性人格和假自体型人格（“外向型人格”）“都会有一种感觉，即某些事情是错误的，以及在他们的人格中存在着一种解离现象，并且他们都想要得到帮助来达成统整体状态……”（1971g, p.90）。
61. 在精神病性障碍的理论背景中，温尼科特不是唯一拒绝人类因果关系观念的思想家。Tellenbach 是一位受现象学影响的精神病学家，他也指出了在严格意义上的因果关系与“有一个起源”理论之间的差异。在他对忧郁症（melancholy）的病因学的解释中，因果关系的原则已经被相关关系的原则所替代了。他诉诸类比法，为的是表达这种差异：Tellenbach 坚持认为，我们不能肯定“树木发芽是因为春天来临。”关于任何会自身繁荣的事物，我们一定会说：“树木发芽是恰逢春天，甚至树木冬眠是伴随着冬天到来，而动物则随着秋天来临而发情。”（Tellenbach, 1980, p.198）

62. 温尼科特说，孩子是一次小意外事件的结果，这是非常普遍的看法并且一定要被认为是常态。“过于强调孩子的孕育与任何有意识的愿望相关是感情用事的（sentimental）”（1987c, p.52）。

63. 我们也不能在形而上类型的哲学中发现对这个问题的支持性答案，在这类哲学的反思领域中，存在总是以其完全确定性的状态呈现。在这里，我们需要海德格尔的思想。就个体来说，根植于非存在（non-being）中的是一种本质的和不能超越的原初分裂（original split）。Juliano Pessanha 在他的一篇关于弗洛伊德和海德格尔暂时性（temporality）的文章中说道：“为了闯入这个世界，为了向‘存在的诱惑（temptation of existing）’屈服，个体将要落入的情境是每个人会被分配一个‘名字（name）’、‘现实’、‘持续时间（duration）’，等等。这种进入是一种切入，一种在我还没有到过的、在茫茫夜空中被流放的陌生感（das Unheimliche），与构造了自己和为自己命名的、如白昼般清楚的历史（da casa）之间的一种分裂”（Pessanha, 1992, p.82）。当获得了生命时，把持续性、一致性和意义赋予了它，那就是一种成就。这就是一种通过依附于这个世界的确定性（positivity），而去忘记无处不在的原始性空虚的运作过程。人类，“被丢进了这个世界的各种可能性之中，早已卷入了各种意义的构建之中，正在获得一种‘存在’和一个‘持续时间’。然而，这个持续时间总是不停地流逝，而且会被各种不可能性所标识。在持续时间之内坚持住，管照着这个世界大工厂维持运作，就是为了忘记结局，为了逃离，要转过身去而背对着这种伟大的流亡”（Pessanha, 1992, p.82）。

（赵丞智　翻译）

第三章

✻

原初阶段：绝对依赖

产前阶段：自发性与反应性[1]

在介绍了成熟过程理论的一些基本概念之后，我想要继续描述**生命的原初阶段**。本章将要描述生命最早时期的最原初几个阶段：子宫内的生活、出生、紧接着出生后的阶段，以及理论性首次喂养期。这几个生命最原始阶段涵盖了婴儿对母亲绝对依赖状态的整个时期。

成熟过程是从何时开始的呢？换句话说，在怀孕期进行到了哪个时点，我们就可以开始考虑，这个小生命已经是一个能拥有各种体验的人类了？根据温尼科特的观点，真正能把胎儿当成一个从心理学角度进行研究的人类的那个精确时点在哪里？对于这几个问题，我们既不可能找到答案，也没必要找到答案。他指出，如果非要说出一个确定的日期，很可能是从受孕的那个时候就开始了（1988, p.29）。

在受孕之后的某个时刻，会发生一个可以称为“首次觉醒（first awakening）”的事件，在这之后，就出现了“一种简单的存在状态，而且会出现一种对于**持续存在和连续存在于时间中**的破晓觉醒状态”（1988, p.135）。即使有可能，我们也很难直接观察到这个状态，因为“它属于婴儿，不属于任何观察者”（1988, p.127）[2]。在达成了存在状态之后，婴儿的需求就是能够**持续地存在**。婴儿所有的其他需求都起因于“婴儿

是/存在（is）了，且必须持续存在”的这种状态。贯穿于个体整个一生，直到死亡，这种存在的连续性会是生命中的基本问题，对于它的维持和保存几乎等同于健康[3]。

从怀孕期间的某个时刻起，小宝宝在子宫里开始了移动，而且极有可能是从这一时刻起开始有了感觉。临床证据允许我们做出这样的假设，即这种运动以及在子宫内生活所体验到的宁静对小宝宝都是有意义的，并且都会被小宝宝以某种方式记录下来。这种事情的发生也应归因于这样的事实：胎儿的大脑发育已经达到了一定的水平，能够让其保有身体记忆了。因此，有可能从这个时刻开始，小宝宝可以开始存储体验了，并且逐渐把这些体验聚集成一个核心组织，以至于让“**个人化**的身体记忆开始逐渐聚集以形成一个新的人类”（1988, p.21）。这就意味着婴儿从出生前的某一时刻开始，就不会错过和丢失人类所体验的任何事情了（1988, p.127）。

从个体成熟方面来看，即使在这个最初阶段，最基本的问题依然是**自发性与反应性之间对立的问题**，这也是贯穿我们一生的问题，而且这种对立性的呈现方式越来越复杂。在寻找合适的语言来描述这个原初时刻的时候，温尼科特使用了他的来访者曾经告诉他的一个类比[4]——婴儿或者胎儿像是一个气泡。当外部压力适应于内部压力的时候，这个气泡才能够继续“存在”。类比人类婴儿，我们可以说，他才可以“持续存在着”。反之，如果外部压力大于或小于内部压力，这个气泡就必须要对外部的入侵（或者叫侵入，impingement）做出反应：它会因为环境的变化而不得不产生一个自身改变的反应，而这种改变却并非源自婴儿自己的冲动或需求。对于人类来说，这种侵入意味着一种对**持续存在状态的打断**（an interruption of being），这种打断是由于个体**对环境侵入做出反应**（an reaction to intrusion）而导致的。当侵入消失的时候，反应也会跟着消失，而存在的连续性也能因此得以重建。

决定性的问题在于：导致接触的活动起始于哪里？接触活动是源

自婴儿的“生命活力”需求，还是一种针对环境改变的反应（这种反应会打断存在的连续性）？如果是前者，那么婴儿处于一种沉睡状态或者自然退缩状态，而母亲则会保护婴儿的这种孤立状态不受打扰，一直等到婴儿进行下一次对环境的探索活动。母亲能按照婴儿的需求，跟随着婴儿来来回回地从沉静状态到活动状态（或者从活动状态到沉静状态），这就会建立一种特定的关系模式。在这种模式中，婴儿的体验以及与这种体验相关的身体记忆都是**个人化**（personal）的。

如果是后者，那么婴儿活动的起源就来自环境。如果环境不断先于婴儿而行动，一种**侵入性**（intrusive）的关系模式就会形成。在子宫里面的时候，婴儿相对来讲被保护得更多一些，更能免于侵入性环境（例如一个不够稳定的母亲本身的情绪摆荡）的打扰。但是，即使子宫里的生活也不像我们通常想象的那样理想。越来越多的实践研究证明，胎儿能够感受到一些突如其来的变化，例如母亲心跳频率的突然加快、剧烈的运动，或者不合理、不规律的饮食等。温尼科特知道，如果母亲因为焦虑或抑郁而过于僵化、难以适应，那么婴儿在出生之前就会受到一定程度的影响（1988）。环境的侵入迫使婴儿要做出反应，在这种情况下，婴儿会过早地建立起一种警戒状态，这种状态与婴儿对事物的感知无关，而是一种对潜在侵入性危险的警觉（1974）。自发性与反应性的对立向我们展示了这样的过程，那就是“环境的影响开始于生命很早的时期，它决定了个体在寻求‘生命值得活’的确证时，是会选择去体验，还是会选择从世界中退缩。”（1988, p.128）

所有这些过程都会在婴儿出生之后变得更加明显，因为这时候婴儿必须要更直接地应对母亲的存在模式和情绪状态。如果母亲倾向于以自己的需要或焦虑来行动，而不是以婴儿不断变化的需求为出发点，那么侵入就会发生，婴儿就会因此开始做出“反应”。这种针对侵入而做出反应的过程，便打断了婴儿**存在的连续性**（continuity of being），因为这个反应过程与个体发展的重要进程毫不相关：“被打扰而不得不被迫做出反应的婴儿，也是被打扰而不能继续待在‘存在’状态里的婴儿。这种持续地‘存在’状态需要一定的条件才能获得。**当婴儿处在‘反应（reacting）’状态的时候，他就不‘存在’了。**”（1958f, p.185）

如果这种接触（连接）基于婴儿自发性姿态，那么婴儿就会感觉到他的存在以及体验都是真实的，而这种真实的个人体验不断积累，就会逐渐整合成为他的“人格（personality）”；反之，“对侵入做出反应”的过程会扣除婴儿许多“真切活着（true living）”的感受，为了能够重新恢复这种真切的感受，婴儿必须要再次回到孤立和沉静的状态。

出生的体验

无论“首次觉醒”是何时发生的，最重要的是在出生前的某个时刻，“伟大的觉醒（great awakening）”就已经发生了。而在这个时候，“婴儿就会有某种预感——马上就要面临高空速降了（意指出生及重力感）”（1968d, p.91）。这种伟大的觉醒所产生的效力，能够在早产儿和迟产儿的身上观察到。前者还没有准备好应对子宫外的生活；后者会呈现出一种“挫折的状态（state of frustration）”，因为婴儿在做好准备的条件下反而被扣留了太长的时间[5]。

其实生产过程本身并不是创伤性的，只有在生产过程出现问题的时候才会形成创伤[6]。如果胎儿能够应对在生产过程中不可避免的侵入所带来的反应，我们就认为这个过程是正常的。即使所有事情的进展都顺利，生产过程也肯定会带来一种不连续性，但是新生婴儿是可以容忍的，因为他在子宫内时已经有过几次连续性被打断的体验，同样因为他不只积累了身体记忆，还组织起了防御来对付可能发生的创伤。

定义正常出生的标准就是能够在正确的时间出生，也就是“足月生产”，即要在子宫里生活够九个月。这个时间是生理和心理出生的最佳时期。对于正常生产来说，婴儿的生理发展恰好配合着婴儿“准备好要抛弃子宫”的状态。这样婴儿就会感到整个生产过程是自然发生的，是来自他自己的冲动和需求。但即使是这样，如果在生产过程中所出现的问题导致了生产的**提前或延后**，那么生产仍有可能是创伤性的。这属于“**临时性**”状况导致不正常生产的现象[7]。这种类型的困难和意外是会发生的，它们造成的创伤的严重程度取决于婴儿容忍侵入的能力，但它们不一定是决定性的因素，除非发生了身体的损害。抛开身体损伤所带来的心理影响，我们会发现，足月生产的婴儿的需求与那些提前或延后出生的婴儿的需求是不同的。恰恰在这种情况下，一个能够“适应婴儿的需求”的**足够好的母亲**才体现出她的重要性来，这时候婴儿需要母亲理解他的独特需求并且适应这种需求。

当一切都进展顺利的时候，出生的经历会构成很有价值的体验。证据就是，几乎所有的孩子和部分成年人都会发明出一些与出生有关的游戏和活动，并且从中获得极大的乐趣。这也就是为什么如果一个婴儿是剖腹产，或者出生过程中处于麻醉状态（因为母亲被麻醉），那么他的生命中就会丧失一些十分重要的东西。因为从婴儿的角度来看，在正常的生产过程中，“是婴儿的冲动和需求才让其改变体位，通常先是头部开始自发性移动，然后整个身体会朝向一个未知的、新的位置”（1988, p.144）。因此，对于婴儿来说，出生是他自己的冲动所导致的，他是首先让这一切发生的人。

同时，我们也不用过高地评价这个出生经历。它只是帮助个体建立可靠性、稳定性和安全感等一系列因素的其中之一而已。如果出生过程顺利，这种出生经历基本上不会在日后的分析过程中出现。只有在出生过程的杂乱超出了婴儿的忍受程度，或者说当难以承受的侵入发生，并导致婴儿被迫做出反应的时候，它才会变成一种创伤性经历。与此同时，正常的发展过程就会发生一些扭曲，婴儿会被迫过早地启动一些心理功能。当上述这些事情发生的时候，这类经历就可能在日后的分析中重现几次，特别是在对精神来访者的分析过程中。[8]

子宫外生活的开始时刻

不是说婴儿一出生就需要喂养，或者也不是说婴儿一出生就准备好了去寻找喂养。刚出生的新生婴儿首先需要一段时间来恢复因出生而被打断了的存在连续性。这通常会导致他进入一种沉静状态。至关重要的是，他还需要母亲跟他建立连接。除此之外，大脑的发展，加上“首次觉醒”以及出生的体验，都让婴儿开始不停地应对新发生的情况。同时，原初心智（primitive mind）也在不停地编录着各种印象，以及那些对新环境中出现的不可避免的侵入所产生的细小反应。

一般来说，新出生的婴儿对于所有的感受都非常敏感，比如触碰、温度、光线、材质等。但是最值得一提的是，他要开始应对两件新事情：呼吸的开始和最初感受到重力的作用。我们通常会假设，最初的呼吸经历本身就是创伤性的。但是，在温尼科特看来，形成创伤的并不是要开始呼吸，而是呼吸的开始显著延迟，这与生产过程的拖延有关。通常情况下，婴儿只要适时地开始呼吸都不会遇到太大的困难，而这个呼吸过程本身也不那么重要（或者不具有创伤性），无非就是让婴儿开始有了这样的一种感觉：一些东西进入又离开了身体。我们认为，在此后的发展阶段中，与呼吸有关的一些困难（例如哮喘），是跟上面描述的最初呼吸体验相关的，因为这些最初呼吸体验塑造了一种“进入和离开”（身体）的原型。对于一个经历过这种过量侵入的婴儿来说，“呼吸所涉及的一进一出的过程是难以忍受的”，因为呼吸所带来的“难以忍受的真实感”，代表了婴儿处于一种毫无防御的状态，以及根本无法控制任何东西进出自己的一种痛苦状态（1988）。除了呼吸之处，对于婴儿来讲还有一个事实是新出现的，那就是重力的作用，而这在子宫内生活里是没有的。此前婴儿习惯了被来自四面八方的羊水包围着，而从出生之后，婴儿会有一种需要被“从下面托起的感觉”。因此，这里就产生了一个变化，由“被从四面八方全方位所爱，变成了只被从下面向上托扶所爱”（1988, p.130）[9]。这也就是为什么在母性照护过程中，身体性“抱持”指的不光是环抱住婴儿，它也意味着从各个方向把婴儿包裹住，需要从下面（屁股那里）把婴儿向上托持起来。

新生儿出生之后要恢复存在的连续性，就要求能够与出生前的某些特定情况进行重新连接；在子宫里的生活中，婴儿习惯了感受到母亲的呼吸、腹部运动、身体噪音，或者母亲身体压力有节奏的变化，所以出生后的婴儿很需要重新建立与母亲生理功能上的连接。所有这些体验都让婴儿发起与母亲的交流，同时也在促进婴儿构建时间感，这种时间感必定具有原始性、主观性和无序性。温尼科特说，这些都是十分细微的体验，只有与人类发生了连接之后才能提供这些体验。

一个从一开始就能够认同婴儿的母亲要等到婴儿准备好了时，才会提供和进行这种人类的连接。只有以这种方式，母亲所提供的连接才不会被婴儿感受成一种侵入，因为只有在这个时机，婴儿才能够再次开始获得驱力，甚至能够主动寻求喂养。如果母亲对于承担供养者的责任过于焦虑，她就没办法允许婴儿用嘴巴或小手去探索乳房，或者用牙龈含住乳头。每个婴儿都有自己寻找乳房的独特方式，而母亲也都知道，要想理解孩子是需要时间的。母亲需要的是一个时机，能够让她找到自己的方式来与孩子产生关联（1988, p.105）。正是这个看起来简单，但实际上却涉及很复杂问题的过程，才定义了婴儿对义不容辞的母亲的绝对依赖的性质。

理论性首次喂养阶段：基本任务

为了避免大家产生这样的想法，即首次具体的喂养就是意义重大的养育开始时刻，温尼科特使用了“理论性首次喂养（theoretical first feed）”这种表达方式，来指代生命最初一系列实际的喂养体验。这个阶段大概涉及婴儿出生后头三四个月的生命阶段。就像这个表达所显示的那样，乳房喂养活动是这个阶段的核心，但这里说的“喂养”作为核心，并不意味着满足饥饿感就符合于喂养的本质意义，同时也不意味着要从力比多连接的角度，把口欲的表达作为被观察的主要方面。由于我们所强调的重点在于个人化的成熟过程，而不在于性功能的发展，所以我们的议题也不是关于最初性快感区的结构形成和冲动表现的性质。我们的议题是个体刚开始与现实接触，以及刚开始构成自体并会逐渐整合为一个统合体的成熟过程。本能和性欲属于并“参与”了一部分成熟过程，但却并不组成主要的成熟过程本身。考虑到这样的事实，即传统精神分析几乎把重点完全放在了对本能需求（自我和本我）的处理上，而忽视了在个人意义上的成熟性需求，温尼科特肯定地说：

> 我们更关心环境性供养，因为它让其他的一切成为可能；也就是说，我们更加关心当下母亲对婴儿的**抱持**，而不仅仅是母亲**喂养**婴儿。（1965k）

在温尼科特的理论中，乳房喂养是婴儿享有特权的一个阶段。在乳房喂养期间，当一切进展顺利的时候，婴儿**关联到外部现实的起点就建立了**，母亲就是这个外部现实的第一个代表。在这里，最重要的是人类接触（连接）的质量，也就是母亲**通过哺乳行为**提供给婴儿的现实性体验，包括：遇到一些他还不知道的东西——这个东西就是客体——并且开始与母亲发起一种非常特别的沟通，这种沟通不可以言表也无法再用语言复述，还有就是相互（亲密）关系的开始。这也就是为什么：

> 当母亲与婴儿在哺乳情形下相互达成了一种妥协时，也就开启了一种人类关系。这便设定了婴儿与客体，以及与世界发生关联能力的一种基本模式。（1968f, p.64）

因此，母亲是婴儿的第一个“客体”，但这须有一个附带条件：就当前语境而言，“客体”这个术语，以及“客体－关联”这种表达都有一个非常特殊的条件。就意义而言，它们不能从传统精神分析理论或常识的意义上来理解，因为后者也假设了一个前提条件，即认为婴儿从一开始就具备了一种可以知觉到自己外部世界的能力。而在温尼科特看来，此时婴儿还没有发展出这种知觉能力[10]。

在理论性首次喂养阶段，婴儿涉及三方面的任务：

1. 从未整合状态开始，携带着整合性体验进入时间－空间的发展中，也就是婴儿的时间化和空间化（**整合**）；

2. 精神在身体中逐渐安住（**个人化**）；

3. 客体关系（联）的开始，之后在发展完好的情况下，个体能够识别和创造出一个独立存在的外部世界和完整的客体（**实现或拥有了现实**），“即让婴儿的创造能力成真了。”（1965s, p.19）

对于这些基本任务，温尼科特无数次在他的著作里提到，提及它们时的顺序也有所不同。在《人性》一书中他指出，没有特定的事件能够决定这些任务的顺序。然而，在1962年的文章“儿童发展过程中的自我整合”（Ego integration in child development）中（此文章介绍了个人发展的核心理论），他最先指出个体成熟过程的主要倾向就是时间和空间的整合；紧接着，他提出了精神在身体中安住；最后提出了与现实接触的开始。在“崩溃的恐惧”（Fear of breakdown，1974）一文中，温尼科特也用同样的顺序来描述这些任务进程：“在这样的促进性环境之下，个体会经历如下的发展，那就是**整合**（integration），然后是加诸其上的精神**安住**（indwelling）（或叫**精神－躯体性统合**），再然后是**客体－关联**（object-relating）”（1974, p.89）。这个顺序将是本书优先考虑的顺序。

这三项基本任务是相互依存的，没有哪个任务能够脱离其他两个而独立达成。我们之所以对它们进行区分，其目的在于能够更清楚地看到每个任务成就的独特性。当一切进展顺利的时候，婴儿几乎是同时面临这些任务的。为了开始发展现实感和容纳现实世界——当然这在最初完全是主观性的——婴儿就必须要逐渐整合时间和空间。而空间化的起始也伴随着精神在身体中安住的渐进过程，让（由母亲的臂弯抱持着的）身体成为婴儿的第一个家。当精神安住在身体中之后，婴儿才能够开始占据空间让他的存在变得具体，才能去建立距离及亲近的感受和概念，以及去体验所有那些存在和消亡之物的暂时性。时间和空间都不是我们发现的客体，但它们却是我们有可能发现任何客体的条件，当然其前提是：时间和空间必须衔接在一起，并且构建了整个世界。这三种基本成就构成了存在的基石，并且由于天生的发展倾向，让个体朝着统整自体（unitary self）进行整合。

由于自我功能的运作，这些任务得以完成，各种成就被彼此组织了起来，而另一项任务也随之被开启了：**作为身份的自体构成**（the constitution of the self as identity）。这个任务直到20世纪60年代中期才像前三项任务那样被提及。温尼科特在1966年完成关于主观性客体的理论论述时，才明确提出了原始性认同（primary identification）的概念：在母乳喂养的兴奋性体验中，婴儿**变成了客体**，第一次拥有了身份性体验。[11]

所有这些任务都是基础性任务，它们都表达了婴儿的基本需求，而这些任务的完成都源自与生俱来的对持续存在的原始性需求。在这个原初阶段，这些任务的完成要达到该阶段所要求的程度；而人格和精神健康基础的建立就取决于这些任务达成的程度。但是，它们作为任务的这个性质却**永远不会完全消退**，只会在随后的发展阶段中加入了更多的复杂性。

为了让婴儿的这些基本任务能够达成，能够成为成熟的成就，婴儿需要我们提供特定的母性照护：时间和空间**整合**需要有相应的**抱持**；精神安住于身体要由**处理**（handling）来促进，处理是与身体照护有关的一种更加具体的抱持；与客体的连接要有**客体－呈现**（object-presenting）作为条件。同时，随着母亲以一种专门的方式促进婴儿的每个任务的达成，这一系列由母亲所行使的照护活动，也就构成了婴儿的**全部环境**（total environment），而这个完整照护存在的模式为婴儿塑造了一个**世界**。婴儿所栖息的第一个世界必定是一个**主观性世界**（subjective world），而这个主观性世界的关键特征就是它的可靠性。环境的可靠性尤其指的是它的可预测性：母亲阻止那些令婴儿感到惊吓的出乎意料事件的出现，从而保护了婴儿的持续存在；但是，婴儿一直处于一种不断变化的需求当中，他时而安宁，时而兴奋，但可靠的母亲能够始终如一地维持她自己和整个环境的连续性。这样，随着时间的推移，婴儿就会逐渐被**时间化**（temporalized），就能够通过这种重复的体验去识别事物、预测事件。

在这里，我要强调温尼科特对于世界和客体的区分。婴儿栖息的世界是一回事，而他在这个世界里遇见（或者创造出）的客体却是另一回事。**为了能够遇见一个客体，必须要先有一个世界或一个能找到客体的环境存在**。尤其值得重视的是，母亲不仅仅是一个能被婴儿发现的客体（客体－母亲），同时最初还是这件事情发生的环境（环境－母亲），正是在这个环境中，婴儿与客体相遇了。由于母亲维持着环境的连续性、规律性、简单重复性和可预测性，同时由于她允许婴儿自行创造他所遇见的客体，她就为婴儿提供了一种**全能的幻象**（illusion of omnipotence），而这是婴儿能够产生**信赖**（believing in）的基础。这种信赖指的并不是相信这个或那个，而是一种“信任”的能力。温尼科特说：“我坚持使用这种其貌不扬的、不完整的短语：‘对……信赖’（belief in）”（1936d, p.94）。如果把这句话补充完整，那么它指的就是能够相信这个世界是能被自己发现的并且是可靠的，而且在某个地方出现的某件事是有意义的，或者相信一定存在着能懂自己需求的某个人，并且这个人能对自己的需求做出响应。为了让婴儿能够建立这种“信任”能力，提供给婴儿最重要的环境照护就是：让婴儿“在自己的主观性世界中生活足够长的时间，而不被外部的现实世界所侵入”（1989n, p.286）。最初形成的世界就是**主观性世界**，它是由全部母性供养所创造出来的一种可靠的氛围。

原初创造性

为了能够完成生命最初阶段的任务，婴儿需要依靠自己内在朝向成熟的倾向性和原初创造性。然而，婴儿无法闭门造车，仅仅使用他自身的资源不能创造出一个世界；婴儿还需要环境为他提供足够好的照护，来让他实现自己的创造潜能，让这种潜能变成现实。创造性是有限的，而且必须不断地得到练习才能保有活力。

在精神分析领域中，温尼科特的原初创造性概念是史无前例的发现。传统精神分析观点认为，人的精神结构从一开始就由投射和内摄[12]的心理机制构成，人类的创造性是冲动升华的产物，而温尼科特彻底改变了这个观点，他提出了原初精神创造性的概念，认为它从生命最开始就被内置，并出现于人性当中：“至少从出生或理论性首次喂养期一开始，每一个个体都在重新创造着世界”（1988, p.110）。温尼科特还说，是婴儿自己“创造了乳房、母亲和世界”（1989e, p.457）。原初创造性与自发性密切相关，与反应性恰好相对立。原初创造性参与到了统整自体的构造过程中，因为“只有处于创造性之中，个体才能发现其自体”（1971k, p.73）。

不管是在生命的最初时刻，还是在之后的任何阶段，个体的创造性都不是指制造一件物品或艺术品，而是指个体如何与符合当下成熟过程特征的现实感产生关联；随着时间的推移，个体还会发展出在不同现实感之间进行转换，同时还不丧失与个人的、想象的世界连接的能力。毕其一生，健康的个体只要是在发展，就会不断地以更复杂的方式来操练自己的创造性。但是，所有创造性生活的构建都一定基于**原初创造性**，因此创造性“是保留终生的，准确地说，它得于婴儿期的体验，是一种创造世界的能力”（1986h, p.40）。

正如人类的其他潜能一样，原初创造性从生命一开始就需要被不断地实践；否则，它就会凋零和枯萎，而个体也将无法给世界赋予个人化的意义。为了让婴儿能够有机会练习这种原初创造性，客体要以如下的方式呈现给婴儿：即在婴儿和这些客体建立联系的时候仍然能够保有全能的幻象，换句话说，婴儿并没有意识到有别人的帮助，似乎就是他自己创造出了他所需要的客体一样。现在我们来看一看，这一切是如何发生的。

在理论性首次喂养阶段，由于拥有着原初创造性，再加上环境提供的必要照护，婴儿已经具有了“做出个人贡献的能力”（1988, p.110）。在本能张力的支持下（此时婴儿还不知道这种张力来自他自己），婴儿会用手或嘴巴向着一个“所谓”的客体方向进行探索（因为此时婴儿还不知道外界有任何物体的存在）。这是一个“自发性的姿态”，因为它源自与婴儿活力相关的一种“个人的”需求。温尼科特说，在这个时间点上，**“婴儿已经为自己的创造活动做好了准备”**。他的自发性姿态就在宣布：**我需要……我正在找寻着什么……**而在此刻，具有促进性的母亲就会把乳房放在一个能被婴儿找到的位置，或者把婴儿翻一个身，或者给婴儿提供一些让他更舒服的东西。然后，婴儿就出现了这样的感觉：这就是我需要的。这样，婴儿就能够自己完成上面“**我需要……**”的句子为：**“我需要翻个身，我需要一个乳房，我需要一个乳头，等等”**（1968d, p.100）。

当母亲适应性地响应婴儿的自发性姿态时，婴儿就会感觉到乳头和乳汁好像是他自己的姿态所造成的结果：**他体验到是自己创造出了所遇见的事物**。母亲清楚地知道，婴儿所创造的东西其实是在她的帮助下被婴儿发现的东西，但是她却不得不遵守这样的承诺，即不去戳穿到底是婴儿“**创造的**”还是“**发现的**”。温尼科特说，这种人生悖论是与生俱来的，但个体没有必要去解决这种人生悖论，而是要去维持和容忍它们。通过绝对适应自己的婴儿，母亲完成了可能最重要的一项任务，即帮助婴儿拥有了这样的全能幻象：是婴儿自己创造出了他所需要的世界。这是一个必要的幻象，因为“每个孩子都应该有能力创造世界（母亲的适应性技能让这种幻象成为一种现实），否则，这个世界将毫无意义”（1984b, p.111）。

就像传统精神分析理论认为的那样，我们也可以认为那是婴儿“幻觉（hallucination）”出来的客体；然而，在生命的这个原初时刻这种观点是不能被确认的，因为只有经过反复地体验，并储存了足够的记忆材料之后，婴儿才能用这些材料产生幻觉，这一定是生命发展了一段时间之后的事情了。换句话说，这时候的创造性已经被从既往经验中得来的各种细节而丰富和充实了。但是，在生命的最初阶段，**婴儿的条件只有一个，那就是创造出客体**。而创造的动机只能是“个人的需求”（1988, p.102）。

对于一个从未接受过喂养的婴儿来说，当饥饿来袭时，即使他“准备好了要去构想”（1947b, p.90），也不知道该期盼些什么的，因为他没有任何既往的经验可以参考。如果在这个时刻，母亲把乳房放在婴儿能够探索到的地方，并且给婴儿以充足的时间用嘴巴、手或鼻子去探索，那么“婴儿就‘创造出’了那个原本就在那里等待被他发现的客体”（1947b, p.90）。随着这种体验的不断重复，婴儿就形成了“这样一种幻象，即这个实际的乳房恰恰就是由自己的需求、贪欲和原始爱欲冲动所创造出来的东西”（1947b, p.90）。由于体验的每个部分都会储存在我们的记忆当中，所以随着时间的推移“婴儿也能够创造出像母亲乳房那样的能供他使用的某些别的东西”（1947b, p.90）。在断奶之前的成千上万次类似情形下，母亲不断地为婴儿提供这种奇特的体验，把外部现实介绍给婴儿。由于乳房就在那里供婴儿创造（发现），婴儿就会不断地体验到是他自己创造出了所需求之物。久而久之，婴儿会建立这样一种希望乃至信念："内部现实与外部现实之间，内在原初创造性与整个世界之间，存在着很鲜活的关系"（1947b, p.90）。

为婴儿提供这种"创造所遇见之物（create what he encounters）"机会的，是一种极其微妙的照护行动，它并不包含在母亲的某个特定"行动"之中，而是在于母亲"如何"向婴儿呈现反映这个世界的小样本，而这个小样本恰好是婴儿在全能领域中"倾向于"去体验的。[13]在构成建立起客体关系的能力方面，婴儿完全有赖于这个世界的每一个片段是**如何**呈现的。正是这些照护的"存在模式（modes of being）"，即母亲在构建这个被（婴儿）创造出的世界时用到的全部照护，将会以特定的模式或促进或阻碍婴儿存在的倾向并逐渐整合成为一个统一体。首先，世界要以一个小剂量的样本形式呈现给婴儿，要以一种婴儿能够理解的方式呈现，这样世界才能有意义。换句话说，呈现剂量绝不能大到惊吓婴儿的程度。同时，也必须要避免碰巧同时发生一些超出婴儿承受能力的事件：比如，当婴儿患了水痘或者耳朵疼痛的时候，就不要再把他移动到另一个房间，这是为了不让他所遭受的折磨超出其有限的理解能力。另外，如果他退缩到了一种孤立或沉寂状态，母亲也要能理解**他需要独处而不要被发现**；在这个时候，如果你跟他互动了，就会把外部的需求强加给他，这样就会打断他在这个时刻的存在连续性。这是因为在婴儿的创造力缺席时，母亲所引入的外部世界样本无论大小都会失去意义。反之，如果婴儿做出了一个姿态，而此刻母亲是缺席的，是心不在焉的，自我沉醉于自己的事情，那么婴儿的这个自发性姿态就会"失速停转在太空里（stall in space）"，一直在等待着无法到来之物。[14]由于此时婴儿尚未出现任何欲望，欲望是在统整自体形成之后才会出现的一种高度复杂的感受，因此当上述任何一种情况发生时，婴儿所遭受到的不是挫折，而是持续存在感的崩溃（breakdown in the continuity of being）。如果这是婴儿所处环境态度的一种模式，那么湮灭（annihilation）就可能会发生。

包含在全能幻象中的悖论基于这样的事实，即婴儿所创造的东西实际上是被他发现的（从旁观者的角度看）。换句话说，在婴儿创造出来之前，那个东西就已经在那里了。然而，**婴儿所创造的东西又不完全是母亲所提供的**。同样地，**在现实中我们永远找不到与想象中完全一致的事物**。这种不一致性将永无解决之道，它是人类本性中一种固有的悖论，而我们不得不终生面对和处理这个问题。[15]然而，在生命最初的时刻，婴儿对此却一无所知。如果母亲能允许婴儿建立这样的幻象，不但对婴儿的精神健康极为重要，而且对其人格丰富性也有着决定性的影响。启动婴儿的幻象能力，是足够好的母亲的核心任务。足够好的母亲需要做的是允许并保持婴儿在他的主观性世界中，在这个由全能幻象所主导的世界中停留足够长的时间。她保护着他的存在连续性，阻止那些意料之外的现实事件突然出现（从旁观者角度来看就是外部事件）及对婴儿造成冲击，因为婴儿在生命的原初时刻，尚无法理解这些出乎意料的突发事件。在整个成熟过程中，在他自己的时间长河里，婴儿必须要创造出一个具有外部属性的世界，并且在不威胁个性化自体的前提下，与这个外部现实世界产生关联；然而，这种能力依赖于在早年的养育过程中最初被照护时的方式——当外部世界开始呈现在他面前的时候，没有造成他主观世界的现实性的丧失。

> 对于一个幸运的婴儿来说，世界开始是以这样的方式出现的。首先接合到了他（她）的想象（imagination）之中，因此，世界被编织进了婴儿的想象的结构之中，而婴儿的内在生活（命）也会因为他对这个外部世界的感知而变得丰富起来。（1949a）

兴奋状态和沉静状态

在检视每一项基本任务之前，我们首先要区分婴儿的两个永恒交替的状态：兴奋和沉静。这两种状态以及它们之间微妙的转换，是每个个体需要为之付出一生努力所达成的任务；日后婴儿如何完成这项任务，取决于在其生命早年母亲是如何帮助的。婴儿在这点上的需求，可以参考我们此前已经提到的那个气泡（bubble）的比喻以及有关自发性与反应性之间的对比。沉静状态很显然是为整合时间和空间，同时也为精神安住于身体提供了时机，而兴奋状态更加直接地关系到婴儿与现实建立连接的启动和开始（当吸吮和抓握客体的时候），同时兴奋状态也是更加直接观察攻击性起源的绝好时刻。

兴奋状态

婴儿兴奋状态的出现可以用以下描述来形容：当他（她）处于沉静状态的时候，不管是处于睡眠还是仅仅在休息，一种驱力就会浮现出来，它几乎总是出现在本能浪潮的顶峰。这时候，张力就会形成，并迅速发展出急迫性，而运动性驱力（motor drive）就"搭上了张力的便车"。此时，婴儿被一种不明确的期待所填充，因为他对于自己的需求和期待一无所知；事实上，婴儿不知道他自己客体的存在——不管是外部客体还是内部客体。我们可以从婴儿的自发性姿态明确地观察到他的这种期待，那就是：婴儿要向外探求，"想要在某个地方发现些什么"（1988, p.100）。

将婴儿导向兴奋状态的驱力有两个来源：本能性和运动性。不管是本能性驱力还是运动性驱力，它们都是婴儿"活力（aliveness）"的展现。本能这个领域的重要性在于包含了性欲，而性欲是个体成熟过程中的一个重要的发展部分。生命一开始的本能冲动中有着性欲的根源，同时还固有着一种摧毁性，它也是攻击的根源之一。攻击的另一个根源可以在运动性里面找到。尽管这两种驱力（本能性驱力和运动性驱力）有其各自的特点，我们还是认为，在健康状态下它们会融合为一种整体的体验，并且随着时间的推移逐渐趋于整合。

我们应该首先检视一下驱力的本能性根源，以及由此产生的兴奋状态。然而重要的是，我们首先要澄清一下温尼科特的“本能性(instinctuality)”指是什么，以及他如何看待最原始阶段的本能性。

温尼科特使用的术语“本能的(instinctual)”，指的是局部的和普遍的兴奋（excitation)。在他看来，这种本能属于动物生命的一部分。本能是“有力的生物学驱力，它在婴儿或儿童的生命中**来了又去、去了又来**，并且**要求行动**”（1988, p.39)。我强调三个方面的内容。第一，由于本能是**来来去去**的，所以不能也并不构成婴儿、儿童或成年的个体生命。当他们回归心神安宁的沉静状态时，本能也会休息，但是**存在的连续性**（continuity of being)还在继续。第二，考虑到严格的生物学因素，本能在人类身上的作用方式与动物没有什么不同。普遍意义上来讲，本能兴奋会让婴儿、成人或者任何其他动物产生期待，期待被满足；一种驱力就由此而产生了，其目的是为了行动并实现一段时间的高峰(climax)体验，以及后－高峰（post-climax)体验。而人类和动物最根本的区别在于人类所有身体功能，包括与本能相关的身体功能，都要经过一个想象性精细加工(imaginative elaboration)的过程，而个体所**关联**的身体**是那个经过想象性精细加工的身体**。正是由于这个原因，当我们说**本能兴奋**的时候，非常有必要做一个区分，我们是在谈身体本身还是在谈个体拥有的对身体的想法和感受。从这个角度来看，各种本能需求之间也没有什么太大的差别。我们也没有什么理由非要把本能分类，或者确定到底人类是有一个本能还是多个本能。第三，本能的特性是**需求行动**（the demand for action)。在温尼科特看来，即使是讨论纯生物学驱力，议题的核心也是一个个体，而不是一种推动力(pulsion)，而且由于在不同的成熟阶段本能体验的意义也不同，我们必须考虑到婴儿的不成熟性：他对于折磨着自己的需求一无所知，也不知道做什么能够抚慰自己；他甚至不知道有客体的存在，更不知道是否某个客体能够满足他的需求。能够使用客体是一种发展成就，是需要走过很长的一段路才能达成的成就。从这个角度来看，生物学驱力所要求进行的这个行动，在最开始仅仅是一个自发性姿态，它并没有明确的目标，也没有特定的客体指向。也正是因为这个原因，温尼科特在谈原初阶段的“**本能性**（instinctuality）”时真正想谈的不是“**本能**（instincts）”，而是“**张力**或**本能的兴奋**（tensions or instinctual excitations）”。他把“本能”或者“本能生命（instinctual life）”这样的术语暂时保留了下来，认为只有个体整合了“本能性”，并且给它赋予了与个体本身相关的意义，才可以使用这两个术语。而此时，“本能性”已经作为一种个人体验而活着了（具有了生命力），它也会带来各种各样的结果，这种成就只有在担忧阶段（stage of concern）才能达成。而到那时，婴儿也能对客体**做些什么**，而这只是一种试图解决其本能急迫性的尝试。

然而，在生命最初的时候，婴儿还是一种不成熟的、未被整合的存在，他还没有安居在身体之中，也并不知道本能张力与他自己相关。所有这些对他而言都是“外部的”，就如这个世界是外部的一样，包括他身体的解剖学部位和其他的生物学功能都是如此。事实上，它们可能连“外部的”都算不上，因为这时候婴儿还没有内部和外部这样的概念。但这并不意味着本能张力可以简化为单纯的身体感觉层面。尽管事实上婴儿还没有成熟到能够赋予它们完整的意义，或者能够理解它们属于自己本能冲动的一部分，但是它们还是被赋予了意义，因为它们始终都在被精神（psyche）想象性精细加工（elaborated imaginatively）着。当婴儿感到饥饿的时候，他就像是被什么东西打击、侵入和威胁着一样——处于饥饿当中“就像是被狼群困住了一样”（1949d, p.81）——但是婴儿不知道这种心神不安来自哪里，也不知道如何区分来自饥饿的不安和其他方面的不安，比如一声惊雷、“啪”的关门声，或者突然下降的室温所带来的不安，等等。

如果母亲能够认同婴儿，并且及时地做出响应，那么她能够帮助婴儿所避免的还不是一种挫折，而是**存在持续性被打断**（interruption of continuity of being）。因为“本能的需求是凶猛的、吓人的，而且在生命的一开始就会让婴儿感觉到自己的存在受到了威胁”。当整个环境提供了完整的体验（包括互动关系和沟通），而且母亲能够提供自我支持（ego support）的时候，所有本能张力所经过的轨迹都会变成一种能够加强自我的体验，并促进儿童的精神－躯体性聚合。如果没有这种支持，本能张力就不会被逐渐地整合和个性化，相反仍然会像是一种外来异物，被婴儿感觉成一种侵入，甚至是一种迫害，从而埋下了偏执狂的隐患和倾向（establishing a paranoid disposition）。[16]

随着整合过程变得稳定而持续，婴儿越来越有能力确认本能驱力是他鲜活自体的一部分，而不是来自环境。当发展进行到这一步的时候，本能的满足（instinctual satisfaction）就会变成很重要的、能够巩固自体的元素。在达成了统一体身份认同的时候，同样地儿童也就能够感觉到本能是属于他自己的一部分；那个时候，他会对于本能的表现和本能在他或母亲身上所产生的效力感到十分惊奇和在意。然而在此刻，婴儿对于这些仍然一无所知。

我们在婴儿身上能找到各种各样的兴奋，不论是局部的兴奋还是普遍的兴奋。当出现普遍性兴奋时，要么这种体验能够促进整合过程，要么本身就是成熟发展过程中更高级整合所带来的结果。当出现局部兴奋的时候，我们必须要考虑到兴奋的这部分身体功能，因为此时兴奋的身体功能是想象性精细加工的对象。从身体功能以及对此功能的想象性精细加工的角度来看，在不同的本能发展阶段中（前生殖器期、性蕾期与生殖器期）存在着不同的起主导作用的兴奋结构。兴奋的发生常常与当下占主导地位的本能有关。在温尼科特看来，在原初阶段明显出现的前性器兴奋部位就是口欲区域。尽管有些人可能在婴儿身上观察到了局部的生殖器兴奋，但这些兴奋与口欲兴奋没有什么差异，因为在此阶段婴儿既没有明确的身体生殖功能，也没有典型的生殖器幻想。这就意味着，在这个阶段做两性区分是人为且强制性的。只有在弗洛伊德所命名的性蕾期（phallic phase）的性欲发展阶段，男女两性的差异才会变得重要。温尼科特在对性欲发展的重新描述中，把这个性欲发展阶段作为成熟过程的一个部分来进行考虑，他认为此阶段是成熟过程中的口欲阶段之后最重要的一个阶段，事实上它出现于成熟过程中的担忧阶段[17]。

在生命的最初阶段，本能的兴奋会让儿童准备经历高峰（climax），这是为了满足本能张力的需求，尤其当这种需求达到顶峰的时候：

> 如果婴儿在需求的高峰得到了满足，就会回报以快乐，并暂时从本能中获得解脱。不完全或时机不恰当的满足，会导致不完全的解脱、不舒服的感受，也缺失了两次需求浪潮之间的那段宝贵的休息时间。（1988, p.39）

以上引文显示了温尼科特从满足中区分出了快乐。在本能急迫性的驱动下，个体所寻求的是对这种急迫性的满足；但是只有当这种满足发生在需求的高峰时，即母亲与婴儿非常好地同调一致时，“快乐的回报”才得以发生。然而，就婴儿持续存在（going on being）的需求来看，满足并不局限于缓解本能张力，更重要的是要求获得一种总体体验，这种总体体验包括：被很好地抱持，被母亲看见，与母亲进行沟通，创造出他所遇见的客体，以及在本能体验中充分实践自己的运动性。之前的引文中还列出了婴儿能够进入休息状态的两个先决条件，这种休息状态是非常必要的：第一个先决条件是，婴儿在沉静状态时必须拥有好的体验（下文会说到），以至于他（她）不会因为缺少了兴奋而感到惊恐或被打扰。[18]第二个先决条件是，本能满足必须能形成更加宽泛体验的一部分，而更加宽泛的体验还包括沟通和交互性。

所有这些都会引导我们去探讨这样一个主题：**足够好的母亲的适应能力**。在精神分析历史初期，温尼科特指出母性适应仅仅意味着满足婴儿的本能需求，并没有考虑整体背景的安全感和可靠性体验，而恰是在这个背景里和体验中，本能驱力才“**不管是被满足还是被挫折，都变成了个体经验的一部分**”（1965d, p.241）。在温尼科特看来，婴儿这种本能体验的真实性比它所导致的快乐和不快乐，显然更加具有普遍的重要性。首先，必须要保证特定的条件，体验才能变得真实，只有通过环境的供养才能发展出一切真实的体验，如此一来随着成熟过程的继续，这种体验才可能是令人满足或者是令人挫折的。温尼科特断言：

> 最初，在足够好的母亲的照料下，婴儿所经受的不是本能满足，除非他达到了能有自我－参与(ego-participation)的程度。从这个角度来看，最初的照护不太是一个为婴儿提供满足的问题，而是允许婴儿发现客体并最终与客体妥协的问题（客体指的是乳房、奶瓶、牛奶或奶水，等等）。(1965n, pp.59–60)

这个令人惊讶的断言，即在**足够好的照护下**婴儿没有“**经受本能的满足**”指的是：如果婴儿脱离了一种整体体验（a total experience)，本能的满足可能会成为一种创伤性侵入：

> 满足一种口欲驱力，却因此侵害了婴儿的自我－功能(ego-function)，或者称为自体，也就是之后将会被婴儿尽力严加保护着的那部分人格的核心，这种情况是完全有可能发生的。如果一种喂养满足发生在婴儿自我－功能的覆盖范围之外，那么它就是一种诱惑，就是创伤性的（1965n, p.57）[19]。

从这个角度来看，我们就很容易理解为什么温尼科特不能接受这样的传统观点，即在母乳喂养的情形中，我们只看到了与乳房的力比多加接，或者基于一种冲动去寻求满足。婴儿的需求不是被快乐原则所决定的，而是被**存在**（to be）这种需求所决定的，存在的需求包括了向外界探求和创造出客体的需求。[20]本能张力的满足肯定是必要的，但是它只有在与母亲相遇的一种整体体验（a global experience）中才能真正地成为一种**体验**。传统精神分析让我们习惯于从口欲冲动的角度来思考婴儿，而温尼科特认为“把首次喂养仅仅当成一种本能的体验的发生和结束，而毫不考虑这个内部正在发生兴奋的人类”，这显然是不够的（1988, p.113）。很显然，婴儿本能的急迫性是一定要被满足的，但是理论性首次喂养阶段婴儿体验的质量，不是由快乐或不快乐这两极所决定，而是由母婴之间提供和达成的沟通、交流、亲密决定，以及由原初创造性得到锻炼的机会所决定，因为“**只有被婴儿创造出来的客体，才能算是一个好客体。**”（1965j, p.181）此外，如果母亲仅仅把哺乳理解为满足婴儿的饥饿，而不认为也是在满足婴儿的自我需求（ego needs），或者用技术性术语来说，如果母亲只把哺乳当成快乐原则作用下的一种本能的释放（instinctual discharge），那么，风险就在于可能（会让婴儿）形成一种对满足的恐惧，因为本能满足的情况会与客体的消失关联在一起。如果我们从整体体验情形的角度来思考，这种风险是可以被避免的：除了客体之外还存在一种整体的环境氛围，它允许婴儿既可以被兴奋性驱力所支配，又可以在之后返回这个环境氛围中休息。母亲作为这个整体环境氛围的提供者，需要一直在那里存在，并且她作为环境的功能要独立于她作为食物提供者的功能的。

基于上述谈到的内容，我们肯定也能理解为什么温尼科特也不同意把哺乳理解成一种反射行为。他对于这一点的坚持，源自他对普通儿科学实践的熟识。他从来不会放过任何一个机会向护士们强调这种理解。护士们常常会抱起手脚被束缚在襁褓中的婴儿，把母亲的乳房生硬地推进婴儿的嘴里，宣称自己肯定能强制婴儿去吃奶，而且认为自己干了一件漂亮活儿（1988, p.104）。温尼科特说，最能抑制婴儿吮吸乳房的方法就是把乳房推进婴儿的嘴里，“而不给婴儿任何的机会去成为这个被发现的客体的创造者”（1988, p.104）。温尼科特总会不厌其烦地警告那些与孕产期的母亲和婴儿有直接关系的专家们，他们的主要任务不应该是去干扰那些母亲们，她们天生就比任何其他人更知道怎么去做，即使这个母亲暂时处于一种虚弱的状态中。刚刚生产的母亲可能很虚弱，虚弱到在没有帮助的情况下都抱不起床上的婴儿，但即便是这样，她也是唯一能真正适应婴儿需求的那个人，“因为婴儿需求的表达方式，特别需要这一现实母亲的细微理解能力”（p.113）。母亲需要的是医生和护士在身体上的帮助，而这些专业人员绝没有理由从母亲那里拿走她比其他任何人都能做得更好的任务——与她的婴儿启动并开始一段关系。[21]

除了本能张力之外，另一个导致兴奋状态的驱力来源是**运动性**（motility）。在温尼科特的理论中，运动性是攻击（aggression）的根源之一，甚至在婴儿出生之前就有表现。胎儿有时候会突如其来地、强有力的运动自己的腿部，一些母亲会说肚子里的孩子在踢腿。出生以后，婴儿运动和练习自己肌肉组织活力的时候会触碰到一些东西，这样，环境就不断地被发现并被重新发现了。在这里，我们说婴儿**发现**了环境，指的不是婴儿一开始就能“知觉”到环境和外部事物的存在，而是婴儿通过对实物的永久性、连续性，以及质地等内容的重复性体验，积累一种不断增长的“认识（knowledge）”，这种认识不是心理的，而是基于一种熟悉感（familiarity），这种认识存在于对外部世界的知觉性意识出现之前。

在顺利的情况下，运动性与本能张力会融合在一起，而在本能体验中，婴儿会尽可能地耗尽其原始运动驱力，或者肌肉的性欲性兴奋（muscle eroticism）。即便如此，这些驱力和欲望总是会有剩余，并具有其独特的性质，而且必须也要寻求同样的体验。这样，运动性必须要找到一个对抗物与之相呼应，即“它需要找到什么东西与其相对抗，否则它将一直处于一种无体验的状态，而这种状态对于婴儿的健康是一种威胁”（1958b, p.212）。恰恰是这种对抗物锻炼了婴儿的肌肉力量，同时也为驱力赋予了现实的意义。温尼科特的观点是，攻击性(即自发性)驱力本身不能产生任何满足的体验，除非它遭遇到了对抗物。此外，让婴儿的活力逐渐转变成攻击能力（capacity for aggression）的是其与客体的接触，而且这是一种能够抵抗和提供对抗物的客体。在温尼科特看来，婴儿所谓的“攻击性潜力”取决于他在那个时间点之前所遇到对抗物的程度。[22]这就很显然了，在最初的多次相遇时，婴儿需要的不仅仅是一个力比多（性欲）客体，而且是一个外部的、具有连续一致性的客体：“**恰恰是这种冲动性以及由此发展而来的攻击，让婴儿需要的不只是一个满足性客体，还得是一个外部的客体**”（1958b, p.217）。在这里，问题是要提供**适量**的对抗物，因为过量的对抗物会抑制驱力，阻碍运动性与本能体验的融合。[23]

在兴奋状态之下，如果母亲允许婴儿的活力通过本能的贪欲（voracity）和伴有兴奋的自由运动来表达，那么运动性就会与本能张力逐渐融合。这有利于对身体功能的想象性精细加工，因此也能促进精神在身体中安住这项任务的达成。另外，在哺乳的时候，如果母亲允许婴儿探索她的身体享受与她身体的亲密接触，那么母亲就促进婴儿获得一种有他人在场时对其自己兴奋的身体和本能急迫性的“自在而舒服的感觉（a feeling at easy）”。温尼科特说：

> 在精神分析的过程中，在有机会收集到成人成熟的性体验的全部早期根源的信息时，分析师都能得到很好的证据来证明：一次令人满意的乳房哺乳过程让婴儿拿取到了母亲身体的一部分，这为所有本能参与在其中的体验类型提供了一个“蓝

图”。(1957c, pp.53-54)

在1950年所写的文章中，温尼科特提到，婴儿的真实感尤其来源于运动性根源（以及相应的感知觉根源），而且当本能体验没有融合进足够多的运动性元素时，这些体验就无法增强婴儿的现实感或存在感。因此，在很多时候个体回避了一些本能体验，恰恰就因为这些本能体验会导致个体产生一种不存在感。

正如我们此前所说的，当某个运动是婴儿自己发起的时候，婴儿与环境的接触就变成了一种个人化体验。然而，如果环境反复地充当活动的主动发起者，婴儿所获得的就不是一种个人化体验，而是一系列对侵入的反应。在这种情况下，运动性最终只会被个体体验为一种对侵入的反应。如果这种模式持续起作用，疾病就产生了。之后，个体会在或多或少的程度上与需求对抗，但目的不是为了给自己的驱力赋予现实意义，而是把对抗作为运动发生的一种源泉，并且只有当什么东西对抗他的时候，他才能打开那条珍贵的、通往运动性根源的通道。在极端的情况下，**当驱力只是被体验为一种对侵入的反应时**，“我（me)”是不会被建立起来的。因为在个人的冲动性缺席的情况下，自体整合的原初体验，特别是与兴奋状态相关的整合体验是不会发生的。在这种情形下，“婴儿确实也在活着，因为他被引诱进入了一种性欲（色情）性体验（erotic experience)中；但是，这种性欲生活从来没有被婴儿感到为真实的。而独立于这种性欲生活（erotic life)之外，婴儿还过着一种纯粹的攻击性反应式生活，那完全有赖于对抗的体验”(1958b, p.217)。这种不利的情形可能是偏执倾向的一种来源形式：个体总在寻求迫害，因为只有迫害才能引发行动（运动），并且只有个体在对迫害产生反应时，才能让他感觉到真实。这代表了一种虚假的发展模式，而且为了感觉到还活着，个体需要持续不断地寻求迫害。

这些考量引导着我们思考攻击的根源这个问题。[24]早在1939年温尼科特第一篇关于这个主题的文章里，他就为婴儿在被哺乳时所展现出的“攻击性”冲动命名，称之为“理论性贪婪（theoretical greed）”、“原初爱的食欲（primary-love-appetite）”，并认为这种攻击性冲动构成了食欲的一部分，并通过进食、奋不顾身和吞食这些行动来得到表达。温尼科特指出，这种冲动性可能看起来似乎是残忍的、危险的，但是它成为这样仅仅是一种**巧合**。温尼科特继续说，**贪婪**（greed）这个术语比其他词汇更好地表达了生命初期那种爱与攻击的融合（1964c）。确实，本能张力会让婴儿产生一种压迫性的需求，而这种紧急状态要求即刻得到释放。随着运动性的参与，在哺乳情形当中，牙龈所进行的强而有力的活动有可能会伤到乳房，造成乳头的龟裂，等等。然而，我们不能就确定地认为婴儿就是在试图伤害乳房，“因为‘婴儿’此时还没足够成型，攻击自然也毫无意义”（1969b, p.31）。只有当行为是被某种目的性或意图性所驱使的时候，“攻击”才具有了意义。然而，此刻的婴儿还尚未拥有推理和产生意图的能力。温尼科特说，在这一点上存在着大量的混淆，因为通常人们在使用“攻击”这个词的时候，其实是在说**自发性**（spontaneity）。攻击在一开始仅仅是运动性和食欲的一部分，它的展现源自婴儿的生命活力（aliveness）。同样，婴儿的贪欲（voracity）也源自其生命活力和绝对不成熟性，尤其是时间整合方面没有发展出等待的能力。我们所说的“攻击”更应该被看作“生命的证据（evidence of life）”（1965h, p.127），驱力是本能寻求释放的一个组成部分，婴儿的目的是“获得满足和心身（mind and body）的宁静”（1964c, p.88）。

在“与情绪发展相关的攻击”（Aggression in relation to emotional development，1958b）一文中，温尼科特承认在原始爱的驱力中固有着一种摧毁性（destructiveness）。而这种摧毁性一定不能被当作一种攻击的表现，因为它仅仅是附带发生的，构成了寻求本能满足的一个部分。它与因本能需求不能被满足或面对现实原则时的挫折所致的攻击反应是完全不同的，它们需要分开来研究。[25]

在这个理论点上，温尼科特引入了“成熟”这一概念，它是理解人类本性中所包含的攻击性和摧毁性的基础。在最初阶段，婴儿对于自体和环境的存在是没有觉察的，对于他自己兴奋的爱所造成的后果也没有任何担忧或同情。婴儿就是一个原始性**无情**(ruthless)自体。因此，温尼科特指出，我们可以很方便地说“原始爱的冲动（本我）拥有一种摧毁的特质，但婴儿并没有摧毁的目的和意图，因为这是婴儿在前－同情时期（pre-ruth era）所经验的一种原始爱的冲动”。（1958b, p.211）

从这一点最能清晰地观察到在温尼科特的个人成熟理论与性功能发展理论之间的差别。对于温尼科特来说，朝向整合发展的是个体，而不是与性感区相关各个阶段力比多的发展。所谓的“攻击性”表现——吃、吞食、撕咬——其实并不是一种性欲发展的后继结果，这种性欲发展是依照生物学模式的精神内部模型所决定的过程。我们并不能把事情说成：口欲区域一开始就是性欲性的，然后是施虐性的或破坏性的。事实上，婴儿才是主题，随着他不断成熟，变得更加有能力，与身体的整合也越来越好，越来越需要去体验自己的力量，越来越需要去处理逐渐增强的识别事件和客体的能力。由于婴儿在原初阶段**是无情的**，他会连续在兴奋状态里不断地实践自己的冲动性，带着逐渐增加的力量和胆量，但仍然还没有什么意图，也没有任何担忧和关心。

无情的婴儿逐渐变得担忧、关心和富有同情心了，这需要走过一段很长的路，即他逐渐地开始感觉到需要对于自己的本能冲动给母亲和自己所造成的结果负责。然而，所有这些都是不断进步的整合所逐渐积累的一种发展成就，是一种只有在担忧阶段才能被有效精细加工的成就；在这个阶段，原初的“攻击”——事实上，此时还不是一种攻击，只是原初爱的驱力所附带的一种摧毁性——将会被整合进入“我”的一部分，然后才拥有了个人化的意义。不过，这必须还要达成另一个发展成就（稍后在书中会描述），即使是这个成就处于初期的形式：在“我是（I AM)”阶段整合成为一个**统整自体**（unitary self)，以便婴儿能够作为一个完整的人与完整的母亲发生关联，然后，婴儿由于**成为了一个我**（I），他就能够为自己对母亲所想所做之事而造成的后果感到关心和担心。

对于婴儿来说，无情地实践自己的本能驱力，除了获得最原始的整合性体验之外，也会感到极大的满足。母亲如何接收婴儿发出的信号，对于攻击在婴儿人格中的整合有着至关重要的影响。考虑到原初阶段，我们一定不能忘记婴儿此时还处于依赖阶段。婴儿完全依赖于母亲如何接收婴儿的种种表现，而这些表现是由以下的事实造成的，即婴儿是活着的、是有活力的，婴儿需要母亲并且要完全占有母亲，婴儿的发展取决于母亲对他的自发性姿态的响应方式。在婴儿沉静状态中能提供很好照料的母亲，在婴儿兴奋状态时有可能会感到惊慌失措，并且可能会对孩子做出反应。她可能会感到害怕，或者采取一种道德说教的态度，甚至认为这是婴儿在对其的攻击感到愤恨，似乎她既往生命中所遭受过的那些攻击情景此时又一次出现了。母亲的反应有时候可能包含着一种对婴儿鲜活性和貌似攻击性表现的不赞成和反对，而这种攻击性恰恰是源自婴儿的鲜活性。还有一种情况，母亲正在罹患情绪性疾病，比如，抑郁的母亲可能会以一种特殊的方式让自己的孩子受到创伤——充满活力的婴儿朝向乳房探索，却因为与一个死气沉沉的客体接触而受到了抑制。也有这样的情况，母亲因为恐惧疼痛或恐惧假想的婴儿的"攻击"而退缩了，如果婴儿表现得既兴奋又饥饿，就会更加依附和贴近乳房，为的是能抓住和保有它。在这些情况下，婴儿就没什么更多的选择了，而且对他来说以下每一种选择都是不利的：(1)隐藏自己的冲动，因为环境不能容忍或接受他的"攻击"（其实是自发性和生命活力）；(2)抑制住本能冲动，因此会发展出一种不成熟的、防御性的自我控制；(3)把驱力进行分裂，最终会形成一种解离状态；(4)发展出一种反社会倾向。

如果不是贪欲，而是贪婪（greediness），那就不再是一种生命活力的展现。**贪婪**是一种强制性渴求，伴随着折磨，并且表现出一种永远无法得到满足的贪得无厌。在这种情况下，我们必须假设儿童正在遭受着某种程度的剥夺。这种类型的剥夺源自这样一个事实，即某些人的原始需求没有得到识别、认可或满足。不管是哪种类型的**贪婪**，都是要强制性寻求一种特殊的照顾，一种我们可以称为“治疗（therapy）”的情景，而这种照顾本应该由那个造成剥夺的母亲提供。如果母亲能够识别和认可孩子发出的信号，并且对此不感到害怕；如果母亲愿意满足孩子通过这种方式所沟通和表达的需求，那么在大多数情况下，这种寻求照顾的强迫性贪婪便会消失（1958c）。这种贪婪的表现方式多种多样，其中包括食欲的抑制、脏乱（排泄大量的大小便），或者过分的摧毁性，等等。这种贪婪已经是反社会倾向的一种表现形式，以及偷窃行为的一种征兆。只要母亲能做出特别的、治疗性的适应，这种贪婪肯定还是可以被满足和“治愈”的，尤其是因为母亲通过容忍和理解孩子的这种沟通和表达方式，允许了孩子的“根”在此刻表达，而此时剥夺情结（the deprivation complex）距离其源头尚且不远。

贪婪（greediness）现象所揭示的这种剥夺，即使是在哺乳和照护过程中形成的，也与**本能需求**（instinctual needs）无关，而是与**自我需求**（ego needs）没能被满足有关。[26]如果母亲在哺乳婴儿时是“缺席”（不在场）的，或者母亲以一种非个人（性）化的方式来照护婴儿，比如，缺乏交流、亲密和交互性的方式，那么婴儿的本能体验就会是非常无聊和厌烦，在这种情况下，也许婴儿“带着愤怒和挫折而哭喊出来反而是一种巨大痛苦的减轻方式，因为这样至少会感觉真实一点，而且卷入了自己的整个人格”（1969b, p.29）。

除了本能的运动性和冲动性，温尼科特识别出了攻击的第三个根源。传统精神分析理论之所以没有认识到第三个根源，是因为它并没有考虑到婴儿的依赖情形。温尼科特认为，攻击的第三个根源包含这样的事实：某些孩子的攻击性潜能，来自被环境侵入所激发出的创伤性反应。由环境失败所导致的创伤，通常是由于母亲的情绪状态或精神病性异常造成的。[27]这些创伤性反应抑制了婴儿的自发性，妨碍了孩子的简单性存在（being），阻碍了孩子放松和以本能体验活着；它们给婴儿埋下了一种警报，并且被合并到了孩子的个体人格当中，同时被植入人格的还有一种愤怒，即由于那些创伤性体验而导致的个体存在感丧失所激发的愤怒。这种愤怒感受，既不是本能的（instinctual）也不是一种朝向攻击的运动性发展。无论如何，这种处于原初阶段的愤怒，既无法形成具体的愤怒形式，也无法被感受为一种愤怒情绪，这是因为婴儿还不成熟，还完全没有意识到存在一个他必须对抗的环境。[28]在之后的某个阶段，当个体寻求到了治疗性帮助，并且感受到了可靠性（尤其是在这种情况下，个体发现精神分析师能在治疗浮现出的内容中幸存下来的时候），这种愤怒便有可能会开始呈现出来，特别是当分析师失败了，并且有能力意识到自己的失败时，这位分析师便为个体在临床情景中更新和修正这种愤怒提供了一个机会。[29]

直到温尼科特思想的后期，这个攻击根源的概念才在理论上变得精确。温尼科特在1969年的一篇文章里对此有非常清晰的论述，并且被补充到了1971年第二版的“过渡性客体和过渡性现象”一文当中。在这篇文章的补充内容中，温尼科特指出，生命开始于这样一个时刻，婴儿不断精细加工着把鲜活的人留存在自己的精神现实或主观世界中的能力，并且他需要母亲的确实存在才能让存在的记忆和存在的现实不会逐渐消退：

> 直到这个极限之前，母亲仍然是鲜活的；超过了一定的限度，她就死了。在这个限度期间是宝贵的愤怒时刻，但它很快就消失了，或者从未被体验过，它总是潜在的、带着对暴力的恐惧。（1953c, p.29）

这种愤怒情绪之所以会“消失或从未被体验过”，其原因不是超我的审查机制，而是婴儿还未成为一个“我（me）”的现实。此时婴儿还不知道有环境的存在，并且对于婴儿来说，感受尚未成型，也还不具有任何意义。对这个攻击的重要根源的识别，让早已在这个理论点上不同意弗洛伊德的温尼科特做出了这样的声明，即弗洛伊德关于攻击根源的理论是不充分的。的确，弗洛伊德的观点与温尼科特有所不同，弗洛伊德认为兴奋性原初爱欲本身并不具有破坏性，而攻击是由与现实原则有关的挫折激发出了个体的愤怒而被唤醒的。温尼科特说，由于弗洛伊德的攻击根源理论没有考虑到依赖，所以这个理论：

> ……就是错误的，它回避了两个至关重要的攻击根源：一个是内置于原始的爱欲冲动（在前－爱欲期，与对挫折的反应没有关系）中的攻击，另一个是婴儿由于被侵入而被迫做出反应，导致了因存在的连续性被打断所激发的攻击（1988，p.133）。

沉静状态

由于传统精神分析理论没有考虑到婴儿的沉静状态，因此温尼科特对这个主题的理论性建构，为研究人类本性和心理障碍开辟了一个新领域。当婴儿没有在哺乳或不向外探索的时候，他在哪里？他是怎样的一种存在？温尼科特如是提问。这是一个无价的调查研究领域。首先，它关注的是人类的一种需求，即暂时放弃这个世界，回撤到一种孤独的状态中，停留在自己主观世界的宁静之中，或停留在艺术和文化的潜在空间的宁静之中，免受现实客观世界的干扰，而这种需求在健康个体当中也从未熄灭。其次，这个理论展示了在生命的原初阶段，与客体相遇的兴奋性**体验**的**现实**取决于这样的事实，即发起向外探索的驱力是从休息状态中浮现出来的，典型的休息状态就是非整合状态（non-integration)。最后，兴奋状态与沉静状态之间的差异，为通常很容易被混淆的两个领域之间的重要差异提供了基础——一个领域是婴儿栖息的世界，另一个领域是他在这个世界中发现（创造）的**客体**。

在首次理论性喂养期的沉静状态中，婴儿的需求是停留在一种非整合的状态之中，就像是某个感到被良好支撑的人处于一种具有放松特征的状态中一样。婴儿把自己交了出去，并沉浸在一种“冥想”之中，想象性精细加工着自己胃肠道消化的生理状态，或者包裹在环境的噪音、气味和移动中的身体状态。如果母亲正在抱持着他，他就会长时间地凝视着母亲，母亲对他说话或者唱歌，他便撤退到一个妈妈无法接近的地方，或者入睡了。母亲仍然在那里，**适时地维持着整个现状**，等待着婴儿从沉静状态中出来并再一次发起探索。当婴儿醒来并做出沟通的姿态时，母亲就等待在那里，并为他呈现这个世界的片段，或者进行一些处理（handling），这都向婴儿确证了这个世界依然是连续地、鲜活地存在着。正是这种体验有规律地、一遍又一遍地重复，才逐渐增强了婴儿的信任能力。当这种“只要我需要她，她就会在那里”的信念被逐渐构建并建立起来之后，婴儿就能很容易从兴奋体验转换到沉静体验，反之亦然。这种体验的不断积累就变成了一种模式，并形成了婴儿的预期能力和“信任……”能力的基础：

> 母亲满足婴儿不断变化和发展需求的能力，让婴儿拥有了一条相对连续的生命线；也让婴儿在实际的抱持下，有自信地去体验非整合状态或放松状态，同时经常重复地体验整合的状态，这是婴儿内置成长倾向的一部分。这样，婴儿很容易就在整合状态和放松的非整合解离状态之间来来回回地转换，而这种体验的不断积累会变成一种模式，并形成了婴儿预期某事发生的基础。婴儿会逐渐信任，内部过程的可靠性也会引导他整合成为一个单元体（a unit）（1968d, p.97）。

婴儿撤退回去休息时的那种孤立状态其实并不是一种防御，它是婴儿自动陷入沉静状态的一个自然之处，他在此处感受到了安全、放松、非整合，以及不用对环境有任何的顾忌。这是儿童和健康成人暂时从世界中撤退回来进行休息的能力的基础，同样是他人在场时独处能力的基础，这都是晚些时候才可以获得的能力。另外，**只有休息状态中开始出现的驱力，才能被个体感受为一种真实，才能变成一种真切的个人体验**。如果这些都没有发生，出路就是不健康的，是基于外部刺激进行反应的一种虚假的人生。有一些婴儿在生命的原初阶段，也从来没有被允许过简单地躺下，被允许待在自己那漫无目的的喃喃自语中，甚至仅仅是待在沉默寡言的状态之中。这些婴儿的母亲会不停地逗弄，让他们说话和微笑，不停地活动他们的手脚，让他们动来动去，让他们不停地咯咯笑，或者做着其他任何能显示他们还活着的事情。温尼科特说，这些婴儿“失去了很多，还有可能干脆就错过了他们自己想要的活着的感受”（1949b, p.28）。如果儿童被给予了逐渐发现自己个人生活的机会，就变得能够“沉浸于一种漫无目的的状态中，能够处于一种没有目标和方向的状态中，能够在一段时间里简单地存在着，他既不是应付外部侵入的反应器，也不是必须要做些什么或有什么兴趣指向的主动的人”（1958g, p.34）。

但是，当环境的可靠性不存在时，就会形成一种迫使婴儿不得不为此做出反应的侵入模式，这时候婴儿的持续性存在感就丧失了，只有通过退回到孤立状态才能恢复生命的持续性存在感。一旦这种状态被建立起来，个体就不再能够从孤立状态中有所收获了，因为孤立状态逐渐变成了一种防御性组织，而不再是一个源自可靠性的休息机会了。如果入侵过度，个体在经验里甚至都没有一个可以安静休息的地方，那么能帮助个体在适当的时候整合成为一个单元体的那些有利条件就都缺乏了：

> 然后“个体”就会作为一种外壳的延伸，而不是一种内核的延伸去发展，同时个体也作为一种侵入性环境的延伸而发展着。剩下的人格内核部分被深藏起来，难以寻觅，即使是在最深度的分析当中也是如此。然后，个体**就以一种无法被发现的方式存在着**。（1958b, p.212）

这一点对于理解某些精神病性病理学必不可少，因为根据温尼科特的观点，对于非兴奋状态材料的研究让我们更加接近对精神病的研究。（1965i, p.27）对于这个观点的一个可能的解读是，精神病的一个基本困难在于与现实的连接，而这与启动客体关联这个基本任务的失败有关，这是一个典型的兴奋状态的任务。然而，为了让驱力及其与客体的相遇被感受为是真实的，它们必须从休息状态中开始。换句话说，**回到非整合的放松状态，是任何在兴奋状态中所发生事情被感受为真实的必要条件，也是可能促进个体整合成为一个被感受为真实自体的必要条件**。如果所建立起来的是一种“无法获得休息（impossibility of rest）”的状态，那么任何姿态在最开始就是作为孤立的异物而存在的。[30]

这也是上面提到的第三点起作用的地方。正如我们所看到的那样，婴儿需要母亲保持在场，以及连续一致地做她自己，同时，通过**适时地抱持住**从一个状态向另一个状态转换的通道来维持住环境的规律性。温尼科特说，正是能够把关心她自己作为任务的母亲，“才能**为婴儿开始一段兴奋的关系提供环境设置**”（1988, p.100）。**母性关怀**（maternal concern）开启了一种环境性背景（context），一个在其中可以发生些什么的媒介[31]。母亲全部的照护组成了一个场所，这个场所就是婴儿栖息的世界，也是婴儿可以撤退回来休息的地方，是婴儿进行兴奋性体验的背景。在这个场所里，婴儿与母亲之间发生了一种关系，这种关系不同于处在兴奋状态中婴儿与客体之间所建立的那种关系。因此，世界与客体之间的区分也就相当于两种母性照护之间的区分了。为了描述这种“二元性（duality）”，温尼科特区分出了“母亲－客体（mother-object）”与“母亲－环境（mother-environment）”的差异，前者是兴奋性驱力的目标，而后者提供了整体的环境照护，维持着一个稳定而可靠的婴儿世界。[32]

这种区分从很多角度上来讲都是非常重要的。首先，它可以帮助我们检视**依赖**的含义，同时让我们把作为婴儿成熟过程的促进者——母亲的许多贡献牢记在心。其次，它是为了使婴儿形成一种基本解离的形式（primary dissociations），这种基本解离将只能被“治愈”，换句话说，只能随着个体的发展而被整合到人格中。在生命最初的时候，婴儿还不知道那个时而沉静（此时母亲确保了他的世界的稳定性），时而又兴奋（兴奋地抓住乳房）的他自己其实是同一个个体；他同样意识不到，那个让他贪恋地吸吮着乳房的母亲与那个在他沉静状态时照护着他的母亲，其实是同一个人。把沉静和兴奋两种状态的婴儿整合成为同一个人，以及把两种不同类型的母亲整合成为同一个人，是在成熟过程的担忧阶段将要达成的一种成就。

与逐渐整合成为一个单元体相关的所有概念性元素，都是温尼科特理论的决定性贡献。如果像传统精神分析理论通常认为的那样，“我（me）”的组成和知觉外部客体的能力都是理所当然的，以及如果母亲已经被认为是一个外部客体，甚至认为母亲从一开始就是一个性欲客体，那么我们就没有空间去思考“现实（reality）”是如何构成的了，可是在精神病性案例中，恰恰就是个体对世界现实感和本身现实感的构建都出现了失败。

要是婴儿的母亲总是能够允许他回到非整合的沉静状态，并且确保婴儿处于沉静状态而不被打扰，那么婴儿就会获得让自己离场和休息的能力，而这种能力是婴儿个人财富的一个源泉，也是婴儿的保护场所。在他的一生中，无论何时，只要觉得有脱离这个世界休息一下的需求，以及暂时把自己从当下的任务中解脱出来的需求，那么他随时都能返回到保护场所。这种缺席、失联的状态，或者“内观性”孤立的状态，都不是疾病的一种迹象，恰恰相反：

> “它是一种健康的标志，因为它表明儿童能够使用这种人际关系，其中存在着最大程度的信任，而且在这种关系里个体有时候可以是瓦解的、去个人化的，甚至暂时抛弃了几乎最基本的存在和感受存在的渴望。”（1971d, p.261）

如果没有形成这种健康的模式，沉静状态也就没能拥有积极价值，而仅仅作为对兴奋状态的否定。那么可能发生的情况是，个体将会发展出与沉静相关的巨大焦虑，而且随着时间的推移，甚至会导致对沉静状态的永久性回避，或是对缺乏张力或兴奋的间歇状态的一种永久性排斥。对于这样的个体来说，缺乏张力的表现是生命活力的停滞，就像是死亡了一样。

随着整合变得更加连续和一致，作为一种自然原初情形的非整合状态已经不再可能了。如果成熟过程继续发展，而个体朝向独立又迈进了一步，那么个体将必定会**丧失非整合的能力**（1988, p.139）。这种非整合体验或许还可能会反复地出现，但少之又少，而且需要非常特定的条件。一个健康的个体也许能够在一时之间失去所有的参照，进入一种跟世界脱离的状态，就像是神秘主义者所追求的一样。这种非整合的状态在心理治疗，甚至物理治疗所提供的某种特殊条件下有可能会发生[33]。然而，对于一个已经获得了某种稳定的整合程度的个体来说，必要的休息是以其他更加复杂的方式进行的。他会知道如何从这个共享世界中脱离出来，暂时撤退到主观世界中，让自己陷入一种想象性活动，专注于游戏化或艺术化的领域，甚至专注于创造性工作。

自从婴儿达成了一定程度的整合之后，对立面就不再是未整合（unintegration）了，而是“发狂性”瓦解（maddening disintegration）。当婴儿开始浮现出来的时候，“照护的失败会导致瓦解，而不再是回到未整合状态了”（1958d, p.98）。然而，由于这种转变是逐渐发生的，因此就会存在一种中间状态，其间一个被很好照护而充分发展的婴儿依然会在未整合状态中放松，并且去容忍。温尼科特说，**也只能是容忍**在非整合状态（non-integration）中感受“疯狂（mad）”（1988, p.118）。然而，如果环境反复地失败，不能为婴儿提供所需要的安全感，并且超出了婴儿的容受限度，那么瓦解就变成了一种永久性威胁。个体就会随身携带着一种无名的危险感（an unnameable danger），并想尽一切办法来回避这种无名危险。由于婴儿一直有这种“环境不安全”的感受，他也可能会构建出一种过分夸张的自我照顾方式，一种自动化的自我－保护（self-preservation），一种针对瓦解的防御，这种防御把环境的失败转变成了一种潜在性失败，而瓦解就是由这种失败一触即发的威胁[34]。

基 本 任 务

时间和空间的整合

在成熟过程理论中，术语“整合（integration）”既被用来指一种内在的发展倾向，引领个体朝向统整（自体）状态发展，又被用来指在整个生命旅程中从未整合状态开始逐步发生的各个部分的整合。而在所有这些成熟任务中，**时间和空间的整合**（integration in time and space）是最根本和最基础的任务。事实上，如果没有时间和空间的概念，也就没有了现实感、身体感、世界感，或者自体感；如果没有个体用记忆在发展转变过程中维持着身份，那么也就不会有个体的存在；如果没有可以用来发现客体的世界（world），也没有能发现客体的**自体**（self），那么也就不存在与客体的相遇这回事。整个整合的过程都基于婴儿的时间化和空间化，从生命的起始点就开始了。因此，“成熟过程中的主要倾向都能被聚集在**整合**这个词所表达的各种意义中。时间的整合被加诸（所谓的）空间的整合之上”（1965n, p.59）。

婴儿的时间化和空间化，并不意味着把婴儿插入外部世界的时间和空间里，因为他在这个时候还没有足够成熟到理解外在性（externality）的概念。新生儿活在一种**连续体**（continuum）之中，仅仅是一种持续的延伸。尽管在子宫内生活中，胎儿已经体验过了一些时间性标志，比如母亲的呼吸或移动状态与沉静状态的交替，等等，但是时间性（temporality）也仅限于他存在的连续性。由于婴儿最初居住在一个主观世界中，因此开始进入时间和空间感之中就意味着，一定要确保统治着这个世界的时间和空间也是主观性的。

主观世界中的第一个时间感就是“在场的连续性（continuity of presence）”，它的建立是通过婴儿反复体验母亲的在场及其持久性，以及世界稳定地提供给他照护的连续性而实现的。婴儿不知道母亲存在的持久性，但是能感受到她的在场所产生的效应，而且会慢慢地依赖这种体验来创造关于存在的记忆。为了维持存在的连续性以及主观世界的鲜活性，婴儿必须要恒久地确保这种存在的持续性，因为

> 天生的创造性冲动会枯萎，除非有外部现实来满足（“实现”）它。每个婴儿都必须要重新创造世界，但是只有在婴儿的创造性活动发生的那个时刻，这个世界的一点一滴也恰好到达了婴儿的身边，这种重新创造世界才会成为可能。婴儿向外探索，而恰好乳房就在那里等待着，那么乳房就被创造出来了。（1958j, p.12）

婴儿不断地巩固着从**非存在**（non-being）状态中浮现出来的**存在**（being）状态。起源点的否定性（negativity）依然离得很近。在每次母亲缺席留下的空洞中，这种否定性会迅速地浮现，如果持续的时间太长，那么它就足以抹除初期母亲在场的记忆，因为这种初期在场记忆是

一种无意识。那些能够与婴儿发生认同的母亲，只在婴儿能够保有母亲在场记忆的那段时间间隔之内才缺席（或不在场）一下。比如，如果母亲离开了婴儿之后，婴儿还能感受到母亲存在的时间是“x”分钟。如果母亲离开的时间超过了“x”分钟，那么在婴儿无意识记忆中母亲存在的意象就开始逐渐消退。在这时婴儿是痛苦的，但是如果母亲在“x+y”分钟之内能返回来在场，那么这种痛苦的折磨就会被纠正。我们可以说，在“x+y”分钟之内，婴儿的持续存在状态没有发生改变，但是如果母亲的缺席时间持续到了“x+y+z”分钟，那么婴儿就会遭受到创伤，而且这时母亲再返回来也无法纠正由于她的缺席导致的婴儿已经发生改变的存在状态。如果母亲在场的记忆被抹除了，那么婴儿所产生的感受就是**湮灭**（annihilation）和**疯狂**（madness）。“这里所说的‘疯狂’仅仅是指一种**崩解**（break up），是任何在**个人连续性存在**之时存在过的事物的崩解”（1967b, p.131）。婴儿从创伤中恢复之后，他必须要**一切从头再来**，这是因为能为婴儿提供个人化开始的存在连续性的根源被永久地剥夺了。个人化开始（personal beginning）是存在的基础，它“意味着一种记忆系统和一种记忆组织的存在”。母亲在场记忆的抹除，是出现在精神病性病理学病因中那些特定创伤的其中一种。这是一种无法想象的原始性极端痛苦。[35] 可以预防这种原始性极端痛苦（在这种情况下，指的是丧失了全部真实感的极端痛苦）发生的方式，主要在于母亲要编织出自己的恒久存在性，在婴儿发出其自发性姿态的时候，母亲总是能够连续不断地向婴儿小剂量地呈现她自己和这个世界。

从成熟过程的一开始，当婴儿还在子宫里的时候，个人化身体记忆就已经开始逐渐聚合在一起形成一个新的人类。这意味着拥有体验和记忆是人类开始的标志。在生命开端时，身体记忆很稀少，但它们逐渐地聚合在一起并形成了一些体验的库存。从那时起，婴儿的期待（expectations）就越来越有了形式。如果婴儿感受到自己的存在连续性是有保证的，即他发现自己没有被迫要发展出一种时刻警惕潜在环境侵入的状态，那么他就可以处在一种有利的条件中，能够去接受依照某种模式反复出现的各种体验，也不会被惊吓到。随着时间的推移，他开始对他自己、对环境，对可能会发生的事情有了一些“了解和认识”(knowledge)，但这一切都不是心智方面的，而是他对经过想象性精细加工的身体感觉越来越熟悉，以及对周遭事物的状态越来越熟悉。这是婴儿能够时间化的基础，也是最初主观性的时间化。在（母亲）在场体验的基础上，婴儿开始构建“过去”，一个储存体验的“地方”，从那里他可以预期未来——因为有一些事物和一些事件已经变得可预测了。这样，一段历史就开始了。这也是建立越来越广泛的体验能力的基础，因为一种真实的体验“并不是单一事件发生的记忆，更多的是一系列事件记忆的组建”（1988, p.100）。在整个时间化的原初过程中，精神（the psyche）一直朝着把已经体验过的过去和正在体验的现在，以及对未来的期待联结在一起的这一目标工作，这为个体带来了“我”(me)的感受，并且正当化了个体存在于自己身体内部的这一知觉。

连同在场感（sense of presence）的建立，一种特殊类型的**暂时性标记**（temporal marking）就开始发生了，在健康情况下，它的到来必须要早于对时间先后顺序的知觉。这种暂时性标记是以一种自然的，特别人性的方式，由婴儿与母亲身体的亲密接触（母亲的呼吸节律、心跳）建立起来；它同时也被婴儿的身体节奏所统辖，而环境也要适应这些节律：饥饿、哺乳、排泄、睡眠、醒来、声音、光线，以及气味。因此，时间的一点点确定，是由最初适应婴儿身体功能运作节奏（有着它自己的时机）的母性照护来执行并实现的，也是由对这种功能运作和各种身体感觉的想象性精细加工来执行并实施的。这样一来，母亲就为婴儿提供了一种条件，为婴儿引入了一种时间的周期性，作为婴儿自己本身节奏的基质（matrix）——其身体的节律。随着这种体验的不断重复，婴儿开始构建出一种“未来”感（a sense of“future”）：婴儿变得**能够预期将要到来之物，这是基于他自己的需求**，而这一切都因母亲的响应和关注变得真实起来。如果母亲强加给婴儿一个外部的节奏，无论是有时间先后顺序的，还是基于她自己而不是婴儿的需求，那么婴儿主观性时间化和精神－躯体性凝聚力就算没被阻止，也会受到损害。为了确保外部时间不会干扰婴儿主观性时间化的自然进程，婴儿的自然节奏必须占据主导地位。温尼科特说，哺乳必须恰好发生在“婴儿想要吃奶的时刻，停止在婴儿不想吃奶的时刻。这是一切的基础”（1945c, p.33）。母亲最初遵循着婴儿的节奏，逐渐地调整这一节奏以形成规律的间隔，方便又充足地满足婴儿的需求，也关照到她作为一个女人和母亲的需要。只有在这种条件下，随着时间的推移，婴儿才能与母亲妥协，并且就哺乳的规律**达成协议**（agreement）。婴儿可能会调整并适应这种时间间隔，规律性地每三个小时才感到饥饿，并感觉到这是按照他自己的需求进行的。这就是温尼科特所指的那种类型的“协议”，温尼科特说，只有在生命原初阶段，在婴儿还不知道自己处于依赖状态又被允许与客体建立一种创造性关系的时候，婴儿才能“不失面子（without losing face）”地学会顺从权威和遵守规则（1968d, p.103）。换句话说，由于人类原初创造性的存在，婴儿甚至在开始形成单元自体之前就已经拥有了尊严（dignity）。

然而，等待的间隔太长会导致痛苦，通常“如果喂养延迟超过了 x 分钟，那么即使来了对婴儿也没什么意义了”（1984f, p.58）。母亲重新获得婴儿信任最容易的办法，就是在之后婴儿要求喂养的时候去适时地对他进行哺乳，并坚持一段时间逐渐重新尝试建立规律性。然而，在很多场合下，母亲们被教育要去训练婴儿养成规律的习惯，她们从一开始就三个小时喂一次奶，“这时候再让这些母亲在婴儿感觉饿的时候去喂奶，她们事实上会感到自己在做很恶劣的事情”（1945c, p.33）。这些母亲的主要困难在于很难允许自己遵循婴儿的节奏。这是因为这样的事实，即她们肩负着把婴儿养大的重大责任，而且已经接受了规律喂养这一教条以及一些医学的规程和处方。虽然这些东西有一点单调乏味，但似乎看起来能让生活变得不那么有风险。还有一部分困难一定也来自儿科学取向的知识。温尼科特说，当母亲与婴儿之间的关系正在自然地发展时，各种技术、程序清单和时间表就都可以交给自然准则了。

毫无疑问，母性适应中的许多困难都与时间有着精确的关系。其中一种困难的缘由在于母亲与婴儿之间缺乏同调一致性，以至于无法建立连接或失去了连接。由于天生气质的不同，有一些婴儿要比母亲慢一些，另一些比母亲快一些。让一个快速的母亲去适应一个缓慢的婴儿是一件很单调乏味的事情，相反的情况也不会轻松多少。不管在哪种情况下，母亲都要有充足的时间，并且把这些时间花费在照护工作上。如果她是一位足够好的母亲，那么她自然而然就知道，为了把婴儿抱到另一个地方，她需要先做一些热身准备工作：婴儿必须先收到一个预告，然后才能在对的时机被抱起来，其间母亲必须要抱持着婴儿身体的各个部位。此外，由于婴儿是从一个地方被抱持到另一个地方，比如从小床上抱起来放到母亲的肩头，所以母亲的动作要分为开始、延续和结束三个时期(1988, p.117)。换句话说，母亲要帮助婴儿获得**完整的体验**(total experiences)。因此，她必须要有**足够的时间**去按照婴儿的节奏和速度等待，从婴儿体验的开始一直等到体验的结束。[36]当母亲处于一种急躁或担忧状态时，她们无法确保婴儿体验这一系列完整的事件，婴儿体验就会因此变得贫瘠了。

> 完整经历的事件，能够使婴儿获得对时间的掌控感。他们一开始并不知道事情有始也必有终。只有当个体对开始和结束有强烈的感受时，才能享受中间的过程。(1949c, p.77-78)

适应性照护的关键方面与时间相关，它的基本特点是可靠性，而可靠性指的就是**可预测性**(predictability)。当我们说一个孩子被照顾得很好时，其实指的是他的父母保护他免受不可预期事件的侵扰，保护他不被那些无法预期、也无力应对的事件所惊吓。规律的体验被重复了几千次之后，就会在婴儿的精神世界中创造出一种**可预测感**。环境照护作为一种内在特质，随着统整自体的建立被合并到了自体之内，整合成了越来越具有一致性的状态，个体便开始能够照顾自己了。这样，依赖就逐渐地减少，与环境有关的儿童自主性发展与不断增长的预测能力有着密切的关系（1987d, p.95）。

尽管这项研究的目的并不是讨论温尼科特成熟过程理论或精神病的**临床意义**，但是我相信，用这些涉及时间构建的基本主题来指导分析师的治疗性工作是非常合适的。例如，确保以婴儿或来访者的需求为导向的照护，或者确保以避免突如其来的事件侵扰为导向的照护，让我们直接关注到了每次分析性治疗结束的议题，这个议题在任何类型的案例中都会涉及，但在对人格的关键方面有精神病性特点的来访者治疗中尤为重要。无论正在处理什么类型的问题，我们都不能依靠来访者已经是成人的那部分资源，以及在治疗初始与来访者协议过的时间表等事实，而骤然结束会谈。通常情况下，特别是在退行到依赖阶段期间，来访者既与客观性时间失去了联系，情绪上也不成熟，以至于不能从治疗师展现恨这件事中获益，这种恨的表现是治疗师按照约定的时间表准时结束了治疗，[37]当然在对某些类型障碍的治疗中，治疗师准时结束治疗更加重要。我们可以利用某些形式的身体移动、动作和姿态首先发出信号，帮助来访者意识到治疗就快要结束了。有的时候，就像是对待婴儿一样，哪怕仅仅是多出了几分钟的时间，就能让来访者到达可以自己结束治疗并准备离开的时机。这样的照护方式不只可以应用在这种特殊的情况下，而且能让来访者放心地感受到我们将确保不会有任何事情骤然发生。然而，实际上来访者有可能需要更多的时间，更长的治疗；在一定时期内，我们将不得不经常延长每次治疗的时间，而且要预先知道，即便是延长了时间，在结尾也要同等地小心照护。只有这样做，随着时间的推移，来访者就像是婴儿一样，才会“不失面子”地进行配合、遵从治疗。

然而，来访者所需要的并不总是更多的时间；我们甚至都不确定，按照来访者的主观性时间结束会谈能否让他获益。有些来访者寻求治疗恰恰是为了成功地建立起主观性时间，这本应该是来访者在其生命的原初时刻就被建立起来的能力，但是在那个时候，来访者的环境中却充满了混乱。因此这些个体需要严格地墨守客观性时间，把其作为参照框架，不至于让自己处于人格完全崩解的状态，否则他们就会马上感受到人格的迷失。还有些人完全无法容忍自己处于任何一种不确定的时间期限之中。我有一个来访者，深受时间化和空间化这种早期发展基本成就障碍的影响，除了出生在一个不稳定且混乱的环境之外，他的出生过程也被延迟了。在他所处的任何情境中，只要没有安排好的严格的结束时间，他就总会出现自己被禁锢的感受。温尼科特说，在真实出生记忆的典型特征当中，有一个是被一些外部东西紧紧地掌握着的感受，这导致新生儿感受到一种彻底的脆弱和无助。这种与生俱来的无助感“是个体在体验到某些不知道何时会结束的情景时那种难以忍受的感觉”（1958f, p.184）。除此之外，这个来访者一直没有任何个人化沟通的体验，尽管这种体验是他最需要的，但任何他人的接近对其来讲都是一种潜在的入侵。在分析的开始阶段，对于来访者来说整个会谈有时候可能是过长的，而来访者会严格地卡在规定的时间内结束。对于这个来访者来说，如果没有一个可预测的结束时间，或者如果会谈需要根据他的主观性时间来结束（他根本没有），是无法承受的。然而，还有另一个方面：来访者总是很关注他拥有的唯一的“指南针”，也就是他的手表，所以他很清楚地知道治疗结束时的正式时间，但他会等待着我来主动宣布治疗结束。我注意到对于他和一些其他来访者来说，分析师在协议的治疗时间内结束治疗的能力为来访者提供了保证和信心；在这里，问题的关键其实并不是一种恨的表达，因为对于这种类型的来访者来说，分析师主动承担起监控时间的任务，也就意味着担当起了提供照护的责任，也充当了照护者的身份。分析师正在从事着维持与外部现实连接的工作，这就解放了来访者，让来访者能够继续构建他的主观性世界。

精神病类型防御性组织的其中一个特征，就是个体完全无法“拥有时间”，无法“依靠持续的时间”，无法忍耐一段时间来等待事件或体验的发展。当面临意料之外的事件时，绝望和资源缺乏的感受会立刻升腾起来，这会给人带来一种个体总是处在悬崖边缘的印象。主观性时间（subjective time）还没有建立起来，所以接下来的内部时间（internal time）的发展也没能发生。而发展出的内部时间，能让个体在面对外界要求时拥有反思间歇，并避免被其拖曳和撕扯。这种内部时间的缺乏有着各种不同的表现形式，一个成年来访者报告他是如何进食的——他不是在吃一餐饭，而是在吞咽食物。这是一种暴露于急迫性下的感受，他必须要让这个过程赶紧结束，要在满足饥饿感之前把所有的食物吞食完。在后来的分析中可以发现，对于他的母亲来说，哺乳乃至在此后的阶段里喂养自己的孩子，都是一项困难的任务，她必须要尽快地让自己从喂养孩子的过程中解脱出来。在给孩子哺乳的时候她是不在场的，她已经在盘算着做下一项任务了，一直设法让自己尽快脱离喂养孩子的情形。

另一个例子是一个女孩，她的主观世界很丰富，也充满了珍贵的细节，但却有很独特的个人时间。这个时间与外部时间完全不兼容，让她感到沉重、难以忍受。在生命的一开始情况还不错，那时候她一直能让自己专注于想象性生活，直到某个时间点，母亲变成了寡妇，并开始被家庭经济问题等日常杂务弄得喘不过气——母亲不再能够适应小女儿的节奏了，开始频繁地催促女儿。来访者成年以后在需要创造性和想象力的专业工作领域表现得非常出色，但每次她都感觉，自己被临近截止日期的工作弄得喘不过气来，并且她在约会时总是不能准时赴约。“服从”一个共享的时间，对她来说是一种难以忍受的屈服，并且是对她的极大冒犯。

在获得时间感的同时，婴儿的空间化也正在发生着，这两项成就密切地相互交织在一起发展。这是让婴儿逐渐获得一个**安住之处**（a place to dwell）和一种“在家之感（felling at home）”的问题，这个问题远不是先天的或自动获得的那么简单，是个体可以返回来休息的地方，也是他“进行各种功能运作的基地”（1986h, p.39）。**安住感**（sense of dwelling）的建立有很多个层次，但对于婴儿来说，最首要的任务是让自己安住在自己的身体中。第二个基本任务被称为精神的“居住（residence）”，或者“精神安住在身体中（indwelling of the psyche in the body）”并不是一种巧合。[38]由于婴儿自己的身体是第一个安住之处，我们需要补充一点，这个身体并不是松散地处于空间中，而是处于母亲臂弯的抱持和收拢之中的，或者处于摇篮的收拢之中；母亲的膝上和环境的细节（这些最初是与婴儿自己区分不开的）是这种安住的组成部分，也是最初安住体验的组成部分。如果婴儿被放置了太长时间得不到母亲的抱持，那么他就会丧失与自己身体的连接，此时身体仍处于一种**未被认识**（unrealized）的状态，而这种未被认识的身体状态就是**去个性化状态**（states of depersonalisation）的典型特征，它是精神－躯体化障碍的病理性根源。

时间与空间是以这样的方式铰接在一起的：必须要确保存在一些时间因素，才能让婴儿的安住变得连续一致和可靠，其中一个与时间有关的因素，就是环境条件的规律性和可预测性。比如，频繁地移动摇篮或不断地改变其摆放的位置，都是不可取的做法。因为婴儿已经习惯了能在一个固定的位置上找到从某侧窗户射进房间的光束，或者卧室墙壁上明亮线条的痕迹。婴儿所居住的场所也一定要保持简单，而且要受到保护，以避免让婴儿迷惑、混乱和负荷超载。在由母亲开辟和维持的这个小“围场（enclosure）”中，世界的碎片以一种小剂量的、能被婴儿理解的方式呈现。另外，当母亲不那么急躁匆忙，而是专注地流连和观察着婴儿呈现给她的各种细节时，她便能够使婴儿创建并栖息在由**时间和专注**（time and concentration）构成的生态小窝里。在这种生态小窝里面，婴儿就可能体验到一些属于当下的内容。这对于临床工作来说有着非常大的意义和启示，尤其是对于那些退行到依赖的来访者。比如，温尼科特说，"精神分析性技术的其中一个主要原则，是提供一个能让来访者一次只处理一件事情的设置"，因为"**两个或更多的因素会招致迷惑**"（1958f, p.192）。

在母亲耐心的关注下，婴儿身处的这个小圈子得到了保护，这就为日后个体有能力栖息于一个完全不同的外部世界，而且不会丧失在家的感觉，逐渐奠定了基础。当这个小世界的安全感被建立起来时，正在逐渐成熟起来的婴儿就会高兴地"发现，乳房（或奶瓶）背后还有个母亲，母亲背后还有个房间，而房间外面还有个世界，这时婴儿会感到欣喜若狂"（1945a, p.22）。母性照护的完整性，让婴儿能够活在一个**主观性世界**中——充满了关于身体功能和环境氛围的想象性生活。主观性世界的主要特点是，它被保护着以免受到任何外部现实样本的侵入。这是婴儿栖息的第一个世界，也将是贯穿他一生的主要的避难所和休息处。混乱的母亲不仅会不断地改变自己的情绪状态，还会不断地改变着具体的环境条件，以至于婴儿无法建立一种"习惯"，一种熟悉感和安全感，而这些都是"在家之感"的主要特征。如果没有专注，有的只能是分心和迷惑。更糟糕的是，总是有一种莫名的威胁笼罩着婴儿，他总感觉有一些无法理解的东西可能会突然降临在自己身上，让一切都变得吃力、煎熬。这里需要特别指出的是，习惯用来形容环境失败一般特征的"**入侵**（invasion）"这个术语，有一种**空间**的意义。对"神圣"领地的入侵相当于突然掀开了走廊上的窗帘，让婴儿过早地瞥见外面世界的无限巨大性。惊恐状态的一个特点，就是对没有轮廓边界的空旷场所感到恐惧，同时有一种所有参照框架都丧失的感受。在 M. A.

Sechehaye 治疗的精神分裂症女孩 Renée 的日记里有几处都提到了她对不真实感的描述：她看见自己身处于"无垠的巨大空旷"之中，或者"街道变得无边无际"，或者"我的眼睛遇到了一片麦田，我看不到它的四周边界"。[39] 与之相比，电影《阿甘正传》（*Forrest Gump*）中，阿甘不管走到哪里，随身都带着他的"房子"。[40]

在以后的阶段，在自己的主观性世界中生活了足够长时间之后，婴儿将会栖息在潜在空间里。这个潜在空间区域最初充满了过渡性现象，随后逐渐被游戏、文化和艺术活动等不受客观性评判的活动所占据。温尼科特说，如果健康，这个区域就是我们生活的地方。游戏以及与潜在空间相关的各种活动的其中一个特点就是一种异化的状态（state of alienation）。这种状态只有在安全感被合并进入人格之后才会发生，个体能很放心地感觉到，有人就在那里照看着永久不变的一切，这也是发展出大孩子乃至成人专注力的基础。如果早期的这些安住体验确保能被足够好地照护，那么基于之前的成就，个体将能够到达外部世界，尽管这个外部世界在客观上是广阔无垠、深不可测和冷淡而不好客的，但是个体也能够在此创建一个生态小窝，让自己再次拥有"在家之感"。

正如时间和空间的整合是最基本的发展任务一样，与之相应的是**抱持**——一种特殊的母性照护方式，也是足够好的母性照护的原型。这种抱持在一开始是简单的，指的是对婴儿的一种处理，以及所有与婴儿健康相关的身体性照护。而随着婴儿的成长，以及他的世界变得越来越复杂，这种抱持也在逐渐扩展。在普遍意义上抱持包含了照护，包括由母亲所维持的安宁的氛围和环境的规律性。随着时间慢慢地推移，"抱持"扩展成为"抱持一种情境"，它是一种连续而沉静的可及性，并且**不需要任何事情的发生**；母亲只是单纯地等待并跟随着婴儿无数次来来回回的运动。当婴儿醒来的时候，母亲就在那里，按照婴儿表达出来的需求以及她对这些需求的理解，来为婴儿提供这个世界的各种样本：哺乳、洗澡、一首歌，或者仅仅是待在一起，彼此看着对方。照看着环境的规律性和鲜活性，以及抱持着整个情境的那个人，就是足够好的母亲，以及那个像是足够好母亲一样的人，即分析师或治疗师[41]。

这种照护所带来的结果，就是帮助婴儿发展出了一些很基础的前－表征性体验（pre-representational experiences），这让婴儿开始对所处环境氛围中的一些方面产生了熟悉的感受，而在健康情况下这种熟悉的感受一定**领先于对同样现象的知觉**。由于母亲维持着环境与照护的规律性、简单性和单调性，事件才得以多次重复发生，婴儿才变得能够做出一些预测：**如果**出现了特定的气味或响声，**那么**特定的事情将会发生。婴儿正在被时间化，他正在获得一种主观感受上的未来感，这就增强了他的等待能力。

整合成为一个自体的过程永远没有终点，本身也不会涉及含混不清或封闭式的状态。正好相反，恰恰是要逐渐整合成为时－空的整体性（globality），才允许了不完整体验的发生。当婴儿在时间上获得了整合，并且开始能标定时间，拥有现在、过去和未来时，他也就存在于一种有限的方式之中了，而这就是**人类本质的不完整性**：在同一个时间，**他既是某个状态**，而这个**当下存在状态的一部分**又必然同时是一种“已经－不是（already-not）”当下的状态（过去），以及也是一种“尚未成为（not-yet）”的状态（未来）。由于精神来访者在主观感觉上一直没有完成时间化，他们所遭受的恰恰就是一种“立刻性（immediacy）”，同时是“无限性（infinitude）”所带来的痛苦。

精神安住在身体中：个性化

对于精神安住在身体中这项任务，温尼科特也使用了“个性化（personalisation）”这个术语。之所以使用这个术语，是因为在成人精神病学中“去个性化（depersonalisation）”的术语已经被广泛膜拜，临床上用来形容来访者主诉无法感受到与自己身体的关联，或者感受到他的身体或身体的一部分不属于他自己等各种状态（1988, p.145）。

要让精神在身体中安住这项任务有意义，我们首先要接受这样的观点，即在生命最初的时候精神和身体还没有统合在一起，只有在**成熟过程进展一切顺利**的条件下，它们才能逐渐形成一个统合体。在最开始，**躯体**（soma）与**精神**（psyche）还不能被区分。它们的区分是逐渐发生的，与此同时，朝向整合的倾向又会促使它们凝聚成一个单元体。然而，我们既不能确保这种精神－躯体性合作关系，同样也不能认为其是理所当然的。并不是说在任何情况下，婴儿的精神和躯体都会自然而然地以单元体的方式运作，婴儿都会以这种方式生活在身体中，都会按照他对身体的使用来发挥功能。这种成就可能会达成，也可能不会达成，而且即使达成了也可能会丧失，甚至在健康的情况下也可能发生。精神－躯体性统合是一项成就，如果没有人主动地参与到对婴儿的抱持和照护活动中，使婴儿在她的臂弯、怀抱和凝视中聚拢起来，那么这项成就可能永远无法达成。一个没有被母亲聚拢在一起的婴儿，会产生一种碎片散落的感受："在心理学中，我们一定要指出，如果婴儿没有被抱持而凝聚在一起，那么他就会散裂成碎片，而在这些阶段中，身体照护就是心理照护"[42]（1988, p.117）。

在沉静与兴奋状态的章节中，我们已经澄清了很多有关个性化任务的内容。当婴儿感觉自己被很好地抱持、身体被聚拢时，特别是在经历兴奋性体验期间，他会很安心地把自己交给母亲来照顾，而他的精神则可以专注于执行想象性精细加工各种身体功能和感受的任务。逐渐地**身体**（body）就变成了躯体（soma），一种逐渐变得复杂的亲密联结就在**躯体**（soma）与精神之间建立起来了。于是，潜在的精神－躯体性存在的特性也变真实了。精神开始在身体中栖息，并将身体变成了自己的居住之处。

因此，婴儿在身体中居住这项逐渐达成的成就，与婴儿的空间化过程紧密相连。在精神－躯体性凝聚达成的整个过程期间，母亲的臂弯和婴儿的身体完全就是一回事。所以，我们可以说，**婴儿的第一个居住之处就是在母亲膝上的婴儿身体**。[43]

跟精神安住在身体中这项任务有关的母性照护是处理（handling），处理是抱持的一个部分，其特指**身体的抱持**。处理－抱持（handling-holding）必须包含所有必要的感觉性体验：婴儿要全方位地卷入一种有活力的怀抱中，它包含着温度和节奏，使婴儿在其中既能感受到母亲的身体，也能感受到自己的身体；婴儿或者被精心地安置在摇篮中，仍然能够与被子和衬垫获得接触，而不是就此松散在空间中；在给婴儿洗澡的时候，由于母亲的爱抚、拥抱、接触、闻嗅等各种方式，婴儿获得了无数次触觉质感的体验；以及细微的、有着不同等级的光线亮度、质地和温度的体验；婴儿为了练习运动而进行必要的对抗性体验，对他兴奋状态（不管是向外探索，还是本能性或运动性的满足）的积极的、具体的回应性体验。所有这些体验都能够促进婴儿栖息在自己的身体里，即使只是暂时的，它也促进了一种精神－躯体性联合，为婴儿的“真实感”做出了贡献。这种真实感也就是自体的现实感，与“不真实感”恰好相对应；真实感意味着“活着”和“存在着”这个现实，逐渐获得了连续一致性、重要性和庄重性。通过在精神与躯体之间逐渐建立起联系，无论婴儿体验到什么样的经历，身体功能运作和身体感受都会一起协调地发生，受到同等的影响。笨拙的和犹豫不决的抱持行为会阻碍精神－躯体性联合，会妨碍肌肉紧张性和“协调性”的发展，以及不利于婴儿享受身体功能运作和**存在**（being）体验的能力发展。当婴儿感受到安全的时候，会发生以下两件事情：母亲促进了婴儿朝向整合的整体倾向的发展，尤其是精神安住在身体中的发展，同时，母亲也为婴儿返回到非整合状态进行放松性休息提供了条件。

在生命的最初阶段，母亲的爱主要是通过**身体照护**来表达的，这确实是婴儿的需求，并且婴儿能够把这种照护整合进自己的主观世界。恰当的抱持和照料是母亲爱婴儿的方式，而且很可能是“母亲能向婴儿展示爱的唯一方式”（1960b, p.49）。我们之所以如此强调这一点，主要是想向大家说明，在婴儿与乳房之间那种强烈的情绪性纠葛背后有着怎样的心理机制和感受，而传统的精神分析让它们变得异常神秘。即使在谈到之后的发展阶段时，温尼科特也指出：“儿童需求的不只是父母的爱，他们还有更多的需求。在儿童令人讨厌，甚至令人憎恨时，他们需要有一些东西来平安地过渡到下个阶段。”（1961b, p.43）当母亲在照护婴儿身体时，她知道在这个身体里面住着一个小人儿。母亲照护婴儿身体的健康，但要以一种把婴儿当作一个**完整的人**（total person）的方式来进行，尽管目前婴儿还不是一个完整的人，但将来他一定会是。母亲是把婴儿聚拢在一起的那个人，但是，这种聚拢不只是发生在她的臂弯里，还需要发生在她的头脑里，即婴儿同时需要母亲在头脑里把他构想成一个完整的人类。然而，温尼科特观察到，确实有一些母亲尽管拥有很好的自然条件，但是似乎忽视了这样一个事实，即这个被她喂奶或洗澡的婴儿身体里还安住着一个人类。假如情况果真是这样，那么婴儿就无法整合成为一个整体，这就为日后变成精神－躯体性分裂（psycho-somatic splitting）奠定了一定的基础。当母性照护促进了精神－躯体性统合时，婴儿就会感觉到个人化的“我”被容纳在皮肤界限提供的边界范围之内。到了六个月左右时，婴儿已经会使用圆圈或球体作为自体的图解了。此时，婴儿变得习惯于占据一定的空间，习惯于拥有一种视觉性存在，习惯于被看见和被认出来。如果这些习惯是缺失的，那么他将永远无法达成自体现实化的成就，或者无法达成与外部现实产生有效连接的成就；他会永远无法觉察清楚什么来自内部，什么又来自外部。然而，即使在健康状况下，精神－躯体性统合也不能被认为可以完全建立起来，不只在生命初期不能完全建立，究其一生也难以达到。在疲惫的情境中，以及在觉醒与睡眠之间的过渡状态中，精神－躯体性统合将会显现出它的不稳定性。

婴儿对于自己被抱持方式的不同非常敏感，这也是温尼科特总是强调足够好的照护应该由同一个人提供的主要原因之一。当有好几个人（父亲、奶奶、保姆）轮流抱持婴儿的时候，婴儿就被迫经受着不一样的抱持，至少在某种程度上丧失了构成可预测性的基础的熟悉感。即使是只有母亲一人照顾，婴儿也对母亲的情绪变化很敏感，情绪变化自然会影响母亲自己的身体。温尼科特观察到，在第二次世界大战空袭伦敦期间，婴儿其实并不害怕掉落下来的炸弹，但是如果他们的母亲表现出了惊恐，那么孩子们马上就会受到影响。

倘若母亲能够保护婴儿，避免婴儿受到因她情绪不稳而表现的爆发性言语指责，并且让婴儿可以感受她各种情绪的正常变化。这对于婴儿的发展是一件好事，这其实也就意味着她是鲜活的，而且是可以被各种事情影响的。母亲是坦率的，不是那么难以理解和迟钝的，这对于婴儿也是一件好事。在最好的情况下，迟钝和难懂的母亲只能让婴儿产生一种无休止的探查需求，非要把所有的玩具和机器都拆开来，看看究竟是怎么运作的。我的一个来访者向我报告，她母亲的表情总是一成不变，永远是那么平静。母亲也从来不会被激惹，或者展现出任何其他的情绪性变化。来访者记得，自己从很小的时候就会偷偷查看母亲的脸色，非常绝望地想知道母亲的内部世界究竟发生了什么。大概就在这个阶段，她感到自己完全迷失了，并且被母亲就要突然死去的恐惧紧紧地笼罩着；于是她想，如果母亲能给她写一张应该做什么或者可以做什么的完整清单，那么对她来说是一件好事，但是她也没有勇气去向母亲要这张清单。这个女孩对她周围环境和别人的外貌表情的任何变化都高度敏感，感到有威胁。

婴儿同样能够感受到紧张的抱持与放松的抱持之间的差异。紧张的抱持对于母亲来说是不舒服的，而放松的抱持会让母亲感觉到那是她工作自然的组成部分，而且不会给她带来过分的压力。来访者有一次告诉我，她现在才意识到自己之前从来都不曾整个屁股坐在沙发上；她的母亲不能忍受各种身体接触，所以从她很小的时候起就一直觉得自己是一个负担，这让她感到极度的痛苦。在焦虑的时候，她会走进浴室去闻一闻母亲用过的浴巾，这可以让她暂时平静下来。

婴儿对母亲情绪变化的敏感性中，显露出了母亲的连续一致性和有能力成为她自己的议题。婴儿能够觉察出母亲学习或模仿来的姿势（灵魂是不在场的）与母亲的自发性姿态之间的差异，自发性姿态表明了母亲确实在场，而在场意味着母亲的全部都专注于此，而不只是心智的在场。但常常会发生这样的情况，母亲因为害怕把婴儿跌落而感到焦虑，或者变得过于控制，又或者由于这种焦虑而出现了皮肤发热、心跳加快的情况。在这样的情况下，对于婴儿来说，放松就成了一种他无法享有的奢侈品，可能只有在彻底的精疲力竭之后才会体验。在经历了整合体验之后，却在返回到休息状态时出现了系统性困难，这种情形可能比我们常常预期的还要严重，因为只有从非整合状态中浮现出来的整合性体验才会有真实感。如果母亲能够承认她自己的困难，并且想要认真仔细地保护自己的婴儿，她就会把婴儿放在摇篮里——摇篮是一个很好的代替自己的东西——或者寻求一个好的保姆来帮助她。事实上，婴儿两种体验都需要。即使是有自信，并且享受抱持婴儿的那些母亲，有时候也会昏昏欲睡，或者可能会经受一段抑郁的时期。如果她们足够好，就会把婴儿放到摇篮里，因为她们知道“自己昏昏欲睡状态之下的生命活力，不足以维持婴儿对于周围空间的想法”（1957e, p.20）。然而，当抱持婴儿的行为充足和恰当时，婴儿就会获得自信，**当婴儿被抱持着时**，他便可以返回到非整合状态。在温尼科特看来，这是最丰富的体验。

与现实连接的开始：客体关系

在生命的一开始，婴儿还没有成熟到足以知晓外部现实的存在，也无法知觉属于外部世界的客体，更不用说与这些客体发生有效的连接。他还没有发展出对外部性的产生感觉或知觉的能力，而这些都是与客观知觉性客体有关的一些特征。从客体中分离出自体（这是一个非常复杂的成就，取决于此前达成的其他成就）将只能从稍后的客体使用阶段起开始，在这个阶段婴儿自己已经创造出了现实感，这是外在性的典型特征。在此之后，他还需要继续去完成这项成就，把自体从总体环境中分离出来，而这项成就只有到了“我是（I AM）”阶段才能达成[44]。

在婴儿刚刚出生之时，他既没有外在性感觉（sense of externality），也没有任何其他的现实感（sense of reality）。为了让一些现实感能够被开启，一定要为婴儿提供在此阶段唯一可能拥有的主观性现实——**主观性世界的现实**（the reality of the subjective world）。不建立主观性现实，婴儿就无法继续逐渐达成成熟过程的各种成就，这些成就中包括真实感（sense of real），这是过渡性的特征，以及对外部和共享现实的感受（sense of external and shared reality）。正如 Loparic 在其文章（1995a）中提到的那样，不同的现实感对应着不同的“世界”，每一种世界都根据其特有的时间和空间的特性而各不相同。在每一种“世界”中，客体可能被发现，而这些客体的存在模式（或现实模式）在其时空地位上也彼此各不相同，例如，主观性客体的存在模式与过渡性客体的存在模式有所不同，与属于外部现实的客观知觉性客体则完全不同。[45]人类个体与主观性客体的关系具有永远排斥任何主观与客观的分离的事实特征，因为这种现实感“在任何活动、表征之前就出现了，而活动和表征这些生命条件都在现实原则的涵盖下，即可以理解为：它们都是外部世界的客体所具有的外部现实特征”（Loparic, 1995a, p.52）。还有一点尤其值得注意：相比随后紧接着出现的客观性世界的现实，主观性世界的现实不但真实感丝毫不差，而且在整个生命过程中某些情况下，还将继续比客观现实更加真实。[46]

主观性客体的主要特征是它存在的可靠性[47]。在之前讨论婴儿兴奋状态的时候，我们已经澄清了这种可靠性的特征，它指的是这样一种事实：足够好的母亲能让婴儿体验到是他自己创造出了他所遇到的客体，同时保护他免受不可预测性事件对存在连续性的打断。因此，与一个主观性客体相遇意味着，在婴儿需要某物之时就发现了它，即他创造出了他所需之物。在婴儿的需求升腾起来的**那个时刻**，客体就正好到来了，而且客体恰恰符合在**那个精确时刻**婴儿能够接收和消（同）化的能力，并且能**成为他自己的一部分**。主观性客体的“存在方式是一种即刻的、无条件的在场”（Loparic, 1995a, p.54）。主观性客体的本性是，它们不会让婴儿遭遇到自己的体验无法涵容的事物，不会令婴儿感到吃惊，换句话说，不会以一种不可预测的姿态和意义过早地出现在婴儿面前。它们的呈现方式没有张扬出其存在的外在性特点，并且在这种呈现的方式下，它们也不会超出婴儿的主观性体验所能覆盖的范围。就凭所有这些原因，主观性客体是可靠的，从这个意义上来讲也是真实的。

客体关系的开始（指的是主观性客体关系）发生于婴儿的兴奋状态期间。与此项任务特别相关的母性供养是**客体－呈现**（object-presenting）。然而，婴儿还是只能从他的发现之中创造出所需之物。为了让婴儿的主观性世界保持鲜活，能继续创造出需要的客体，必须要有一个人能持续地努力向他呈现这个世界，而且必须要以一种婴儿能够理解的方式，以适合婴儿此刻成熟性能力的方式来呈现。一种不适当的呈现方式会阻塞孩子感受到真实的通道，妨碍孩子与包含着客体和现象的真实世界发生关联（1965c）。还有一些环境简直就把婴儿抛弃了，以至于婴儿只能依靠自己的资源活着，这种环境不能为婴儿的创造性活动提供任何材料：

> 但是，如果想要实现婴儿的这种创造性活动，确实需要有一个人在那里。如果没有一个人在那里做这件事情，那么在极端情况下，孩子就会变得自闭和孤独——创造性产生的是一片空白——并且表现出在人际关系中的沉闷、无聊和顺从（儿童

期精神分裂症）（1986h, p.49）。

正如我们已经说过的那样，主观性现实的真实感也将是所有其他成就达成的基础，这依赖于它的可靠性。[48] 事实上，正是这种可靠性才构成了婴儿的主观性世界。因为婴儿只有栖息于一个主观性世界之中，才可能找到主观性客体。在这个世界中，婴儿获得了一种完全控制客体的体验。因此，这里是一个魔法般的世界，而此时客观性世界的要求还未能介入婴儿的生活范围。在饥饿来临时，乳房就会出现，而饥饿紧张停止时，乳房也就消失了。母亲的绝对适应让婴儿活在一种全能的幻象领域中，而且婴儿只有从这里开始才能得以存在。

要想维持住全能幻象，保持主观性世界，那么必须要确保婴儿不会受到现实感的惊吓，因为此时他还没有准备好应对这种现实感。如果在婴儿已经进入休息（睡眠）状态之后，母亲还坚持要给婴儿喂奶或让他兴奋起来；又或者，母亲不但没有响应婴儿的自发性姿态，而且还用自己的姿态去替代，那么一些处于婴儿全能范围之外的现实性侵入就会出现，而这时的婴儿还没有准备好去应对这种现实。然而，这并不意味着婴儿能觉察他正在面对的客体。他之所以无法知觉到这个客体，是因为他还没有发展出知觉的能力。不过，他能感受到，有一些奇怪陌生的和无法理解的东西出现了，可以说就像突然降临一样，而且这是一些无法被容纳进自己体验范围的东西。

从某个适当的时刻开始，婴儿将不得不接受存在外部世界的这个客观事实，这是一个他无法控制的外部现实存在。然而，如果在生命的一开始，他就被提供了一个和这个世界进行创造性和主观性关联的机会，那么此时他会逐渐地能够“不失面子”（1968d, p.103）地接受这另一个（外部）现实存在的证据。在温尼科特看来，“孩子的现实感取决于母亲一开始对这个世界各种事情外部性和客观性的坚持和强调”的观点是完全错误的。只有从全能幻象（illusion）开始，我们才有希望看到婴儿逐渐接受外部世界的独立存在，并逐渐能够吸收和消化各种幻灭（disillusion）："对现实原则的适应必须自然而然地源自一种全能的体验，换句话说，它是在一种与主观性客体关系的区域中自然而然地浮现出来的"（1965j, 180）。

当（全能）幻象被很好地安置时，婴儿会逐渐浮现出"对世界的存在先于个体的存在这个事实的一种智力性理解（intellectual understanding），但是婴儿仍然会感受到这个世界是他个人创造出来的"（1988, p.111）。温尼科特也谈及了智力性理解，它的意思是，在全能幻象能力被安置好之后，随着时间的推移，儿童逐渐了解（learn）外部现实是独立存在的，可以理解其实世界一直就在那里，独立于个体而存在。虽然如此，世界是被创造出来的，并且会继续被个人所创造，儿童的这种感受没有消失。如果个体仍然处于存活状态，那么他的个人性（化）根源就来自这个想象性世界，而且个体只有从这个地方开始，对外部世界的接受才不会等同于湮灭。

在个体的一生中，与现实关联的这个关键问题始终如一，客观性真实的、共享的这个世界能够提供很多东西，前提是接受这个世界不能意味着丧失了个人想象性世界的现实性（1949m, p.70）。当外部现实与主观性现实之间维持的连接处于危险时，我们决不能在客观性方面太谨慎和认真了。比如一个三四岁的孩子，他已经能够同时活在共享世界和自己的想象性世界中了，孩子跟我们说他想要飞翔，那么我们一定不能拿客观性现实的标准去衡量他的这个想法，去告诉他说小孩子是不可以飞的，这就相当于给了孩子当头一棒。反之，我们要把这个孩子高高地举过头顶，让他在高空中盘旋，以便让他真正地感受到，他正在像一只小鸟那样在天空中飞翔。

（不用担心）用不了多久，孩子就能知道飞行是不能靠魔法完成的。但有可能某种程度上在梦中被保留下来，孩子会梦到魔法般地飘浮在空中，或者，至少会梦到爬一个很长的楼梯。十岁左右，儿童会练习跳高和跳远，并努力比别人跳得更高更远。除了在梦中，这是唯一还残留下来的三四岁时那种与飞翔的想法相关的非常强烈的感受。（1949m, p.70）

原初自体的构建

前面讨论的是有关开始接入现实感（通过主观性世界的现实），以及与主观性客体所形成的客体关系。然而，在温尼科特看来，此时婴儿还不能作为一个统整个体而存在，还不是一个“我（me）”。那么它到底是**谁**？在这个世界中，到底是谁与客体相遇的呢？

统整自体是整合性倾向的结果，它是个体在“**我是**（I AM）”阶段所达成的一个更加连续一致和稳定的状态。假如在这个阶段个体会说话，那么他会使用“我是……”的方式表达。然而，我们知道，整合并不是一蹴而就的，也不是一劳永逸的，整合是一个过程。**从非整合状态开始**，会发生一些短暂时刻的整合，或者是一小段时间的整合，随后才逐渐在一个稳定的基础上建立起了普遍性整合状态。在这些充满生命活力和兴奋的时刻，是以“一种完整自体聚集在一起”为先导的（1988, p.117）；这种被聚集在一起而成为完整自体的体验，即使是暂时出现的，也源自创造性驱力，所以会被婴儿感受为一种真实。与客体的相遇为个体的鲜活存在和需求都“赋予了现实”的意义，这不仅仅具有被“满足”的意义，更重要的是使得个体的需求、驱力、“向外探索”的自发性姿态，以及他所发现的东西都**被赋予了现实性**意义。能被婴儿不成熟自体感受到真实的东西，其实就是其幼小自体的这种自我－表达（self-expression）（1993e, p.25）。我们有充分的理由断言，在温尼科特看来，情绪性健康与贯穿于整个人生创造性驱力的保持有关。所有在此基础上启动的体验才是整合性体验，而且是具有真实感的体验；正是这些真实体验的不断积聚和整合，才逐渐构成了原初自体，并逐渐朝向一个统整的身份发展。一次哺乳结束之后，婴儿的自体很快就会散落开来，返回到了一种非整合状态，他便开始休息了。

这种相同的议题也出现在之后的理论构建中（1971i），温尼科特后来说，那些发生在首次理论性喂养期的整合性体验，才是最开始的**自体体验**，也是作为**身份**存在的首要体验。换句话说，在与主观性客体相遇的时候，婴儿就拥有了一种与相遇客体**原始认同**的体验，此刻婴儿便**成为了那个客体：他就是乳房了**。这便构成了一种存在（being）的体验，这种存在超越了之前那种连续性存在的感受，而且具有了一种新的意义：一种**作为身份的存在**（being as identity）。温尼科特认为，男人和女人的人格中都拥有这种**存在的身份性体验**，并把这种存在的身份性体验命名为"纯粹的女性元素（pure female element）"。纯粹的女性元素涉及存在（being），"纯粹的男性元素（pure male element）"涉及行动（doing）。存在与行动之间的这种区别，是构想主观性客体与客观知觉性客体之间差异的一种新方法：

> 在纯粹的女性元素与"乳房"的关联性中，存在着主观性客体概念的实践应用，而这种体验也为客观性主体——自体的概念，以及源自拥有一个身份感的真实感受——铺平了道路。（1971i, p.177）[49]

这里我们的兴趣在于，最初自体的构建与"纯粹女性元素"体验之间的关系。温尼科特说："当一个男婴或女婴，或者一个来访者的女性元素找到了乳房的时候，那么他们的自体也就被发现了"（1971i, p.180）。**存在**（being）是所有体验中最单纯的，或许就是因为如此，只凭反思来构想"存在"是一件非常困难的事情。除此之外，存在也是最重要的体验，是所有后来各种其他体验的基础，包括之后发生的认同体验。为此，

> 不管自体感的心理学和身份建立的心理学最终变得多么复杂，随着婴儿的成长，除非基于这种与**存在**（being）感关联的基础，自体感永远不会浮现出来（1971i, p.177）。

正如我们将要看到的那样，由于温尼科特使用术语“乳房”来指代全部的母性照护，我们必须要说，在原初整合性体验当中婴儿变成了与他所接受到的照护完全相同的事情：他就**是**（is）那个**照护**，更准确地说，婴儿变成了那个照护的**可靠性**。的确，通过这种体验的规律性重复，婴儿将会把这种环境性照护合并作为自体的一部分。尽管温尼科特在1966年的文章中才完整地构想出身份这个主题，但他在1963年就已经写到，由于婴儿一开始是与母亲合并在一起的，那个时候“我”与“非我”之间也还没有区分，“环境中那些‘适应性的’或‘好的’东西，会被婴儿用来建设作为自己自体品质（self quality）的体验储存库，起初婴儿不会把这个过程与自己的健康运作区分开来”（1963d, p.97）。

恰恰是这种存在感不仅让婴儿感受到了真实，还让他整合成为了最初的身份，也就是**原初自体**（primary self）。然而，为了达成这项成就，至关重要的是，驱力必须从休息的状态中、在非整合状态中浮现出来，只有这样它才是个人化的、有创造性的。因为探索来自婴儿，环境没有强加于婴儿什么。正如之前所提到的，如果发起者来自环境，那么留给婴儿的就只能是反应而不是存在。此外，婴儿必须要遇见一个能够“**存在**（is）”的乳房，一个能够存在着的母亲的乳房，而不是一个总是要“做些什么（does）”的母亲的乳房。一个总是“做些什么”的乳房属于“纯粹男性元素”的乳房，它不能满足婴儿对原初身份体验的需求[50]。当婴儿与母亲还是一个统一体时，如果母亲拥有一个能**存在**（is）的乳房，那么婴儿也就能存在。因为婴儿创造出了乳房，所以母亲对婴儿的适应可以允许他创造出一个能够存在的自己，进而成为某个人。如果母亲不能做出这样的贡献，那么婴儿就必须在没有存在能力，或者在存在能力很弱的基础上发展。在这样的情况下，“婴儿就不是‘**像谁一样存在**（being like）’，而是不得不‘表现得像谁（do like）’一样”（1971i, p.179）。[51]如果是那种喜欢“行动”的母亲，而且经常把运作模式强加于婴儿，那么**婴儿就变成了一个照顾者**，而没有能被**允许存在**。**当婴儿照顾母亲的时候**（换句话说，婴儿变成了乳房），他就产生了一种警觉性反应。这种警觉性反应打断了婴儿的连续性存在，恶化了自发性与反应性或服从性之间的分裂。如果这种情形变成了一种环境模式，那么婴儿仍将会建造一个身份，但这个身份将会是一个虚假的、仿造的身份，因为这个身份的建立是一种防御性建造，其目的是为了保护真自体和自发性自体；这个真自体为了不受到创伤，而被一种虚假身份保护并隔离了起来。然而，自发性同时也被隔离了，这也就剥夺了婴儿获得真实体验的机会，创造性冲动也会受到抑制，而**真自体也就丧失了表达自己、变成一种鲜活性现实的机会**。没有了存在（being）这个坚实的基础，虚假身份一定会不停地行动着，无休无止地且毫无用处地想要从这些行动中找到存在感。

在这里必须还要指出两点。首先，一定不能从主动和被动这个角度来理解存在（being）与行动（doing）之间的区别。存在是所有一切的基础，而主动与被动之间的二分都只有与行动相关才有了意义，但同时行动又只能从存在之中浮现出来。其次，我们一定要牢记，原初身份的“主观性客体的存在感”，领先于“与某物或某人在一起”这种想法。温尼科特说，两个独立的人有可能会**感受**到他们是同一个人，但是就我们在此正在讨论的问题看，“婴儿与客体就**是**（are）同一个人”（1971i, p.177）。因此，在后一种情况下，并没有事实上的客体关系，有的是一种“存在”关系。与客体的关系要在后来才能发生，在有过**已经是客体的**这一基础上，如果一切进展顺利，婴儿在某个适当的时期就能够创造出这个世界的外在性，并开始关联到客观知觉性客体。为了让一段关系存在，必须要有两个个体。这里有的这种奇妙的关系，从严格意义上讲并不能被称为关系，因为在这里还没有出现两个人独立但却是二合一（two-in-one）的状态。这也就是为什么温尼科特在构想出了原初身份理论的最终版本之后仍然断言："没有与主观性客体关联这回事，这是一个公理"（1989n, p.187）。

至于"乳房"这个术语的使用，温尼科特与传统精神分析，特别是克莱茵学派的精神分析有着不同的含义：他说，涉及"乳房"的语言表达是一种专门术语（1969d, p.225）。它误导我们认为婴儿一开始就能够与处于外部（从婴儿自己的角度）的客体发生连接，即便是部分客体，而生命一开始这个不成熟的婴儿还没有建立起内部和外部的概念。因此，"乳房"这个词并不代表任何一种外部或内部的客体，这不但因为婴儿还不是一个能够感知和理解客体的个体存在，也因为从婴儿的角度来看，没有任何客体能够脱离开整体环境存在。

考虑到温尼科特思想的整体性，我们可以说，就温尼科特思想而言，"乳房"这个术语有两个基本含义。第一，乳房是**主观性客体**，就客体关系的高度来讲，我们已经讨论过这种客体关系的特殊性质，乳房是婴儿遇见的第一个主观性客体。等在那里随时为婴儿提供乳房的母亲，就是客体－母亲。换句话说，客体－母亲就是作为婴儿兴奋性爱的目标的母亲，也就是能以一种允许婴儿拥有创造出客体的体验的方式来提供乳房的母亲。然而，客体关系的体验——特别是在温尼科特学派的意义上——只有依靠着主观性世界的背景才有可能存在，并且需要持续地被母性养育的可靠性所确认。第二，"乳房"是温尼科特为**照护的完整性**所起的名字，环境－母亲为婴儿提供了这种完整的照护，包括与三项基本任务相关的照护[52]。鉴于照护的关键特质是**可靠性**，当婴儿与乳房相遇之时，他所遇见的不仅是照护本身，而且是照护的**存在方式**（the way of being），也就是照护环境的可靠性。换句话说，他在主观性世界中与主观性客体（乳房－客体）相遇，而这个主观性世界是由完整的照护（乳房－环境）所构成。现在，我们可以完整地阐述主观性客体的概念和依赖的详尽意义了。主观性的客体指的是这么回事：当婴儿与客体相遇时（这个客体是母亲以这样的方式呈现的——客体作为她的一部分并没有与她分离，只有对于观察者才是一个外部客体），这个客体是被婴儿创造出来的，而且在婴儿创造出客体的同时，他也创造出了具有身份的自己，在这种原始性认同体验中他变成了这个客体本身。在这个精确的点位上，依赖的深度特性清晰地显现出来了。母亲通过所提供的照护，从三个基本方面支持婴儿。首先，作为环境-母亲，通过维持婴儿的全能幻象领域，她打开并维持了一个可靠的**主观性世界**（空间和时间），婴儿与客体的相遇就可能会发生，而且婴儿可以返回休息。其次，她使婴儿能够到达自己的自体，促成一种**身份**（identity）的体验，在其中婴儿就变成了那个客体。换句话说，母亲帮助婴儿构建出了与客体相遇的“谁”的存在。最后，母亲本身就是婴儿遇见的（主观性）客体、乳房、温暖、乳汁，等等（母亲-客体）。[53]

母亲之所以做所有这些事情，是因为她与婴儿发生了认同，因为她可以接受婴儿的不成熟性和依赖性，并且愿意对此做出响应。母亲对于婴儿需求的理解不是理智上的，正如她提供的照护也不全是有意而为之一样。如果母亲是足够好的，她的理解就会来自“一个更深的层面，而不必来自用语言表达一切的那部分心智（mind）”（1968f, p.61）。母亲与婴儿的沟通是一种无声静默的交流，来自一种深度的理解：“母亲与婴儿在一起时所做的那些事情是无法通过语言来完成的。”温尼科特肯定地说：

> 人类的可靠性行为本身就是一种沟通，这种沟通远远早于言语具有任何意义的时刻——母亲轻轻摇晃孩子的方式、她的语音和语调，所有这些沟通都远远早于对语言的理解。（1968b, p.147）

母亲可能会跟婴儿说话，也可能不说。然而，这不是沟通的主要方面，因为当涉及人类沟通的时候，“语言是不重要的”（1968d, p.95），重要的是要**通过有效的照护体验**进行沟通。母亲一直在告知婴儿她是可靠的，这不是因为她像一架机器那样在工作，而是因为她每时每刻都知道婴儿的需求是什么。温尼科特说，婴儿正常情况下“并不知道沟通这回事，但他知道母亲的可靠性失败所带来的影响”（p.98）。要么沟通是静默无声的，这需要可靠性做保障，要么沟通就是创伤性的，这会导致一种无法想象的或原始性极端痛苦的体验（1970b, p.201）[54]。如果母亲需要去表现她的可靠性，并需要保证婴儿能知道它，那么母亲恰恰就会在这一点上失败，因为此时她正在把自己的外部存在性强加于婴儿，并且正在要求婴儿去理解那些他目前还无法理解的东西，此时婴儿面对母亲的要求还不够成熟。假若是这样，那么这个母亲其实对自己孩子成熟过程的进程和发展缺乏信心。

在这个能为婴儿提供原始性认同的不寻常的“关系”形式中，这种静默无声沟通的本质方面是母亲对婴儿的凝视（gaze）。[55] 通常，在母亲的照护过程中，婴儿会看向四周，而且很可能他不是在看向母亲的乳房，而是看向母亲的面容。当婴儿在看向母亲面容的时候，他究竟看到了什么呢？温尼科特肯定地说，婴儿在母亲的面容中看到了他自己，婴儿看见的不是一个影像（image），因为此时他还没有知觉的能力。在母亲的凝视中浮现出来的是母亲自己心中对婴儿的想象及所包含的满意感。换句话说，当母亲在看着婴儿时，她的脸庞和凝视会反映她所看见的内容，即**她对婴儿的想象**。被母亲的凝视所看见是存在感的根本基础之一：“当我张望时，我被看见了，所以我存在了。”（1967a, p.154）然而，还有这样的情况，一些婴儿的母亲有着一种不透明的、难懂的凝视，母亲深陷于自己的内在世界中；在这种情况下，母亲的面容所反映出来的不是婴儿，而是自己的心绪，甚至更糟糕的是母亲的僵化性防御。在这种情况下，婴儿看见了什么？温尼科特说，有一些婴儿已经习惯于无法获得他们正在寻求的东西。他们左右张望着，但却看不到自己。这会带来一些后果：

> 首先，他们的创造性能力开始萎缩……。其次，婴儿会陷入并习惯于这样的想法，即当他张望的时候所看到的只是母亲的面容。那么，母亲的面容已经不是一面镜子了，知觉(perception)就取代了统觉（apperception）。（1967a, p.151）

温尼科特使用“统觉”这个术语来与“知觉”形成鲜明的对比。术语“统觉”指的是有创造性的凝视，这是主观性世界的特征。统觉和“创造性”这个词是联系在一起的，有着“使……开始进入存在状态”的意义。统觉所关联的事实是，个体能够继续“始终重新看待任何事物”(1986h, p.41)。当处于健康状态的时候，这种创造性地看待世界的能力便不会消失。即使之后当个体能够关联到客观知觉性客体世界时，这种凝视将永远不会完全受制于外部现实的客观性轮廓，也就是说，个体的知觉永远不会被外部现实的标准所定义。如果母亲的凝视不能反映婴儿，婴儿所看见的是母亲自己的面容，那么，一种来自外部的现实，就会侵犯婴儿全能体验这一正当的需求。

如果母亲在保护婴儿全能幻象领域的同时，还能向婴儿小剂量地呈现这个世界，那么婴儿就可以获得一种连续不断地创造世界和自己的体验，以及获得一种拥有栖息之地的体验。通过这种方式，母亲把自己作为一种原料提供给婴儿去创造，以至于主观性母亲与客观知觉性母亲最终会变得非常近似。对于温尼科特来说，

> 随着时间的推移，个体变得能够不再执念于母亲或母亲－形象的**实际在场**。这种情况只有在“内部环境（internal environment)”建立之后才可能发生。而这种状况要比术语“内

摄性母亲（introjected mother）”所指的现象更加原始（1958g, p.34）。[56]

建立一个“内部环境”，重要的功能不是要**内摄**（introject）各种无意识意象或母性功能，而是要**合并**（incorporate）母性照护及其可靠性的感觉[57]。婴儿并不是处于不断寻找目标中，他还不能关联到客体，也还没有形成一个内部或外部世界，诸如内摄这样的心理机制还不具备任何意义。当我们考虑原初创造性的时候，就没有必要再去做这样的假设：人类——作为一个婴儿——之所以能够变成一个个体，并拥有了一个世界，仅仅是因为他能够投射先前已经内摄的那些东西；换句话说，“排泄那些已经合并进来的东西”（1988, p.110）。当以温尼科特学派的概念作为理解人类的基础时，我们就不难理解为什么不能从身体象征意义的角度来思考人类的精神生活。我们没有办法一边秉持着创造性的概念，一边又考虑着内摄和投射的概念，这两边的概念在生命的同一个发展阶段是不可调和的。温尼科特非常想要强调的是“原初创造性的概念和绝对原创性的概念，这与将先前内摄物（消化物和加工物）进行投射的概念形成了鲜明的对比”（1988, p.112）。

注　释

1.《人性》这本书是本章呈现的分析的基础。
2. 温尼科特通过这句话强调了这样的事实，即观察者很难见到发生在婴儿身上的那些重大的本质事件。就这个事实来说，如果对精神分裂症性类型的严重病理学（源自最原始阶段）加以研究，通过观察和治疗那些退行到依赖状态的年长儿童和成人，而不是直接观察婴儿，可能会特别富有成效。他说："我的经验让我认识到，观察依赖状态或深度退行的来访者要比直接观察婴儿，能教给分析师更多关于婴儿早期的事情……"（1965m, p.141）。
3. 关于这一点，Loparic 说："正如海德格尔的观点一样，生命的内在困难不是来自它的局限性，不是来自不得不死亡，而是来自**必须要持续存在**（having to go on being）。根据温尼科特的观点，正是这种不得不持续存在才是人类所有其他需求的发源之处。"（Loparic, 2000b, p.359）
4. 参考：温尼科特，1958f, p.182。
5. 温尼科特是从常识而不是专业的角度使用了"挫折"这个词，因为对他来说"挫折这个词开始具有意义的前提是，婴儿必须能够在心智中形成了这样的概念，即期待一些事情，但这种期待却没有被完全满足"（1987c, p.54）。在个体的原始阶段，这种情况显然还没能形成，在挫折存在之前还需要经历很长的成熟过程，即只有在一定的发展阶段，挫折才可以被体验为挫折。
6. 温尼科特强调，我们需要区分开出生体验与出生创伤（1958f）。如同弗洛伊德一样，他也认为 Otto Rank 的观点，即"出生本身就是创伤，因为它带来了与母亲的急剧分离"是完全没有根据的。新生儿还没有成熟到能够感受到与母亲连接的程度；他仅仅能感受到安全感和连续感，或者不完全感和不连续感；因此他还无法体验到任何的分离（1958f）。
7. 参见：温尼科特，1958f。在此时发生的创伤与生产和出生有关。我之所以强调它的时间特征，是因为根据温尼科特的观点，正是创伤的这种特征构成了精神病性病理学的基础。这个问题在此后关于温尼科特著作中精神分裂性精神病主题的书里有更多的描述。

8. 关于出生体验和创伤性体验及其在精神来访者的分析工作中的重要性，请参考：温尼科特，1958f。
9. 我们需要注意温尼科特赋予生命开始阶段的“爱”这个词的意义。他把“爱”与接触和身体照护联系在一起，这些是婴儿在那个阶段唯一能够接收到的爱的表现。
10. 我将会在之后的文章中澄清，温尼科特在指代母亲的时候所使用的“客体”这个术语的含义。
11. 温尼科特通过区分“存在（being）”与“行动（doing）”之间的差异（这也是温尼科特理论中最复杂的地方之一），澄清了原始性认同（primary identification）的概念，而原始性认同构成了原初身份的基础。关于这一点我们之后会进一步讨论。
12. 在复习费尔贝恩（Fairbairn）的《人格的精神分析性研究》（*Psychoanalytical Studies of the Personality*）一书时，温尼科特批评费尔贝恩没有考虑到原初创造性，并说道：“在他的理论中，原初精神创造性不是一种人类的特性，无穷系列的内摄和投射形成了婴儿的精神体验。在这里，费尔贝恩的理论与克莱茵的理论一致，克莱茵的理论也不允许对原初精神创造性这个理念给予过多的重视和关注”（1953b, p.420）。
13. 用来形容生命原初阶段的词汇“全能（omnipotence）”所描述的是依赖状态的一种特殊性质，它意味着婴儿一点也不知道自己的存在和外部世界的存在。我们一定不能把**全能体验**（experience of omnipotence）的这种特定意义混淆为一种**全能感受**（feeling of omnipotence），前者存在于幻象领域中，是主观性世界的特点，而后者与一种无限的能力有关系，而且确切地说与“附属于对依赖的绝望”有关系（1971h, p.40）。
14. 这构成了“无事件性（no-event）”创伤，而这种创伤不是发生和留存在“被压抑的无意识（repressed unconscious）”之中，因为这种压抑无意识被假设存在于一定的人格成熟度中，并且已经构建起了内部的精神现实，而这种“无事件性”创伤发生和留存在“未发生的无意识（not-happened unconscious）”之中，它是一种否定形式的温尼科特学派原初无意识。为了命名不是由被压抑的材料所组成的另一种无意识类型，它是一种非常原始的无意识类型，是一种发生于前表征阶段，保留了那些丧失了的崩溃的记忆的类型，我使用了 Zeljko Loparic 专门为此发明的短语“未发生的无意识（not-happened unconscious）”，来表达生命早期阶段的这种无事件性创伤的无意识状态。可以这么说，这种“未发生的无意识”仅仅是原初无意识（the primary unconscious）的否定性表达面，而原初无意识的内容只有“在梦中才能被触及，并且从根本上促成了人类个体所有重要的体验”（1963c, p.218）。

这个短语（未发生的无意识）的发明，是受温尼科特 1974 年的论文“崩溃的恐惧”（Fear of breakdown）所激发出的灵感。在提到当环境性侵入以导致婴儿的自发性姿态无法得到响应而引发崩溃时，温尼科特说：“为了理解这种崩溃，我们没有必要认为这种情况也是一种创伤（意指某些东西被强加给婴儿），而是很有必要把这种情况看成在某些很有益的事情本应该发生的时候，却什么也没有发生。”（1974, p.93）

“那些未曾发生的”是一些体验，个体本应该从休息状态或在冲动的激发下完成并获得这些体验，本应该由适应了婴儿的需求和节奏的环境为其成熟过程提供连续性。但是，这些体验却由于缺少环境的供应而丧失了。对于婴儿的自发性姿态，环境不能做出响应、匆忙或仓促的应对，或者干脆就去干预了。婴儿只好对这种失败的环境进行反应，而正是这种反应打断了孩子存在的连续性，这就形成了一种崩溃。当这种崩溃发生的时候，事实上崩溃的状态并未被体验过，因为那个阶段的婴儿还未发展成一个统整的人，还不能够去体验和记录那些超出了他全能领域的事情；即便如此，他也在承受着这个发生在他身上的“灾难”所带来的结果，此阶段甚至处于“我”还未被建立的时期。

15. 幻象的议题以及最初的全能幻象议题，是温尼科特对于自体的构建和现实感主题的基本贡献之一。这是一个极其复杂的议题，也是哲学的一个中心议题，在精神分析的领域中，温尼科特是为数不多的几个对此议题的重要性和地位给予应有重视的思想家之一。然而，温尼科特的这个贡献是理解他思想的关键概念，却一直是被精神分析的传统曲解或不恰当同化的目标。

例如，Michael Jacobs（1995）指出温尼科特毫无疑问是一个原创性思想家，主要是因为他“产出”了那些概念，诸如过渡性客体和涂鸦游戏（原文如此），之后他又提到，把温尼科特看作原创性思想家还有第二层意思：“改编和采纳他人发明的概念和临床实践的能力”。Jacobs 继续谈到，“我们可以注意到温尼科特对弗洛伊德的幻觉（illusion）概念所做的重大改变，在温尼科特看来，幻觉变成了感知当下存在的一种手段，而不是弗洛伊德认为的是儿童欲望的一种指示”（Jacobs, 1995, p.27）。

16. 根据起源时刻的不同，某些情况下对本能的来源的否认或抑制，可能不能理解为不想要内容的审察机制在起作用，而是理解为一种退缩，是对侵入所做出的一种反应。如果没有母亲的主动性促进环境，本能张力本身就是侵入性的，而且可以打断存在的连续性。在精神安住在身体中之前，身体和处于外部世界中的东西一样，对于婴儿来说都是一种异物，因此本能张力和源自环境的任何侵入性事情一样也都是侵入性的。

17. 参见：第四章“担忧阶段”部分。

18. 温尼科特在 1957 年的一篇文章中指出，缺乏本能张力可能会产生焦虑，但是如果人格已经完成了时间感的整合，婴儿就有能力等待本能需求的自然回归（1958g, p.33）。想要更细致地了解这个问题的发展，可以参考温尼科特 1958b 和 1958g，也可以参考温尼科特 1986a 书中描述的案例，以及 Masud Khan 为此书所写的介绍。

19. 要注意到这个引文很好地展示了温尼科特对“自我（ego）”和“自体（self）”这两个术语的使用。口欲满足有可能是创伤性的，假如它侵犯了“自我功能”，也就是侵犯了那些已经被整合进入身体中的，并且作为一种原初自体而存在的那个部分。这种创伤影响的是婴儿本身，无论他以什么样的整合程度存在也会影响他的成熟过程。

20. 认为婴儿主要不是被快乐（或不快乐）原则所驱动，而是被寻求客体所驱动的这种想法，费尔贝恩（Fairbairn）已经提出过了。事实上对于这一点的发展，尽管费尔贝恩和温尼科特走向了不同的方向，但温尼科特后来还是在 1969 年的文章中确认：“很显然我和费尔贝恩 1944 年文章中的观点是接近的，也就是说，传统精神分析理论一直在强调驱力 - 满足，这就损害了我们对于费尔贝恩所称的‘客体 - 寻求（object-seeking）’这一观点的重视。费尔贝恩的工作与我在这里所说的一样，都在朝着精神分析理论需要被发展和修改的方向努力着，如果分析师希望在治疗来访者的过程中处理精神分裂样现象，那么我们的工作方向就是有价值的。”（1970b, p.256）

21. 温尼科特引用了 Merrill Middlemore 在 1941 年的著作《养育的双方》（*The Nursing Couple*）中的片段，作者描述了她为了不干扰在关系一开始时母亲和婴儿的那种极其微妙的情形，是如何极其小心和谨慎地行事。温尼科特说："她非常小心地照护着，不期待成功，也不害怕失败；一定很少有人可以胜任这种类型的亲密性的观察"（1988, p.105）。

22. 在《婴儿与运动协调性》（*Le Bébé et La coordination Motrice*, 1994）这本书中，心理测量专家 M.Beziers 和 Y.Hunzinger 肯定地说，其中一个能够促进婴儿健康和安全感的照护行动能够促进婴儿的运动协调性，这个行为就是母亲在处理或哺乳婴儿时确保婴儿的双脚是被支撑着的。这样，婴儿能够通过蹬踹沙发扶手，或者蹬踹母亲的双手或身体，来感受自己身体的力量。

23. 上个注释中提到的作者提醒读者，对于婴儿来说，生命（活）就是运动，而且从生命的一开始起，我们一定要小心谨慎地"避免对婴儿运动表达产生任何妨碍"（Beziers & Hunzinger, 1994, p.32）。

24. 温尼科特把很多理论性努力都花在了阐述人性中固有的攻击性（aggressiveness）和摧毁性（destructivity）中。我们需要注意的是，攻击性和毁灭性这两个概念对于区分两种截然不同的"攻击（aggression）"形式是很有必要的。这一点在整本书中，特别是在第四章中谈及客体使用阶段和担忧阶段中将会更清晰。这个问题贯穿了温尼科特的工作和思想变化的整个演化与发展过程。据他自己说，他花了很长的时间——直到在 1968 年 11 月"客体的使用"（The use of an object）这篇文章中——才达成了一个更完整的理论构建，这篇文章是他后期比较重要的文章之一。在 1970 年为《人性》这本书增写的一个脚注中，他指出缺乏一个令人满意的对攻击性根源进行解释的理论构想，"这是我当时没能出版这本书的主要原因。"（1988, p.79）

25. 不难察觉，温尼科特对于攻击性根源的构想与弗洛伊德和克莱茵的理论是完全不一样的。与弗洛伊德理论的不一致主要在于，弗洛伊德认为攻击是个体在接触现实原则所产生挫折后的一种反应，这也就假设婴儿已经具备了相当高的发展程度，但这种发展程度在生命初期是无法达到的。克莱茵理论动机也众所周知：为了解释攻击，特别是原初阶段的攻击，她提出了个体的体质性摧毁（a constitutional destructiveness）的概念。另一种对这两种理论的反对观点是：这两种攻击性根源理论都没能考虑到婴儿的依赖，以及婴儿的反应取决于他所受到的照护方式这个事实。
26. 参考：温尼科特，1965n 和 1965r。
27. 母亲精神病性异常情况的侵入性和创伤性环境模式的这个主题将会在另一本书中展开讨论，本书的目的是澄清温尼科特的精神病性理论。
28. 这种非－本能性愤怒的存在，实际上与“存在的丧失（the loss of being）”有关，随着在临床实践中的发现，对我来说这种现象变得很清楚了。由于这种现象的引导，我搜寻了温尼科特的一些观察，想为这种现象找到一些基础性依据。正如其他情形一样，我在他的著作中找到了分散于各处的很多极其有趣的认定，这里所呈现的就是这种搜寻的结果。
29. 如果想要更进一步了解如何治疗性地使用分析师的失败，请参见：Dias，2011b，第三篇文章。
30. 这个主题对于构建精神分裂性病理学非常重要。
31. 在“退缩和退行”（Withdrawal and regression）这篇文章所呈现的临床案例中，温尼科特向一个在治疗期间退缩和打盹的来访者指出，他在那个时刻的退缩恰恰是为了逃离清醒与睡眠状态之间（或者跟治疗师谈话与退缩状态之间）那种痛苦的存在体验。随后来访者说道，尽管仍然躺在沙发上，但他却一直有让自己蜷缩起来的想法。在这个时刻，温尼科特做了一个极为重要的解释：“在说到蜷缩着和走动着的时候，你也同时在暗指着一些你自己都没有描述的事情，因为你并没有意识到它们；你在暗示有一种媒介的存在（existence of a medium）。”来访者表现出他已经抓住了这种媒介的想法，而这种媒介给他提供了抱持，于是来访者说道：“就像是转动的轮子中间的润滑油一样”（1955a, p.257）。这个媒介恰恰可以被称之为母亲膝上的功能（the mother's lap）。

32. 为了区分母性照护的两个方面，在提出“客体－母亲”和“环境－母亲”这两个术语时，温尼科特非常谨慎，担心这些术语会变成空洞的口号，而“发展出一种僵化的和妨害性的特质”（1963b, p.102）。

33. 在 Maria Emilia Mendonca 的《整体身体运动：一种身体照护方法的历史和发展》（*Ginástica Holística: História e Desenvolvimento De um Método de Cuidados Corporais*, 2000）一书中，她从温尼科特的思想中获得了对发生在她自己临床实践中相关现象的深入理解，她在书中讨论了关于身体照护方法的微妙细节，并仔细思考了教师－学生关系的重要性。她写到她总是能注意到，在小组课堂上有一些学生会“失联”一小会儿。也许是由于沉默，或许是因为他们被教师的声音所震动，这些学生达到了一个宁静的状态，从正在发生的客观性活动中脱离出来。她凭直觉感知到不用一种唐突的方式干预这种状态的重要性，在她看来，学生的这种状态并不表示他们对课堂不感兴趣，恰恰相反，这是学生能够信任的一种表现。过一会儿之后，学生会带着一种加强了的在场感返回课堂中。作者观察到，只有从这个时刻开始，学生才能真正有效地开始这堂课（Mendonca, 2000, p.205）。

34. 对于瓦解（disintegration）的恐惧，是精神分裂性类型的精神病性病理学中的一个核心方面。

35. 无法想象的极端痛苦构成了温尼科特著作中精神病性病理学的核心概念。这个概念会在即将出版的下一本书中有更详细的描述。

36. 可以在温尼科特的文献 1949e 中找到关于婴儿排泄活动完整体验的重要例子。

37. 参见：温尼科特，1949f。

38. 个体居住在身体中的主题将会在下面涉及：精神在身体中的安住。

39. M.Sechehaye, 1994, 分别在第 22、30、22 页。

40. 阿甘是 Robert Zemeckis 在 1994 年拍的美国电影《阿甘正传》中的角色。

41. 在谈及照顾退行到依赖状态的来访者时，温尼科特说：“‘抱持’，就像母亲在婴儿－照护中的任务那样，要心照不宣地承认来访者要瓦解的倾向、要停止存在的倾向，以及要无休止坠落的倾向。”（1965d, p.241）因此，来访者需要分析师有能力维持住这个世界的在场和活力。

42. 上面引用 M. M Beziers 和 Y. Husinger 的引文证实了这个观点，并且指出对于婴儿来说，保持良好状态的位置是一种身体“被卷曲起来”（rolled up）的姿态。当感觉安全的时候，婴儿自然就会采取这种卷曲起来的位置姿态。而在病理性的状态中，或者“如果婴儿正在承受着一些痛苦，这种‘被卷曲起来’的位置姿态在婴儿被母亲抱在怀里时将不会发生。”作者说，“我们所观察到的是一种相反的位置姿态，即一种身体‘伸展’的姿态：头和双臂向后仰伸，背部拱起，伸肌处于紧张状态”（Beziers & Hunsinger, 1994, p.20）。
43. 我推荐读者去阅读 Vera Regina F. de Laurentiis 所著的一本书（2016），关于从原初时刻以及成熟的每一个阶段，精神在身体中安住的过程。
44. 关于从客体中与从环境中分离出自体之间的区别，请参见：温尼科特，1964d。
45. 对于温尼科特来说，接近现实这个议题的一个本质方面就是没有单一的现实感，而是有很多种现实感。人类发展可以被看成这样的一个过程：伴随着多种现实感及相应的不同类型客体的逐渐形成，人类个体的各种可能形式的客体关系也构建起来。在传统精神分析中，只有唯一的一种现实感。想进一步了解这个议题，请参考 Loparic, 1995a。
46. 这一点对于精神分裂样病理学来说尤其如此。
47. 在这里，我们需要注意“主观性客体（subjective object）”这个表达并不完全恰当。首先，从语源学来说，“客体”这个词会让我们想到知觉到的一种物体（objectum），但在此时这个时间点上却并不是这样的情形。其次，“主观性”这个词很容易让我们想到主观和客观两个极端，这属于某种西方思想的体系，其认为主观首先是一种思维的存在，天生就具有意识，充满了各种表征和感受。另外，事实上温尼科特的思想不属于这种西方思想体系，在成熟这一点上，婴儿还不是一种自我觉知的存在，也尚未拥有心理表征的各种客体。因此，我们需要记住温尼科特在他的理论中赋予“主观性”这个表达的特定意义。
48. 温尼科特使用“可靠性（reliability）”这个术语来形容促进性环境的核心

特征。在百科词典（1996）中，源自拉丁语“Religare”的动词“rely”的意思是“安心和自信地依赖，投入信任”。形容词“reliable”的意思是“可以被依靠的、值得信任的……能够确信被依赖的”。温尼科特也考虑使用“值得信任（trustworthness）”来传达这种自信感和可依赖性，但还是优先使用了可靠性（reliability）。很有可能他更偏爱这个术语，因为这个术语在日常用语里使用得更多，也可能因为在词源学上这个词的意义包含了联结、接触、再接受、再连接。它不仅指把婴儿卷入生命过程中的母亲和婴儿之间的原初连接，而且因为传达出了这样的理念，即可靠的东西指的是我们随时能恢复连接。在温尼科特看来这个问题是如此重要，以至于他认为，在原初阶段期间的可靠性的崩溃将会造成一种创伤性体验，并导致精神分裂症性类型的障碍。在温尼科特的根据成熟时刻对各种创伤的分类中，可靠性的崩溃被认为是首要的创伤感。参考温尼科特，1989d。关于环境可靠性对于自体组建的作用，参考 Dias，2011b，第一篇文章。

49. 温尼科特在 1968 ~ 1969 年之间写过一篇文章，回应对他 1966 年所写的“在男人和女人中发现了分裂的男性和女性元素”（The split-off male and female elements to be found in men and women）这一文章的评论。在这篇文章中温尼科特肯定地指出，由于他在本文中所描述的临床工作，他认为自己有条件去比较存在（being）与行动（doing）之间的区别。“我发现自己看到了人类的一个本质冲突，这个冲突在生命的很早期就已经开始了；冲突一方是同样具有存在性质的‘作为客体而存在（being the object）’，与之相对的另一方是基于本能或驱力的涉及活动和客体关联的‘面对这个客体（confrontation with the object）’。这最终成为对我之前曾经尝试描述主观性客体和客观知觉性客体的一种新的陈述”（1972, p.191）。

50. 在温尼科特的提议中，“存在（being）”与“行动（doing）”是两种形式的客体关系，要基于成熟过程的路线去理解它们之间的差异。前者是基于存在的需求，而后者已经假设个体在我与非我之间出现了分离，并且是基于各种本能驱力的。与行动（doing）有关的这最后一个问题，将会在第四章的第五和第六小节中间接讨论。

51. 这一点对于理解精神病性防御，以及对退行到依赖的精神分裂症性来访者的临床工作，有非常重要的启示，这类来访者的主要问题在于缺乏存在（being）的体验，取而代之的是一种基于行动（doing）的防御性组织。关于这个问题请参考 Dias，1995。

52. 在“过渡性客体与过渡性现象”一文中，当提到母亲的乳房被婴儿视为一个“主观性现象”重复创造时，温尼科特引入了一个注释，他指出“乳房”这个术语包含了“全部的养育性技术，当我们说第一个客体是乳房的时候，我认为‘乳房’这个词就被用来代表养育的技术，同时也代表那个实际的肉体乳房”（1953c, p.15，注释 3）。在另一篇文章里，他很明确地指出“乳房这个词和乳房 - 喂养的想法是一种表达，而这种表达包含了作为婴儿的母亲的全部技术”（1969b, p.26）。他也在另一篇文章中指出：“从婴儿的立场来看，部分客体就是完整的客体……”（1989g, p.431）。

53. 只有当母性失败形成了一种失败的模式时，它才是创伤性的。就这个模式来说，母亲可能是在照护的完整性上失败了，其包含了这三个促进性模式的失败，或者她可能在一种更加具体的方式中失败了，比如能够提供某个照护的方面，但在另一个方面却失败了。如果不考虑发挥作用的其他因素，诸如保姆的存在，我们可以说个体的各种困难和障碍是根据母性照护失败的性质而形成了不同的结构。

54. 关于无法想象的极端痛苦，它是理解精神病性病理学的关键，请参见：温尼科特，1968d、1974 和 1989q。

55. 参见：温尼科特，1967a。

56. 在这段引文中，我们注意到了温尼科特在其所强调的“内部环境”与克莱因学派的表达“内摄的母亲”之间的区别，内部环境不是什么客体，更确切地说，它是母亲和全部环境存在模式的可靠性（或者不可靠性），而内摄的母亲则假设婴儿已经有了一个内部世界，而母亲是一个内部客体。在强调了自己的理论与克莱因的理论之间的区别之后，温尼科特指出，“内部客体”是一种心理概念（mental concept）的表达（1953c）。他还说：“克莱因学派的术语‘好母亲’和‘坏母亲’都指的是内部客体，它们与实际的女性无关”（1987b, p.38）。

57. 关于温尼科特的两个概念“合并（incorporation）”与“内摄（introjection）”之间的区别，请参见：Dias 的研究，2011b，第七篇文章。

（郝伟杰 翻译）

第四章

相对依赖阶段和独立阶段

幻灭阶段、断奶和各种心智功能的开启

婴儿渐渐从绝对依赖母亲照顾到相对依赖母亲照顾的这些阶段，依然形成了早期发展时期的一部分；由于这些阶段还处于“我”构建成为一个统一体之前，所以一旦环境失败形成了一种模式，那么仍然存在着精神病的起病风险。在这段时期中，时间与空间的整合、精神安住于躯体、与现实（仍是主观性现实）联结等任务的完成过程，和原初自体的构建过程平行发展。这些任务与过程开始于理论性首次喂养阶段，随着成熟过程持续进行，它们不断要求着新的解决办法，因此也构成了许多新的任务。这些任务贯穿于生命的整个过程中，将使个体始终处于一种需要面对和体验新挑战的状态。这一章所做的描述并不涉及这些初始任务在生命后期阶段可能会具备的各种特征，只限定描述它们在各个初始阶段的一些特点。

随着幻灭的开始以及后果的陆续到来，这个阶段已经与前一章所描述的阶段不一样了，这个阶段的特征是：母亲对婴儿的需求逐渐“去适应（de-adaptation）”的过程启动了。在健康情况下，母亲自然而然地开始从“原初母性贯注”状态中摆脱出来，并且已经开始厌倦自己被局限的生活范围，也厌倦了被婴儿绝对依赖强加给自己的极端要求的限

制。养育中小小的失败开始出现，由于这是随着婴儿的日渐成熟而出现的，所以它们依然构成了适应进程的一个部分。这与婴儿继续其成熟过程的需求是相一致的，在这个发展阶段中，母亲的去适应是至关重要的，它启动了未分化的母婴单元的破裂，其目的是为了启动长久而缓慢的分离过程。正是这个分离过程导致个体最后整合成为一个完整统一的、单独的“我”，使“我”能建立起与“非我”或外部世界的关系。

母亲的去适应触发了婴儿的幻灭（disillusion）过程。然而，幻灭及其收获**只能发生在幻象能力**（capacity for illusion）**良好建立的基础上**。人们通常依据常识以为，温尼科特理论中的幻灭只不过是一个打破幻象的负性过程，但这并不完全正确。根据温尼科特的理解，婴儿随着成熟过程所舍弃的**并不是基本幻象**（basic illusion）（健康情况下婴儿将保留这部分能力），而是**全能**（omnipotence）的幻象。假以时日，儿童会日渐理解他并不是那个实际创造这个世界的人，世界是先于他而且独立于他的存在。儿童将会明白，这个世界从前一直都在，而且在他死后会继续存在。然而，那种世界可以被个性化的创造以及会被持续创造的感受却不会随着幻灭消失。不管智力上如何理解，个体都保留了幻象的能力，也自然而然地运用着创造性，正如我们已经看到的，“会保留终生的东西恰恰是婴儿的经验——创造世界的能力”（1986h, p.40）。

在全部幻灭过程的各个面向里，断奶是尤为重要的一项成就。当婴儿不能靠自己促成这件事情时，母亲就必须促使它发生；为了这个目的，母亲需要使用她自己的攻击性，她必须依靠一些恨的能力——不论是主动的还是被动的——必要时这种能力总会被触发。然而，假如母亲是抑郁的，她就会惧怕自己的恨意，使其不能出现在意识所及的范围；这样一来，她将难以进入一种需要的状态去实现她在幻灭过程中的作用，而断奶就是其中的一个方面。除了要有能力对婴儿产生恨意之外，母亲还得有能力面对婴儿被去适应所引起的愤怒或恨意。[1]换句话说，健康的母亲能够面对客体关系中的两价性情感并能恰当地使用它

（1989d, p.146）。根据 Edna Vilete 的描述，母亲应当有能力：

> ……承认并容受孩子的恨意，并接受有时候对孩子来说她是个自私而吝啬的母亲。接受意味着作为一个坚强的母亲幸存下来，即能不靠全能感的资源来提供照顾，这部分全能感是之前孩子授予她的（Vilete, 2000, p.158）。

正是在这段时期，心智功能（mental functioning）和各种智力过程（intellectual processes）开始被明确地加以运用，帮助婴儿处理在完全与不完全的适应之间所存在的缺口。母性养育中的瑕疵驱使着心智（mind）的使用；正是依靠早期的智力性理解，环境的小小失败才开始能被思考，变得可以被理解、可以被经受，甚至可以被预期（1953a）。如果到这个时候一切进展顺利，婴儿也因为有足够好的适应而幸免于使用早熟性和防御性的心智功能，那么此时他就已经有能力使用另一种知识了，这种知识不是一种心智性知识，而是源自对身体感觉和环境事物的一种日益熟识。婴儿已经能在前智力（pre-intellectual）水平上识别出节律、声音、气味和情绪性心境，也已经拥有了一种前表征性（pre-representational）的“如果……那么”图式（“if……then” scheme）[2]。当婴儿健康时，智力功能就会在这种非心智性理解（non-mental understanding）的基础上运作，而不至于变成一种旨在控制潜在侵入的病理性防御反应。从此以后，婴儿开始使用他的智力理解，厨房里传出的叮当响动预示着饭菜就要上桌了。“如果……那么”图式变得越来越精练和熟悉，而且能被恰当的思考；婴儿不再只是被环境的响动搞得兴奋或不耐烦，取而代之的是可以使用这些新资源来等待。进一步讲，婴儿只有在这个去适应的阶段才第一次瞥见了依赖：婴儿在头脑中明白了母亲是必需的存在。自然而然，这就会把婴儿置于了“暴露无遗”的境地，而且没有任何养育和照护能避免伤及婴儿的人性尊严。

在促进个体的自然倾向性趋向成熟的过程中，有两种非常重要的一般性环境态度。这些态度在所有阶段都应该有所呈现，包括之前和之后的发展阶段，只是在婴儿向相对依赖发展的时期的意义尤其重大：一方面，环境中那些能满足高度依赖的条件要继续存在，因为婴儿可能还有必要依赖，这要视情况而定；另一方面，环境要为个体提供机会与母亲逐渐分离，并与家庭建立联系，然后再从家庭进入最接近的社会单元，再到更大的社会环境中。在后一种意义上，母亲或治疗师的爱，都意味着不仅要满足依赖的需要，还要在恰当的时间提供机会，容许孩子或来访者慢慢从依赖走向独立自主。随着婴儿的成长和发展，他们越来越多地获得了发出信号以表明自己需要的能力；而确实有些母亲由于在养育孩子的技术方面已经技巧娴熟了，她们就不会总是关注那些数不清的交流信号，而是继续猜测并满足孩子的需要，就好像孩子依然和环境融合在一起似的。通常这么一来，

> 这个看起来做得很好的母亲，却做了一些比阉割婴儿更糟糕的事情。最终婴儿只有两条路可选：要么永远停留在退行并与母亲融合的状态里，要么表现出对母亲完全的拒绝——即使是看起来很好的母亲。（1960b, p.51）

另一方面，分离的过程应当是循序渐进的。孩子一定会冲破母亲的怀抱和膝上，“但也不是一下冲到空间里”；尽管依然是受到控制的，但孩子确实转移到了一个更宽广的领域里，“有某种象征着母亲的膝上的东西，那是孩子脱离出来的地方”（1965p, p.90）。这种出发离开母亲并释放自己的活动，实际上会在过渡性阶段有效地开始，然后会真实地贯穿于生命始终。生命，用温尼科特的话来说，“就是一次又一次重复地从闭合的圈子里出来，承担新的风险，面对新的、令人兴奋的挑战的过程”（1965q, p.115）。在一篇文章中，温尼科特谈到了家庭之所以

重要，是因为家庭的存在赋予了母亲膝上的连续性，这个膝上环境也是一个人一定会离开的地方。温尼科特在文章中说明，每个个体都会走一条漫长的道路，这条道路从与母亲融合在一起（being merged with the mother）开始，到与母亲分离但依然关联着她，然后再到与母亲还有父亲都关联在一起；这段旅程还会继续下去，而且是通过更大的团体形式来继续，也就是大家熟知的家庭，其中父亲和母亲就是家庭的主要特征。家庭有其自身的成长历程……起初，家庭护卫着孩子免受外部世界的侵扰，但渐渐地外部世界会找到它的方式进入孩子的生活，比如通过阿姨和叔叔、邻居以及同学。“这种逐渐的环境性渗入（environmental seeping-in）是孩子最终接受更广阔的外部世界的最好方式，而且这种方式精确地沿袭了母亲向婴儿引见外部现实的那种引介模式。”（1961b, p.40）

尽管家庭通常被当成一种负担和阻碍，但在个体的生命中家庭始终没有停止发挥其重要作用。家庭担负着我们开启许多人生旅程的责任，由此我们会因为脱离的需要而逃出家门、移居海外，或更换住址；然后，我们又会周期性地回家，因为我们也需要更新与家庭的联系（1961b）。

为了让对庭院围墙之外的各种探索继续具有挑战性和刺激性，有必要从一开始就让回归到各个原初发展阶段的通路——也就是退行到依赖阶段的通路——一直保持开放。因为“走出围墙既令人感到非常兴奋，也让人感到十分恐慌；而且一旦走出来了，假如不能再回归出发的地方，对于孩子来讲就是最糟糕的事”（1965q, p.115）。

环境可靠性的一个关键方面在于一直保持着“回归可能性”的开放，这是一种永久持续的需要。大孩子、青少年、健康的年轻人，以及成年人，都有可能或是为了取乐，或是出于一段时期的需要，回归到各种各样的不成熟状态，不论是在他们隐秘的自体性欲经验中还是在梦里（1965p）。这些不成熟指示着健康，它们是“各种健康依赖状态的残留物，这些健康依赖状态正是所有早期成长阶段的特征”（1954b, p.181）。健康的个体都有这种回落的能力，因为在原初的各个阶段，通过数不清的回归到未整合状态的体验，以及通过正在描述的这一阶段（注：幻灭阶段），还通过在任何有必要时，母亲都有允许婴儿回归依赖和主观性世界的能力，个体奠定了长大后具备这种回归能力的基础。

过渡阶段

对过渡性现象的描述无疑是温尼科特所有贡献中最快被接受的一项，也是让他变得为人熟知的原因。的确，在很长一段时间里，绝大多数关于他的工作的研究文章和评论都明显热衷于这一主题。此前过渡性现象从未被传统精神分析概念化，这种无可争议的独创性使其很轻易就被同化到业已形成的理论体系中，但也缺少了对这种同化的理论适切性的进一步质疑。事实上，在分析相关议题时过渡性现象在成熟过程中的特殊地位被忽视了，加之由于这一现象看似简单，也使其变得如此大众化，以至于温尼科特感到自己必须得做些什么。于是他在《游戏与现实》一书中把在原版基础上稍微修改后的“过渡性客体与过渡性现象”一文重新发表了一遍，并尝试在文中纠正了一些理论解释上的曲解。例如他指出，令他感兴趣的“倒不是那个被用到的客体，而是对客体的使用”（1971e, p.xvi）。也就是说，对于精神分析的知识来讲，重要的不是去详尽地描述一些新的客体（如内部客体、外部客体、奇异客体、小 a 客体等），而是要关注人类存在和关联（being and relating）的各种模式。

从温尼科特工作的全局观点来看，过渡性现象对人类成熟过程也有基础性意义，因为它们的出现开创了一个新的成熟阶段（也是成熟的成就之一），并引领着个体对现实产生了全新的感知，而这种全新的感知在健康个体内部将逐渐形成一个特定的经验领域。然而无论如何，要发展出这种特殊过渡性的能力，有赖于前期各项发展任务的成功达成。因为产生于过渡性领域内的经验，及由此所导致的对现实的新感知，都必定根植于婴儿的主观性世界中。正是婴儿在其主观性世界中所奠定和体验过的“现实”，为日后对这种现实的过渡性感知打下了基础。如果对真实的主观性感知尚未形成，那么所有过渡性现象将不具有任何意义，个体也无法享受它们带来的乐趣。一个没有被提供过安全感并把这种安全感合并到信念中的婴儿，是不能“让自己放松和分心（absent himself）”的，比如被过渡性客体吸引而分心。相反，他只能时时刻刻保持着警觉，以防任何可能的侵入。

过渡性现象并不属于本能发展路线，而是成熟过程中的自我发展路线。在这条路线上，这些现象直接延续着与外部现实建立联系的任务和成就，而这项发展任务从首次理论性喂养时就已开始了。起初，与现实建立联系的任务被以下事实所促进着，即母亲向婴儿呈现着世界，而其呈现方式就是一开始可以不必让婴儿知道——客体其实是被找到的，而不是被他创造出来的。由此，婴儿开始与现实产生关联，从观察者角度，现实是外部的，但是对于婴儿来说，他是通过创造性而不是屈从关联到了现实。在随后到来的发展期，也就是“我是（I AM）”阶段，婴儿将不得不开始应对“世界是独立于他的存在”这一事实，而最大的挑战莫过于他既要与外部世界的客观性相关联，又不能丧失其个人的自发性和原初创造性。过渡性现象恰恰就处在半程，像一个中间性和促进性的通道，连接了从主观构想出来的现实和客观知觉到的现实，这是一条“漫长旅程”[3]。因此，这个“第三经验领域（third area of experience）”务必应在成熟过程的每个阶段以及生命的任一区间内都得到保留，以使外部的、赤裸的、未加工的现实具有个人化的意义。假以时日，这个过渡领域也必将展现出其本来的形貌，总的来说就是艺术和文化。然而，即使个体已经可以利用共享世界了，甚至凭借才华已经能进行艺术创作了，但创造性在根本上依旧是属于生命的固有现象。它主要与一个人有能力既关联到外部现实，又**不丧失个人存在感**的发展状态有关。

过渡性现象浮现于全能幻象的领域，而在这一领域中主观性世界的现实早已被构建起来。当这些过渡性现象在婴儿八到十个月大开始出现时，幻灭的过程也已经启动了。它们负责让幻象得以延续，同时渐渐改变了其全能的色彩。它们以依附于过渡性客体为显著特征，而且是象征能力的初始成分；随后，它们会进一步发展为游戏的能力，并且延展至整个文化领域。过渡性客体以及后来的游戏能力都是成年以后使用文化、宗教、艺术等领域能力的先导，而使用这些领域是为了从区分现实与幻想这个无止境的任务中抽身，得到必要的、有益的休息。不管怎么说，后来的一切事物的发端就是全能幻象，因为孩子需要“在一个主观性状态中，作为一切的造物主”（1986c, p.16）来开始其生命。

过渡性客体是怎么出现的呢，它们又是以什么方式推动了与现实中客观知觉性客体之间的互通呢？有一个可以观察到的事实是，在出生后不久，婴儿就会吸吮他们的手指和手腕，而且很快就会采用一些技巧来触摸自己的脸部或发出咕咕哝哝的声音。这些活动通常被视作口部自体性欲活动的表现，但其实它们在某种程度上已经具有了一些过渡性的元素，是后来婴儿主动接受一个心爱客体的先决条件，这个心爱的客体包括：泰迪熊、毛毯的一角，或者一块尿布。为了让这些活动的前过渡性意义变得更加明显，我们就得有能力看到更多的可能，而不是只看到这些原始现象中的兴奋性和口欲满足的特点。我们必须看到和承认这些现象中还有婴儿趋近客体的驱力，有创造、发明一个客体的能力，有日渐增长的识别非我客体的能力，还有一段充满深情的客体关系的开端，等等（1953c）[4]。

在适当的时候，作为婴儿日益成熟的成就，在母亲去适应的过程期间会发生一个尚未被精神分析研究重视过，但母亲们早已留意到的现象：婴儿对某些可以说是“选拔”出来的客体产生了依恋[5]。这些选中的客体被赋予了特殊的重要性，成为了过渡性客体，婴儿一边对它们极为喜爱，一边又很残酷无情地对待它们，并且要求它们足够地耐用。在相当长一段时间里，它们变得不可或缺也无可替代，在孩子紧张、不安、焦虑的时候更是如此。比如孩子从清醒状态进入睡眠时，或者母亲长时间不在身边时。母亲很清楚，这个客体不能被换掉，即使是另一件一模一样的东西也不行，而且不管它有多脏都一定不能清洗，因为这会打断婴儿体验的连续性，家庭旅行时也必须带上它。如果婴儿可以拥有这段经验，那么过了这段时间，那个客体就会失去在这段时期中的意义，变得“与其说是被遗忘了，不如说是因为没有用了而被搁置起来了”（1953c, p.7）。

在母亲绝对适应婴儿的那段时期，客体呈现——也就是提供未加工的材料用于主观性客体的创造——是以如下方式进行的，即客体的外部现实特征并不会直面主观世界的现实。客体关系最初的本质其实是与该客体的原始认同：婴儿**就是**那个客体。随着整合过程变得更加稳定连贯，成熟过程就会需要让一些外部世界的东西渐渐介入婴儿的全能感领域。当婴儿能够使用一个过渡性客体的时候，本身就已经说明上述过程正在进行了，而且自此以后，一些新的变化也会被引入成熟过程。于是，在全能感领域中出现了小小的间断。伴随着过渡性客体的出现，一些外部现实的特征也开始加入婴儿的经验中：比如过渡性客体也是适应婴儿的，但是又不像母亲那般能绝对适应他。婴儿从**就是**那个客体，变成了**拥有**那个客体，而且以这种拥有客体的方式，婴儿延缓了放弃对世界进行魔法性控制的进程，拉长了全能感的持续时间，而这部分全能感原本是被母亲的适应所满足的（1988）。在遵循过渡性原则的这个阶段，婴儿终将放弃全能的魔法性控制（这是他与主观性客体的关系特点），而他会通过包含着肌肉运动和协调性快感的各种操作逐渐获得新的控制权。不久之后，另一项发展成就也将达成，那就是当婴儿知道一个特定的客体是外人给他的，并且他能说“ta”（译注：谢谢）时，“由此说明，婴儿承认了魔法性控制的局限性，也承认了他要依赖于外部世界的人的善意”（1988, p.107）。

在婴儿使用过渡客体的过程中，还有许多后天获得的能力出现，其中一些显现出了在身体功能和个人化成熟之间的紧密联系。与身体的协调性发展相并行，身体的敏感性也随之越来越丰富，各种感觉及对这些感觉经验的想象性精细加工也都越来越敏锐。例如，嗅觉敏感度在这段时期会达到一个顶峰，而且之后可能再也达不到同样的强度了，除非在精神病性发作期间；质地、纹理、温度、干燥度以及湿度这些属性都有了巨大而惊人的意义；味觉变得比之前要远远精细得多，而且你常常会看到婴儿流口水。同样在这一阶段可以观察到的是，婴儿开始有情感感受能力的苗头。所有这一切都加入婴儿那饕餮般贪婪的食欲中，并在饥饿的时候浮现出来，温尼科特开玩笑地说，婴儿常常让我们觉得他就像笼子里的狮子那样，对于马上要被消灭殆尽的肉骨头却怀有温柔的情感。

在从绝对适应到相对适应的这条路线的开端，过渡性客体发挥着不可或缺的支持性作用，因为正是它们取代了母亲，而那个母亲此时正在去适应（de-adapting）并因此正在幻灭着婴儿。过渡性（transitionality）的出现标志着差别（distinction）的开始，也标志着母婴单元开始被打破。婴儿作为其所有世界的创造者，创造出了和母亲之间相互分离的第一片区域、第一段距离或一个分离的起始区域——潜在空间（the potential space）[6]。渐渐地，从一个**合二为一**（two-in-one）融合模式的单元中，两个个体会慢慢浮现出来，这就允许了我们最恰当地称之为“**一段关系**”的开始，而曾经与主观性客体[7]在一起的那种**自成一格**（sui generis）的经验则为这段关系打下了基础。过渡性客体恰恰就进入了母亲与婴儿之间的这个空间中，它既意味着分离，同时也是被分离的两个人仍旧联合在一起的一种象征；它代表着母亲或者是乳房，甚至也代表着孩子的自体，因为孩子的自体在成熟过程时已经存在了。由此开始的象征性活动大大扩展了孩子体验的幅度和范围，这是由于“联合体的象征（symbol of union）提供了比联合体本身更为宽泛的人类体验”（1986d, p.135）。我认为这才是温尼科特那引起争议的主张的真正含义，即**随着时间的进展，过渡性客体成为了像母亲那样，甚至比母亲本人更为不可或缺的存在**。

很可能发生这样的事情：同一个具体的客体——泰迪熊、小毛毯、玩偶——最初还只是主观性客体，现在则变成了过渡性客体。因此，问题的关键不是这个特定的客体是主观性客体还是过渡性客体，真正发生改变的并不是客体，而是对该客体的**现实感**（sense of reality）。而且温尼科特正是据此断言道，这种过渡性现象让我们能观察到**客体的本质**（nature of object）（1953c），换句话说，就是在成熟过程中**客体关联性质**的改变，尤其是因为：

> 当然，真正过渡的并不是那个客体。那个客体只代表了婴儿的一种过渡性，即婴儿从与母亲融合在一起的状态，过渡到把母亲当作一个外部而分离的存在并与之关联在一起的状态。（1953c, pp.19-20）

为了让这种过渡发生，和让过渡性得以“装配”，婴儿必须要逐步地创造出一个新的空间，一个新的“世界”。而成熟过程所推进的就是这种人类与生俱来的能力，就是这种创造各种世界并在不同世界之间过渡的能力。这个时候，潜在空间就被创造出来了，它是第三经验领域，也是在健康状态下我们生活在其中的一个地方（1971g），如此，我们就能暂时从区分现实与幻想的任务中休闲。如果婴儿能享受到令人满意的环境条件，使他可以创造出这个新世界，而这个新世界可以让基本幻象得到保留和延续，那么这片领域就可以用来创造和操练象征能力和游戏能力。然后，随着生命历程的进展，它就会进一步扩展到艺术和一般文化领域中。在这个潜在空间中，后续发生的每一件事情都保持着原初过渡性现象的特点：它既不是内部世界的也不是外部世界的；它既不属于“内部的”个人精神现实，也不属于外部的、共享的现实；它既不是精神迷乱，也不是客观实在。以这种形式，过渡性客体和过渡性现象将人类带入了一个从始至终都至关重要的领域：“一个不会受到挑战的中性经验领域（neutral area of experience）”（1953c, p.17）。

然而，这个空间到底在哪儿呢？这个空间的本性和游戏的本性究竟是什么呢？在一篇论述温尼科特著作各种现实感的论文中，Loparic说道：

> 在有了连接的经验之后，就会有使用和表征（use and representation），而比它们更加原始的是游戏。以游戏形式接近现实是婴儿存在的一种方式，而它只有在属于婴儿自己的空间中才能实现，其被称为“潜在空间”。这个空间有别于表征空间的一个根本特点是，它不是外表的、内部的或外部的存在，它本身就是婴儿存在的一个组成部分。婴儿并不是处在潜在空间的“里面”（就像我们说一棵树处在花园里面那样），婴儿**就是**这个空间。（Loparic, 1995a, p.53）

所以说，婴儿并不是从一个客体过渡到了另一个客体，而是从一个世界过渡到了另一个世界。更确切地讲，由于婴儿自己就是这个空间，所以应该说，他是在自己的内部从一种现实感过渡到了另一种现实感，相当于他的存在模式发生了过渡，而且他可以栖居在他所创造的不同世界中，在其中，新的客体就会浮现出来。然而，婴儿只有在早期一段足够的时间内栖居过一个主观性世界，而且能继续栖居其中，并且这个世界的真实性并未受到质疑。有了这些先决条件，他才能达成过渡。温尼科特宣称，凡是有信任和可靠性的地方，就会有一个潜在空间，“它能成为一个分离在外的无限区域（infinite area of separation）”，也能被婴儿、儿童、青少年或成年人创造性地填满各种游戏，这些游戏在适当的时候就会变成对文化遗产的享受。“这个让游戏和文化经验在其中占有一席之地的空间的独特性就是**它的存在取决于鲜活逼真的经验**，而不是由遗传而来的倾向”（1971j, p.146）。

从主观性世界这个永远不会消失的世界通往过渡性世界的通路只有到了适当的时候才会出现，而且作为一项发展成就，其形成需要花费一段时间才能达成。即使分离和象征性活动的过程已经启动了，但这并不能保证过渡性客体的形象和意义能一直保持鲜活，除非实实在在的母性养育持续地支撑着整个过程。换句话说，**当主观性客体是鲜活的、真实的、足够好的，而且不是处于非常迫害性的情况下**，婴儿就可以把过渡性客体当作母亲来使用。至于这个主观性客体的品质和持续时间，话说回来，又取决于外部客体的存在、生命力和行为表现，也就是取决于真实母亲的具体实在的养育：

> 后者（母亲的养育）在某些基本功能方面的失败，间接导致了内部客体（internal object）变得死气沉沉或具有一种迫害性的品质。在外部客体持续一段时间的功能不全之后，内部客体对婴儿就不再具有意义了，那么之后，而且只有在这之后，过渡性客体也就变得没有意义了（1953c, p.13）。

在进一步讨论之前，我想先澄清一下上段引文中用到的“内部客体”这个表述。到引文原文的写作年代（1951年）为止，温尼科特都还没有明确地表达过“主观性客体”这个概念，直到1962年他才提出了“主观性客体”这个概念。尽管这段文本经过修订后收录在《游戏与现实》一书中，并于1971年出版，温尼科特本人也没有对这个表述进行过修改，但我个人对此的理解是，这里的“内部客体”指的就是“主观性客体”。论据如下：第一，从成熟过程理论的角度来看，只有当个体成熟到已经出现了一个内部世界或现实的时候，我们才能参照这一前提谈到内部客体，而这项发展成就只有在婴儿发展到了我是（I AM）阶段，并达成了完整统一的身份感（unitary identity）之后才会出现，而过渡性则是在我是阶段达成之前。在1963年，当谈到被克莱因称为“内部（internal）”的一些概念的早期版本时，温尼科特阐述到，当我们谈论的是生命之初时：

> 还不能在克莱因所界定的意义上使用“内部（internal）”这个词，因为婴儿那时还没有完全建立一个自我边界，也还没有熟练掌控投射与内摄的心理机制。在这个早期阶段，“内在（inner）”只是意味着个人（personal），而个人指的是这个个体是带有一个正在进化过程中的自体（self）的个人。（1965j, p.185）

第二，温尼科特保留了“内部客体（internal object）”这个表达，为的是强调一个令他非常感兴趣的观点，那就是“过渡性客体**并不是内部客体**（内部客体是一个心理概念）”（1953c, p.13）；因此，它本身并没有生命，而它的存活依赖于与环境的关系和交流，在根本上依赖于保持着连续性的环境养育和照顾。在温尼科特的理论中，建立内部世界的前提假设是我和非我（me / not-me）已经发生了分离，建立起的内部世界中有着一套系统的幻想存在，其中也包括了由压抑无意识所导致的一切；一旦内部世界被构建出来，那么满足与不满足的真实体验——这里的满足指的是广义上体验到的真实，而不仅是指快乐原则——会分别引出在孩子的内部现实中感受为好或坏的事物存在。尽管内部世界中的客体和冲突被现实生活中发生的各种关系影响着，但是内部生活仍具有一定的自主性，使其可以作为某种自身的状态被考察。然而，上述种种情况在过渡性阶段却都尚未形成。

因此我们必须指出，过渡性客体的现实存在和象征性特质有赖于主观性客体的充沛活力和可靠性，而这又进一步取决于外部客体的持久性和生命力。主观性客体的丧失是“一场灭顶之灾（a great catastrophe）”，它属于温尼科特理论中“无法想象的极端痛苦（unthinkable agonies）”所描述的那一类情况。如果孩子“失去”了母亲——母亲消失的时间太长了——那么“主观性客体就消亡了”，继而过渡性客体的象征能力也就烟消云散了。正因如此，尽管过渡性客体的象征性特质很重要，温尼科特还是指出更为首要的还不是过渡性客体的象征价值，而是**它的现实存在**。

如果在这一阶段中形成了一种环境失败的模式，使婴儿开始失去可靠性，又会怎样呢？当在剥夺并不极端的情况下，可能会出现一种对过渡性客体本身（比如一个小玩偶）的强迫性使用现象，而这种使用会变成一种贪得无厌的沟通方式。假如剥夺非常严重而且旷日持久，那么婴儿将会彻底丧失吸吮的能力。而在这个阶段，婴儿刚刚开始能与母亲发生区分，所以他所丧失的不但是那个客体，还是他自身的一部分，比如说失去了他的嘴巴。事实上，这种让婴儿能够游戏、吸吮毛毯的一角、把玩嘴巴和拳头、搔弄鼻子的过渡性能力，也就都失去了意义[8]。如果婴儿丧失了被相应的主观性客体所支撑着的过渡性客体，那么他不仅同时丧失了自己的嘴巴和母亲的乳房，也丧失了创造性和通往客观知觉的通路。

与现实的接触和联系在根本上依靠的是创造性，没有了创造性，那么现实，甚至外部现实——也许首当其冲的就是外部现实——就不可能被触及或具有意义。我们在这里所考虑的这个现实，并不是指弗洛伊德所表述的那个现实原则，而是指一种建立在幻象基础上的现实感。只有依靠这种现实感，才能真正达到对外部现实的感知。[9]然而，过渡性客体“是桥梁之一，它让个人精神和外部现实之间的联系成为可能”（1965k, p.192）。母亲若没能保持主观性世界的存活，其结果就是过渡性客体的丧失，而这终将导致婴儿对关联到客体的能力失去信心，对客体的兴趣消逝了，而此刻婴儿却对到底发生了什么一无所知。婴儿只能感受到有某种重要的东西已经消失了、死掉了，即使这个东西可能（客观上）还在那里，但如今已是徒有其表、全无意义了。[10]

因此，创造性是为与现实进行接触和建立联系而服务的。它与保持鲜活和感受到真实有关，指的是一种个体容许现实浮现的方式，一种个体迎接事件发生的方式，换句话说，这是任何人——无论是婴儿、儿童、成人还是老年人——看待事物或实现某种状态的一种独特方式。这种创造性不需要任何特殊的天赋，而且是原创性质的，不是驱力性冲突的一种升华（a sublimation of the pulsional conflict）[11]。

潜在空间，也就是第三经验领域，始终敞开并接纳着创造和发现之间的那永恒存在而无法克服的张力。正是由于这种张力，才会有一种兴奋是过渡性现象以及游戏所独有的，而这种兴奋不是带有本能特征的兴奋。本质上，它指的是一种自我组织，这里要考虑的问题是

> ……这部分自我不是身体-自我（body-ego），它并非是基于身体的**功能运作**模式，而是基于身体的各种体验而被发现并构建出来的。这些体验应归入一种非纵欲（non-orgiastic）式的客体关联，或者可以说应归入自我-关联性（ego-relatedness）（1967b, pp.135–136）。

玩游戏本身就令人兴奋，尤其是它内在固有一种不稳定性。游戏的地盘是一片让个人精神现实与掌控真实客体的体验可以相互作用的领域。正是因为出于自发性、不拘于形式、不囿于规则等特点——也是这些特点让温尼科特坚持认为应该把比赛（game）和游戏（play）区分开——游戏反而让人对那些出乎意料、令人害怕的突发事件见怪不怪了。不难看出，温尼科特所转向的新范式是多么地不同于克莱因学派

的理论。在克莱因理论中，游戏的重要性并不在于玩本身，而在于把游戏作为手段，让潜意识内容和被压抑的幻想显露出来。因此对于克莱因而言，游戏有着自慰发泄、掌控焦虑或实现欲望的功能。而另一方面，在温尼科特的理论中，游戏的重要性则不在于游戏的内容，而在于玩游戏本身、在于那种独具特色的专注方式、在于孩子事实上能在游戏中“失去自己”，并投入一种虚拟脱离（virtual detachment）的状态中，而这与大点儿的孩子身上或成年人身上的那种专注力有关。

客体使用阶段

纵观精神分析文献，“使用客体能力的发展”是一个完全原创的主题。当许多文献都在讨论基于投射和内摄机制的客体关联问题时，**使用客体**（use an object）的能力及其所需的达成条件却从未被认真思考过。这项发展成就的提出是以成熟过程理论为源头而自然派生的，并且温尼科特认为，这项发展成就是他的思想中最为复杂和难以理解的理论点之一。

任何关于使用客体能力的深入思考，都需要我们有一个概念先导，那就是这种能力起初并不存在。在成熟过程中，这项成就与过渡性的相关成就一样，都是延续着在理论性首次喂养阶段就已经启动了的任务，而那个阶段所关注的是建立与外部现实之间的关系。然而，只有到了客体使用这个阶段，客体才开始作为外部客体被感知和使用。为了达成这项成就，母亲从最开始就一定要能以一种小剂量的、可理解的方式向婴儿呈现这个世界，这样婴儿才能有机会通过原始认同**变成**那个客体（主观性客体）。在此之后，去适应时期的过渡性客体的“混合式”现实特征（它们既是婴儿的一部分，也是现实世界的一部分）就导致婴儿最终会**拥有**（possess）这个客体。在过渡性阶段中，婴儿虽然还继续生活在主观性世界里，但是基本幻象的全能特征已经大大削弱了，而且外部现实的一些细小方面也开始被纳入体验中。从再往后的某个时刻开始，这两种对现实的感受（主观性的和混合式的）就不能再满足婴儿的需要了，而朝向成熟的倾向会推动婴儿向着另一种现实感受发展，即对外部共享现实的感受。在这种状态下婴儿能使用客体，而这时的客体就是从客观性角度所看待的客体了。

即使是在原初各阶段还生活在完全主观性世界中时，婴儿也被供应了很多与客体接触的经验，（对于婴儿而言）这些客体在那时是作为主观性客体到来的，而它们本身又是外部现实的一个个小样（从观察者角度来说）。与这些客体反复接触的经验，不仅通过原始认同变成了婴儿的一部分，而且渐渐让客体本身具有了意义——尽管婴儿此时还没认识到他自己的独立存在。[12]当婴儿选出并让自己依赖于一个过渡性客体的时候，这种相互独立的存在就会完全清晰地表现出来。直到达成这一点为止，我们依然还在所谓“客体－关联（object-relating）”的领域内，但是在这个阶段“客体－关联”这个表述还是不准确的，因为此时还没有两个实体出现，所以与主观性客体其实并没有实际的关联。达成这一点之后，如果一切进展顺利，婴儿就可以从**关联客体**向**使用客体**移动。为了让这种移动能够发生，婴儿就一定要在“**客体的本质**”这件事上有所转变，即对那个客体的现实感受改变了，这也就意味着除了主观性世界和潜在空间之外一个新世界被创造出来了。据温尼科特的观点，这一改变是最为困难的，也是最为重大的成熟成就之一，而且这不仅是对其构建而言。当这一改变不能完成时，“最令人苦恼的早期失败就有待修复了”（1969d, p.222）。

当温尼科特把“客体－关联”和“客体－使用（object-usage）”区分开时，他想引起的关注点是什么呢？就成熟过程理论来说，客体－关联要先于使用客体能力的发展，而且是该能力的基础。如果说**客体－关联**是这样一种经验：它让我们思考的是个体作为一个孤立的存在，生活在一个由大量投射[13]所组成的世界中，并且在全能幻象的情境中和主观性客体进行交流。那么以同样的方式，对**客体－使用**最恰当的描述是：只有在客体被当成独立的外部现实的情况下，把客体作为其本身使用的能力才能奏效。由于精神分析总喜欢把所有环境因素都排除在外，除了那些能用投射机制考虑的因素之外，所以对分析师而言，客体－关联要比客体－使用更容易考查。然而，如果要考察客体－使用就别无他法，分析师“必须把客体的本质纳入考虑，不是作为一种投射的本质，而是作为该事物本身的本质”（1969d, p.221）。

对客体的现实感受从客体－关联到客体－使用的改变，并不是仅仅随着时间经过就会发生的。为了使用一个客体，婴儿必定要发展出使用客体的**能力**，这就意味着他要开始把客体当作“该事物本身（thing in itself，或自在之物）”了；开始认为客体是外部的而且是与自己相互分离的；开始觉得客体有独立于一直存在并且会继续存在的属性，也因此客体在他的全能控制范围之外。为了能够被使用，客体“……在作为共享现实的一部分这个意义上就必然要是真实的，而不可能只是由一些投射所组成的”（1969d, p.221）。这样一来：

> ……关联和使用之间的差别在于（后者是）主体将客体放置在主体的全能性控制领域之外。也就是说，主体将客体作为一种外部现象来知觉，而且不是当成一种投射性实体，而是在事实上识别出客体是一个有自身属性的实体（1969d, p.222）。

从引文中我们应该能注意到，婴儿是那个赋予了客体一种“外部”品质的人。婴儿通过把（主观性）客体驱逐出自己全能感的范围之外做到了这一点，本来是自体或者主观性世界一部分的某个东西（或某个人）被分离或者被驱逐出去了，为的是对其加以检视和/或攻击。这种将客体驱逐出去，使其成为不再属于主观性世界的某种存在的操作，温尼科特称其为对客体的“**摧毁**（destruction）”。**这个被婴儿所摧**

毁的客体正是主观性客体，换句话说，其实婴儿摧毁着的恰恰是客体的“主观性”品质。这里所指的**摧毁性**（destructiveness）并不是一种本能性质的摧毁，但是它是被来自原始本能冲动性（primitive instinctual impulsiveness）的经验所支持的，而在这个阶段，原始本能冲动性还没有被整合成为自体的一部分。另外，这种摧毁性也并非来源于挫折所导致的愤怒。这是一种**不带愤怒**的摧毁性，它与个体具有成熟性特征的需要有关，即个体需要居住于一个不是他所投射出的世界，而且在这个世界中，还有一些具有自身实在性的客体可以被使用。假如婴儿的关联能力和沟通能力被限制在只能与主观性客体（在绝对依赖阶段它们是不可或缺的）沟通的范围之内，那么假以时日，这种发展就会走入死胡同（1965j, p.184）。

这种最终指向使用客体能力的摧毁性都有些什么表现呢？它会以多种不同形式表现出来，其中自然也会混合具有其他性质的攻击性，比如本能性质的攻击性。如今婴儿的身体已经更加强壮了，比如，他会开始踢打母亲或者有力地撕咬乳房，或者试着努力去耗竭它，甚至一边拒绝它一边观察母亲的反应，又或者只是不再对它发出需求。[14]不论别的婴儿如何摧毁那个依然是主观性的客体，这一摧毁现象既不具有饥饿的性质，也不具有愤怒的性质，婴儿就是**需要摧毁**那个客体。也就是说，有一种**真实的摧毁性驱力**（real drive to destroy）一定要被婴儿体验到。

因此温尼科特的论点就是，在现实原则开始运作之前就存在着一种摧毁，这种摧毁**在对现实的创造方面有着独一无二的作用**，它表现为婴儿把客体放置到了自体之外，即放置到了主观性世界之外。确切地讲，个体在这个阶段所创造的不是一个客体，而是一种新的现实感，即外在性现实，“正是这种摧毁驱力创造出了外在性的品质”（1969d, p.226）。因此，这种迫切的摧毁性需求有着至关重要的积极功能，那就是使客体变得客观化（objectifying the object）。[15]1970年，温尼科特就曾经写到，假如我们研究攻击性时只认为它不可避免地与妒忌（jealousy）、嫉羡（envy）、源于挫折的愤怒或常以施虐术语来描述的本能性运作有关，那么这样的研究方向将无果而终（1989n, p.287）。在温尼科特看来，人类的攻击性和摧毁性是与现实构建问题有关的现象，“攻击性这一概念中更为基本的，其实是**能够导向发现外部客体**的实操活动的组成部分”（1989n, p.287）。[16]

这里必须要突出强调的一点是，**摧毁的体验能够达成的成果取决于客体的幸存（the survival of the object）**[17]。这里所说的“幸存”，指的是不报复、不改变态度、依旧保持可靠性。之所以必须用“摧毁”这个词，主要不是因为婴儿有摧毁的驱力，“而是因为客体有无法幸存的可能性，这也就意味着客体有可能遭受品质和态度上的改变”（1969d, p.225）。婴儿的摧毁性驱力是真实的，他一定要体验它，但是他只能在安全的情况下才有可能去体验，也就是说，客体不会有被摧垮的风险。**在客体幸存的情况下**，摧毁性驱力就转变成了对那个幸存下来的客体的**使用能力**。客体的幸存不仅让婴儿可以放心地继续实践真实的摧毁驱力，同时让婴儿可以放心地在潜意识幻想（unconscious fantasy）中摧毁客体。换句话说，客体的幸存导向了客体的使用，而客体的使用又导致了两种现象的彼此分开：一种是在潜意识幻想中的摧毁，另一种是把客体放置到投射领域之外。温尼科特形象地说明了这些事情是如何展现的，以及婴儿在摧毁的情境下有可能会对客体说些什么：

> “我摧毁了你”，而客体就在那儿接受着这种交流。由此开始主体会说，“我摧毁了你”“我爱你”“你因为在摧毁中幸存了下来而对我是有价值的”“在我爱着你的同时，我也一直在（潜意识）**幻想**中摧毁着你”。（1969d, p.222）

需要注意的是，只有从这个时刻（客体幸存）往后，个体才开始有了幻想[18]，因为正是自此以后才出现了事实（客体的幸存）与幻想（在潜意识幻想中对客体的摧毁）之间的分离。在这项成熟成就达成以后，主观性客体就会一直在潜意识幻想中被摧毁着。

这项成就的完成，也就是外部现实感的创造以及使用客体能力和潜意识幻想能力的达成，对成熟过程是如此的重要，而又如此难以被概念化地描述，因此在进一步展开之前，值得我们随着温尼科特思想的演化再考察一些对这部分理论所做出的区分和补充。1968年，温尼科特才做出了对这种类型的攻击最为完整的阐述，即攻击作为一种摧毁性，导向了外在性的创造和使用客体能力的实现。但即使在此之前，温尼科特已经陈述过人类的攻击性“从来都是与在什么是自体，而什么又不是自体之间的清晰的区分紧密相关的”（1964c, p.94）。在1964年写的一篇文献中，温尼科特依然把攻击性与原始本能驱力联系在一起的，尚未提及客体幸存的价值。他观察到，攻击性会被儿童以一种魔法性摧毁的方式实施，这种方式由此和魔法性创造有着同样的本质，尽管它们的走向是相反的。儿童通过这种魔法，可以一闭眼就让世界湮灭，而一睁眼又把这个世界重新创造了出来。对所有客体进行这种原始的或魔法性的摧毁是必需的，这就能让客体不再只是“我”的一部分，而开始成为“非我”“从都是主观性现象到达了能被客观感知”的状态（1964c, p.98）。如果给成熟过程以足够的时间，孩子就“变得能够摧毁，继而能够使用恨、踢、尖叫来代替魔法般地湮灭掉世界”（1964c, p.98）。综上所述，我们正在讨论的这项成就发生于孩子实施了一种魔法性的摧毁（也因此是无效的），然后假以时日，随着孩子的能力发展到能够接受恨和爱在人性中共存之后，魔法性摧毁就会转变为真正可能的攻击性。从这个角度看，温尼科特也坚持这一主张，“**真实的攻击性可以被视为一种成就**。相比魔术性摧毁，攻击的想法和行为呈现了一种积极的价值，而恨意则是文明化的一个标志”（1964c, pp.98-99）。

1968年的阐述则增加了新的内容，即这项成就开始于一种要去摧毁事物的**真实驱力**。也就是说，那个依然无情的婴儿如今有了一种新的肌肉力量和增强的运动神经协调性，而为了继续发展，他必须把主观性客体从全能领域中驱逐出去。为了能实现这一点，他会用力地咬母亲，使劲儿地扔东西，也准备残忍野蛮地对待过渡性客体。所有这一切都伴随着依旧冷酷无情的念头，即客体已经被摧毁了，而母亲则一定要能从其摧毁中幸存下来。如果客体幸存下来，那就意味着它是一种独立的存在，婴儿也会觉得可以继续去摧毁客体，只不过现在是在潜意识幻想的领域中摧毁，因为那个他需要使用的客体并无大碍，也因此客体才可以被使用。

在“摧毁性创造了外在性”这一概念背后隐含的假设，“直指人类个体存在的基础，以及客体－关联最基本的方面”。温尼科特假设有这样一条公理，即“……**好东西一直是被摧毁着的**”（1986e, p.262）。从成熟过程的角度来理解，这种婴儿要摧毁好东西的需求，其意义何在呢？对这个问题的一个回答，指的是这样一个事实，即好东西**之所以能够幸存皆因其自身拥有的真实品质**。换句话讲，客体是靠自己幸存下来的，而不是因为受到婴儿保护而免遭摧毁，由此，在客体幸存于摧毁之后，好东西将会在一种新的方式下被热爱、被珍重，甚至被崇拜。温尼科特进一步说明，这就是“已经通过了检验，结果就是（客体）可以被无情地使用，可以不需要受婴儿的保护就能成为最原始的冲动和念头的对象”（1986e, p.263）。假如由于客体的脆弱性而导致婴儿不得不保护它，婴儿将无法收获摧毁它的必要体验，将无法实现与外部客体的关联，也不能使用它、爱它或者恨它。最初这个客体还指的是母亲，随后就会扩展到父亲，再到后来的发展阶段，就会指向所有被爱和被珍惜的客体。[19]

在成熟过程理论中，只有在经历过摧毁、客体幸存，以及在潜意识幻想中摧毁的能力出现之后，爱的能力才会浮现。确实，温尼科特在谈及婴儿充满本能张力的兴奋状态时，也会说到原始的爱（primitive love)，但是这个“爱”是由各种需要组成的，而且对外部的其他存在一无所知。对幸存于摧毁的客体的爱则完全是另一回事，它是一种“我”的感受，是刚刚成为一个完整而单独的“我”，指向另一个完整而单独的个体的感受。这种爱的先决条件与实践成熟的生殖性（不仅是一种独自实践）的先决条件是一样的；同样是在这种情况下，客体一定是被感知为外部的、独立于个体而存在的。也就是说，爱也是在成熟过程中被建立起来的。[20]

照此说来，客观现实和爱都取决于一个事实，即摧毁是一直存在的。这成为了对一个真实客体之爱的潜意识背景，而这个真实客体是位于主体的全能控制领域之外的。摧毁性创造出了外在性，并导向了与外部现实关联的这项成就，而且为了论证这种摧毁性的基本特征，温尼科特用君主制在英国人民心中的地位来举例，因为他们明白，“其实在个人精神现实的内部，事物被摧毁了”（1986e, p.263）。我们越来越清晰地看到，事物可以依靠自身的品质幸存下来，而独立于我们的摧毁梦境。这就给我们的生活带来了极大的放松感，也带来了一种新的信任感，“现在开始这个世界是以其自主权而存在的，是一个可以生活，而不是要去畏惧、顺从，或迷失于其中的地方……”（1986e, pp.263-264）。

使用客体的能力包括了对客体主观性部分的摧毁，这项能力也许是成熟过程中最难达成、也最令人痛苦的一项成就了。如果母亲抵抗不住孩子的摧毁而被击垮了，那么孩子也将无法完成这项发展。要是母亲能幸存下来，并协助孩子应对这一阶段特有的困难，那么孩子就会有足够的时间获得一些办法去应对所受到的冲击，也就是意识到有一个世界存在于孩子的全能控制之外所带给他的冲击。总的来说，从主观通往客观的这种进展是一种非常微妙的渐变过程，其间伴随着发展特征的种种变化，然而若没有母亲参与，这些发展特征变化的出现就会非常突兀，而且对孩子来说是无法预料的（1964c, p.98）[21]。这会让孩子不再是那个创造出世界外在性的人，反而他自己的世界会被这种突兀的变化闯入。从这方面来看，在现实的客观化（objectification）过程发生的同时，足够好的母亲就会帮孩子免受一些外部变化的侵扰。由于受到了这种保护，孩子就能放松自在地游戏，并在其个人精神现实内部体验一切，包括摧毁性和爱；他也会做梦，在他的梦中就会出现破坏和凶杀的内容。这种做梦活动伴随着某种程度上的身体兴奋，构成了一种实在的体验，而不仅仅是一种理智的操作。由此，摧毁性具有了一种积极的价值，也就是那个悖论性的事实，即摧毁性与对世界外在性的创造有关。尽管如此，还是有些东西丧失了。某个主观性客体不得不作为主观成分被牺牲，但即使这样，它的主观性意义却并没有消失。那些无论如何都足够幸运的人曾成功地创造出一个富足的主观性世界，之后就会一直有充足的主观性客体可以被摧毁，用以支持那个带来丰富体验的共享现实。

为了说明儿童若不能获得摧毁经验将会发生什么问题，温尼科特引用了荣格在其自传[22]中对儿童早期经历的记述作为例子。所有记述都表明（温尼科特持这一观点），荣格并没有接触到自己最基本的摧毁性。在他4岁那年，一种儿童精神分裂症的疾病架构已经成型了：围绕着真假自体之间的病理性分裂，一种防御性组织被建立起来，以抵御虚假整合的人格随时瓦解的危险。这种分裂的基础源于一个过早到来的外部因素，也就是他母亲的抑郁状态，而他父亲的母性态度很明显是一种补偿。在荣格3岁时，他出现了一次精神病性的崩溃，这直接与他父母的分居有关。不管怎么说，温尼科特所强调的一点来自荣格记述的自己玩游戏的方式。他的游戏由具象化的、不断重复的建造和摧毁所构成，也就是他一直重复着搭建起一座大楼，紧跟着用一场地震把它毁掉了。而在记述材料中丝毫没有体现如下过程——先是想象性摧毁，之后产生了一种罪疚（guilt）感受，然后再去进行建设。换句话说，建设性地玩游戏与在潜意识幻想中**已经摧毁**这一事实有关，而荣格所描述的游戏并不是这样的。温尼科特评论到，这是可以理解的，因为一个孩子如果是被达到具有临床诊断意义抑郁的母亲[23]养育长大的，那么他要想获得原初摧毁性的成就确实是极为困难的。我们知道，这正是荣格的处境，

> 穷尽一生都在为内在精神现实寻找一个安身之所，尽管这项任务根本不可能完成。在4岁那年，他就已经在应用一套高度复杂的隐秘梦境理论（theory of the underground of the dream）…… 他深达精神内部并找到了他的主观性生命。与此同时，他变成了一个孤僻而离群索居的人，而在当时这被误以为是一种临床抑郁的表现（1946b, p.488）。

换句话讲，荣格的问题并不是抑郁，这里指的是与罪疚有关的或与包含在本能冲动中的攻击性有关的抑郁，这种抑郁是我们后面会谈到的担忧阶段的一种特征。荣格的问题更为原始和根本：从成熟过程的角度来看，荣格困难的源头在于他没有能力**实现摧毁性并由此创造出外在性**，而只有这样才能同时让自体形成一个“我”并与“非我”分离，这种摧毁的能力依靠的是对客体会幸存下来的信任感。荣格既不能在幻想中摧毁母亲，也不能为了在外部领域构建起母亲这个独立的人而把她驱逐出自己的主观性全能控制范围，因为患病的母亲根本没可能幸存下来。这个困难无疑导致了荣格的抑郁性障碍，尽管究其本质这种抑郁障碍指的不是担忧阶段的典型问题。荣格的这种抑郁其实是与绝望感联系在一起的，他绝望的是无法实现一种个性化的现实，而这种个性化能现实准许他建立与世界和外部客体的真实关系，这种绝望感是典型的假自体人格类型的问题。

尽管温尼科特已经论证了，为了延续发展过程并引出与客观感知到的现实建立关系的能力，就会有对好客体加以摧毁的需求，但是他还

是没有清楚地说明就人类本性而言，究竟是什么在要求着好客体——尤其是被个体所创造出来的好客体——一直要遭到摧毁[24]。我相信这个疑问与一种基本问题有关，温尼科特本人瞥见了这一问题，但还没有将其发展下去，对这一基本问题的考查可能需要一位哲学家，或一位诗人，或也可能是一位温尼科特意义上的精神分裂性（schizoid）人格[25]的协助。我们也许可以认为，好东西之所以一定要被摧毁，是因为重要的是创造的过程，而不是被创造出来的那个客体。客体（即使是好的客体）必须要被摧毁，因为一旦被创造出来之后它就会成为世界的一部分，成了一种绑定，一种附属品，一种个人的身份感还与它保持着连接甚至被囚禁于其中的东西。好东西一定要被摧毁，是为了避免这个人类被客观化，更因为这与他的创造性有关。真正重要的、生死攸关的、让生命值得的，是能够一直**无中生有**地（ex nihilo）进行创造，从本质的孤独中、从原初的创造性中进行创造，而且永远如此。

“我是”阶段

用术语“我是（I AM）”来称呼这一阶段是恰当的，正是这一阶段在一个整合的**我**中形成统一体（unity）的成就才得以完成。虽然我们不可能为所有成熟性成就确定出确切的年龄段，但是温尼科特觉得在18个月大左右，儿童就开始建立起整合的人格了。这种整合只有到了两三岁才能达到更加稳定的状态。不管怎样，在任何一个孩子的生命中，当他认识到自己是一个统整的存在并在一定程度上建立起了身份感时，总会有这样一个清晰可辨的时间点。如果此时孩子会说话了，他就会说：**我是**。

在这一阶段中所成为的“我”，是始自原初未整合的自体经过漫长的整合过程后的结果：经历了原初各阶段之后，人格的各个方面渐渐整合到一起，其中也包括工具性的假自体（instrumental false-self）。意思是在具有统一体身份感（unitary identity）的我中包括了真自体和假自体。如今，已经在前一阶段有过多次将母亲从全能领域中驱逐出去的经验之后，即已经将母亲客观化并因此与她分离了之后，孩子在我是阶段就能与整个环境发生分离。

这种我的统一体状态（unitary status）并不是一个紧密结合的整体，也并非没有断裂和冲突，而是指一种空间－时间性整合（spatial-temporal integration）状态。这种状态“由一个自体包含着一切，不再是许多解离的元素相互间隔存在，或是四散零落且闲散游离”（1971g, p.90）。随着这项成就的实现，我们到达了一个结尾，同时也是一个开端。从我是阶段开始，那种存在的真实感和具有身份的存在感“本身并不是一种结束，而恰恰是生命可以活下去的起点”（1989h, p.435）。

在这一阶段，儿童会越来越牢靠地占据住身体。他会察觉到自己拥有一个轮廓，有一层限制性界膜——也就是皮肤——这就把他和一切非我区分开。任何非我都会被拒斥为外部；同时，儿童现在有了内部，有了一种个人化的精神现实。对各种体验的记忆会被集结和关联起来，这也包括所有压抑的无意识所形成的产物。这些再加上原始未被压抑（仅仅是遗忘了）的无意识，就充实了极其复杂的人类内部结构（1965k, p.191; 1965q, p.112）。

1岁儿童在人格方面的整合，会凸显其在独立性上的显著变化。尽管这么说显然并不总是准确的，但是在某些时候、在某些关系中，我们还是可以说已经有了一种成型的身份感。儿童已经能够保持住母亲临场感的鲜活性，而且通过合并（incorporation）作用也能保有对养育的鲜活记忆。这里的养育是指比前一阶段持久得多的养育，而孩子早已习惯了这种养育。在个性化（personalisation）方面，大部分时间里儿童能保持稳定地扎根于身体里；这种情况下，使用自己的身体不仅能增进统整人格的发展，也能增强身体的功能，比如促进肌力、协调性、对温度变化的适应性等。不过，整合从来不是确保万无一失的状态，对一个健康的成年人是如此，更不用说对一个刚刚才整合了的婴儿。在这个年龄阶段，一切都充满了极大的变数。不仅一个孩子和另一个孩子之间有差异，而且同一个孩子在不同时刻之间也有差异。在一个健康儿童身上很可能也会出现精神与身体失去联系，而且在一些情况下这种失联还不容易恢复。比如当一个孩子正沉浸在深度睡眠之中，如果他被吵醒并被抱离了摇篮，由于这时精神还没来得及回到身体之中，而身体位置却发生了变化，那么他就会受到惊吓，十分害怕。

除了涉及1岁儿童日常生活的这些问题之外，还有些问题是与整合过程本身的领域有关的。当一个有着整合意味的时刻开始时，也是一个极其困难和脆弱的时刻。婴儿要从一个新的位置，也就是"我"的位置出发去看待世界和自己了。这时候，成为一个有了边界并标定出领地的自体就是一种勇敢大胆的冒险，而在这份勇气中必然也包括对非我的拒绝。因此，朝向一个完整自体进行整合就是一种对非我有敌意的行动，由此也会带给婴儿反攻的预期。此时，这个新的个体就会感到自己被"无限地暴露着"。"如果有人在这个时候用她的双臂环抱着婴儿"（1965k, p.148），他才能面对、耐受这项成就在此刻所带来的挣扎。下面这段定论的含义也就在于此：

> 在世界各地的语言中，最具有攻击性因此也最危险的言语表达，都能在"我是"这句断言中找到。然而不得不承认的是，只有那些已经达到这一阶段并能说出这句话的人，才是真正合格的、成熟的社会成员（1986d, p.141）。

经过一定的时间，那些与统一体身份感成就有关的经验就会产生出一种偏执状态（paranoid），而这是构成偏执狂（paranoia）倾向的根源之一。[26]在这种情况中，母亲所提供的保护至关重要，因为这种保护介于"被拒绝的外部世界和刚刚整合的个体之间"（1988, p.121）。如果参照统一身份感这项成就，那么当整合的发生恰好吻合这项成就的起始时间时，这种偏执状态就比较轻微；而当个体在更晚的阶段才达到整合时——例如一个成年来访者在精神分析中才得以折回其成熟过程的路径——其偏执状态很可能比较严重。再者，由于整合既依赖于环境供养，也依赖于个性化因素，比如个人冲动性、运动性、敏感性、智力等方面的模式，因此整合过程很可能会被诸多参与因素中的某一种所促进。最后，如果整合的发生得到了个性化因素（其中一些来自遗传）的首要支持，那么个体对迫害的预期就更习以为常了。当婴儿基本上要靠环境养育实现其整合时，自体或多或少是迫不得已凝集起来的。那么，对迫害的预期就可能会有一种相对缺失的现象。不同于前者的情况是，婴儿由此打下了一种天真幼稚（naïvety）的基础，在一定程度上没有能力对迫害做出预期，这是一种几乎不可改变的、对好的环境供养的依赖（1988, p.124）。

为了表达出刚刚整合的“我是”的不稳固的状态，温尼科特提到了“蛋壳人（Humpty Dumpty）”的形象，这个又矮又胖的人物出自一首传统的英国儿歌，说的是一个拟人化的鸡蛋，它最后从墙头掉落下来摔成了碎片。温尼科特说道，那个蛋壳人摇摇晃晃地坐上的墙，就好比是不再提供自己膝盖的母亲。儿童要彻底探索这个转换阶段是需要一些时间的，在某些方向上虽然很有进步，但常常也需要折返和退行，回到那些看起来已经克服了的情形。他一定得享有这种机会，让他能在一天之中（有时还是同时地），体验到好几种类型的客体关系。一个孩子也许正在跟保姆或狗狗玩得十分开心，同时既有一些客观性的感知，也能做出一些创造性的发现。而下一时刻，他又会一头扎进摇篮或妈妈的怀里，或沉浸于熟悉的气味，进入一种融合状态让自己重新回到一个主观性环境中。毕生之中充斥着这些熟悉的儿童关系模式，这些主观性世界的内容要比任何事都能支撑着一个人建立其他所有与现实的关系，因此“当儿童发现和探索世界时，他任何时候走回头路都是可以理解的”（1986d, p.135）。

一个人朝向未来前进以及独立的过程，也是朝向其本源的一条“回头路”。对健康个体而言，不论能够达到的客观化程度如何，主观性世界始终都是个性化财富的源泉和不可分割的独特性。尽管事实上主观和客观从来就不会完全一致，**我们还是可以保持通道的开放，以容许在各种意义的现实之间进行转换**。成熟的成年人能够在保持客观的同时，还不失去与个人想象性世界的联系。他通过一种工具性假自体与社会做出妥协，同时不会切断与自己相连接的那根线，即不会丧失原初的自发性和创造性。

各项成熟性任务还在继续，达到“我是”状态还不能让婴儿成为一个完整的人。但不管怎么说，“我是”状态是一个平台，是一个生命可以活着的出发点。更具体地说，它是可以进入下一阶段，也就是担忧阶段的前提条件。在担忧阶段，婴儿会开始感受到与本能冲动性有关的忧虑，也会开始担心原始爱的驱力在自身和他人身上所带来的后果。

担 忧 阶 段

当在一定程度上达成了“统一的我”的状态之后，儿童接下来就有能力完成整合本能生命的任务了。如果这种整合更为稳定而持久地实现，那么儿童就会发展为一个完整统一的人，能够与另一个完整统一的人建立关系。在此之前，各种驱力还一直处在婴儿的外部，而且如果没有人协助婴儿加以处理，它们还会对婴儿造成侵害。直到完整统一的人这个阶段之初，这些驱力才开始被整合具有意义，关联到它们所带来的结果。原先残酷无情的婴儿开始**担忧起**（feel concerned with）在兴奋状态时支配着他的那种冲动性，好像在说：“这与我有关，这是我的事。”婴儿也会变得**焦虑**（anxious），因为他开始察觉到这种本能冲动性会影响甚至伤害另一个人。由此他也意识到，恰恰就是自己亲手在母亲身上制造出“一个空洞，而原本那是一个充盈而富足的身体”(1955c, p.268)。这一时期所特有的焦虑是极其复杂的，因为担忧（concern）不仅与贪食冲动性（voracious impulsiveness）效应有关，这种冲动性指向兴奋的爱的客体，与兴奋性经验作用于自体的结果有关(1988, p.79)。自此以后，一种与摧毁性相关的罪疚感和责任感就会渐渐产生，这种摧毁性是本能冲动性所固有的特性。

在这一阶段所发生的最重要的事情之一是，儿童开始察觉到不论在兴奋时(excited)还是在平静时(quiet)自己都是同一个人。不仅如此，他还察觉到在他平静状态时照顾他、给他换衣服、宠爱他的母亲，和他在兴奋状态时精力旺盛地去攻击的那个母亲，也是同一个人。母亲一直以来，而且在一段时间内还会继续既是环境－母亲（environment-mother）同时也是客体－母亲（object-mother），前者自始至终都被温柔地爱着和抚慰着，而后者则一再地遭到破坏和摧毁。即使在儿童开始把环境－母亲和客体－母亲结合的这段时期，现实母亲也一定要继续维持这两种角色，并且在养育孩子的任务中每一种角色都要发挥其应有的作用。母亲有责任保持环境的安全和可靠，同时也要能奉献自己作为一个客体被孩子使用，自觉地被吮吸和被摧毁，并引起孩子的担忧：

> 客体－母亲一定要从本能驱动的发作中幸存下来，并被(婴儿)发现（客体的幸存），这时的本能发作已经获得了来自口欲施虐幻想和其他融合（fusion）结果的全部力量。同时，环境－母亲则有另一项特殊功能，那就是继续做她自己，持续共情婴儿，一直在那里接受自发性姿态，而且乐此不疲。(1963b, p.76)。

到了这个阶段，孩子的成长已经迈进了一大步：从母婴单元体(mother-baby unit)发展到我与外部独立的非我之间的关系。从前矛盾性情感（pre-ambivalence）发展到了矛盾性情感，从平静与兴奋状态之间的原始解离发展到对这两种状态有所辨别，并把它们都整合进自体。然而即使到这时，婴儿也只能与**另外一个人**，即母亲，建立关系。由本能冲动性造成的损害引发了担忧能力、罪疚能力和负责能力，所有对这些能力的精细加工都发生在一个排他性的二元水平上，也就是在婴儿与母亲的关系之内，而母亲对孩子来说也是慢慢才变成了一个唯一的人。

整合**本能性质**（instinctuality）及其所固有的全部攻击性这项任务，需要时间和一个不间断的个人化环境。若从环境这一方缺少了对当下事态的理解，或缺失了一种理解式养育，这项成就也就无法达成了。温尼科特的论述如下：人类婴儿无法承受这种全然意识所带来的罪疚和恐惧，他所意识到的就是，那种包含在原始无情爱的驱力中的“攻击性的”念头和行动所直接指向的那个人，跟照顾他及他要继续相对依赖的人竟然是同一个。由于这一切都发生在二元关系中，而且都是与母亲有关的精细加工，所以婴儿只能独自面对这些问题，因为他“还没有足够发展到能利用父亲的中介作用，而父亲的中介作用恰恰能使本能念头变得安全”（1988, p.70）。

当儿童开始面对现实，认清攻击性就是他本性的一部分时，儿童有一种倾向是把这种攻击性投射（project）到外面去，投射给这个世界。于是世界就变得被各种威胁所充斥，由此形成的一种模糊而魔法性的恐惧感也被散播到了各处。正是母亲对此接受和加以保护的有效性，中和了这些恐惧的报复性和魔法性特质：

> 随着婴儿开始以自己喜欢的方式聚集起大量的持续性存在的经验，并开始感到有了一个自体——一个可以独立于母亲的自体——存在时，恐惧感也就开始登场了。这些恐惧感从本质上说是原始的，它们存在的基础是婴儿对残酷的报复有一种

预期的担心。当婴儿变得兴奋时，也会伴有攻击性和摧毁性的冲动或念头，并表现为要尖叫或者想咬东西，而这马上就让他觉得外部世界充满了咬人的嘴巴、怀有敌意的尖牙利爪，以及各种各样的威胁。这些都是来自婴儿早期生存经验中的极大恐惧感，而要不是母亲一如既往地发挥了保护作用，把这些恐惧隐藏起来，恐怕婴儿的世界真要变成可怕的地方了。母亲（父亲也是这样的）只要作为一个个体出现在那里，就能改变小婴儿所感到的恐惧的性质。渐渐地，母亲（或父亲）也会被婴儿识别出来，并被当成一个个体来看待。这样一来，婴儿获得的就不是一个有魔法性报复手段的世界，而是一个会理解他并回应他的冲动的母亲，而这个母亲是会受到伤害或会生气的。当我这么一描述，你马上就能看出来，这种报复的力量若能变得人性化，将对婴儿造成极其迥异的影响。（1993c, pp.105-106）

摧毁性是自己的而且是和爱共存的，接受这一点对儿童来说是极大的困难，而解决这一重大的难题则有赖于儿童发展出修复（repairing）能力——或者以温尼科特偏好的表达来说，修补（mending）的能力。儿童对此有一种迫切的需要，他要知道损害是可以被复原和修理的，空洞是可以被修补的，甚至摧毁性念头和行动也是可以被一些馈赠所平衡的。只有知道了这些，他才能感到放松，安心地继续实践自己的冲动性。无论如何，这种能力只有在下述条件下才能得到发展，即：

如果母亲日复一日抱持住整个情境，那么婴儿就有时间整理和拣选那些本能体验所带来的丰富的想象性产物，也有时间去修补一些他感觉为“好”的、支持性的、可接受的、非伤害性的东西，借此他也在想象性地修复他对母亲所造成的损害

（1988, p.70）。

这段引文的要点是母亲要持续性地在场，从婴儿或儿童整合其本性中摧毁性的整个过程中幸存下来。首先，所谓抱持住整个情境，意思是母亲一直在那里，保持着活力和可及性。这既是说她在身体上是唾手可得的，也包括另一层含义，就是她的注意力（关注）不会被其他事情占据，而是会在婴儿进行攻击、罪疚感浮现、做出修复或修补的姿态，以及这些过程之间的必要间歇时，都能一直保持着专注。其次，母亲的幸存价值的意思是她不会去报复婴儿，不会改变自己的态度，不会因为婴儿任何残忍的行为冒犯了她个人而退缩，也不会采用道德说教的态度去提供过早的教育，或训练婴儿要懂礼貌。幸存不是对所发生的一切事情保持冷漠或置身事外，也不是一种放任和纵容。儿童这时已经知道，当他兴奋时会伤及或损坏别人，他知道这一点，也需要母亲知道这一点。母亲不能假装"什么事都没有发生或没事儿"；她不是在扮演一个"牺牲的烈士（martyr）"去忍受所有攻击，仅仅因为这是做母亲的本分。绝非如此！如果母亲是个活生生的人，她就有感受，就会自我保护，但这种自卫不是出于紧张，也不是因为害怕孩子本性中残忍的一面，也不会为了曾经遭受过的侵害而去翻旧账。所以说，幸存意味着母亲并没有在幻灭过程中放弃母亲的角色：她**能够承受住孩子的恨，并且有能力被恨**[27]。

事实上，儿童无论如何也要实践他的冲动性，而且必须要面对无法挽回的伤害所带来的恐惧。当母亲提供机会让"伤害－修好（hurting-madegood）"的"良性循环（benign circle）"可以数不清的循环往复时，婴儿慢慢地就会相信有修补的可能性，相信建设性的努力，要是再有一些好的条件帮他耐受住罪疚感，他就会有更多的自由去体验本能的爱。

> 良性循环日复一日地增强所带来的结果就是，婴儿变得能够容忍那个（本能之爱所导致的）空洞。仅此之后才会开始有罪疚的感受。这才是唯一真实的罪疚，因为被植入的罪疚对自体来说是虚假的（1955c, p.270）。

如果有多个人轮换照顾婴儿，就像养育机构里的那种情况，那么孩子就失去了修补的机会（修补一定是对受到伤害的同一个人做出的），而良性循环也就无法被建立起来。还有一种情况也让这部分动力没有条件实现，那就是冷淡而机械的养育，即使这种养育来自同一位母亲也一样。

在达成担忧能力期间，儿童也会越来越一致地形成时间化（temporalisation）的整合。他对于自己在那些兴奋时刻里所造成的损害有了新的觉察，这种觉察包括了对过去的追溯以及对未来的预期。他不仅开始知道，他在兴奋的当下会去吸吮、吞吃、耗竭，总之是给母亲造成损害，而且他开始知道他**在以前一直是这样做的，以后也会继续这样做**。这是没办法的事情，要活下去就意味着要死死地抓住、使用、吞食一切维持生命的东西。如果有了对修复活动信心的日渐增长，儿童就可以放心地实践他的冲动性。紧跟着，他因为感到了罪疚而做出一些姿态，如一个笑脸、一段爱抚、一个拥抱，以这些信号表示他已经修补了母亲的身体，那么这一天的任务也就完成了。当良性循环完全适应了单独一天的需要，“本能需求就可以不那么令人恐惧地等到明天。毕竟一天里的不幸已经够多了（没必要再增加更多的不幸了）”（1988, p.72）。由此，担忧能力的实现也伴随着一种更加完整的时间感，从这时开始，过去、现在和未来变得清晰而明确了（1988, p.34）。在完整的人的水平上的整合，意味着有了责任感、良心、“记忆的集合，而且通过把过去、现在和未来带入一段关系中，这几乎也意味着人类心理（human psychology）真正地开始了”（p.119）。

应该注意的是，只有到了这个时候，包含着各种内部冲突的精神生活（psychic life）才算开始了。儿童从此有了内部和外部之分，内部是一个满载幻想和焦虑的个人化的复杂世界，与之相对的则是外部世界。在这个内部世界中进行的生活，以电视剧来比方的话，也有其情节和人物，它们的发生具有高度的自主性，以至于让这个内部世界变得日益复杂和丰富的过程本身就可以是被加以思考的对象。人格中的摧毁倾向和建设倾向出现了严重的分歧和纠纷，除了这种特定类型的焦虑之外，罪疚感也出现了，而它们又都源自一个念头，即摧毁性驱力恰恰是在爱运作的同时浮现出来的。这么一来，“好”就一直会受到“坏”的威胁。[28] 但不管怎么说，就是这样一种焦虑，能在适宜的环境条件下导引着儿童做出建设性的或主动示爱的行为，以此使客体复苏并修复他所造成的损害。这就为以后所有个人化的主动性活动或建设性活动打下了基础。足够好的母亲此时的任务是保持在场，并且能**承认和接受孩子的修复性姿态**。婴儿的修复能力是极其有限的，他需要依靠某人对他的“象征性的馈赠”（symbolic gift）。假如婴儿意识到了损害，却“发现没有人接受他的礼物或承认他对修复所做的努力”（1958b, p.207），那么他就会绝望。这种情况下，从无情无义到担忧和罪疚的转变过程就无法完成，而攻击性则会重现，有时还会非常执拗而无法化解。

儿童对自己摧毁性驱力的容忍，是从母亲的幸存所带来的经验中建立起来的，这种容忍的成效是使儿童有能力享受各种念头（甚至是摧毁性的念头）及其相应的身体兴奋。这种发展“为一切建设性活动的基础——担忧体验”（1984c, p.87）的出现制造了空间。温尼科特说，没有摧毁性，就不会有真正的爱。在相当长一段时间里，

> 幼儿需要的不仅是一个可以被其爱的人，还要是一个愿意接受其效力（potency）（不论男孩还是女孩）的人，这种效力表现为修复性（reparative）和还原性（restitutive）的给予（馈赠）。

> 换句话说，幼儿一定要持续地有机会为了来自本能经验的罪疚而给予（馈赠），因为这就是成长的必经之路。这一阶段也有一种高层次（high order）的依赖，但不再是极早期阶段那种绝对依赖了（1955c, p.271）。

在温尼科特的理论中，上述过程为**个人化道德**（personal morality）的形成奠定了基础，这种道德既不是外部施压或教化强加的，也不是只停留在智力上和表面上的理解，而是自然浮现出来的一种“原善（original goodness）”经验，是来自环境的可靠性经验（1963d, p.94）。这种经验支撑着个人成长，并引导着个体觉察到他人的存在、发展出交叉认同（cross-identification）的能力，即把自己放置到对方位置的能力[29]。带着人性中固有的建设性和摧毁性一起生活同样也是游戏能力的基础，这会进一步发展为工作能力，还有从工作中发现乐趣及满足的能力。另外当失败发生时，也会导致发展障碍，其表现形式为反应性抑郁（reactive depression），或某种类型的偏执狂（paranoia），有时则是反社会倾向（anti-social tendency）[30]。

我们应该注意到，温尼科特所说的道德是在一种非俄狄浦斯（阉割）情境下形成的，而且不涉及法规和禁律。温尼科特的道德的本质不是从已经社会化的个体能够遵守或违反（adequacy or transgression）的角度来定义的，这些是继发性的要求，他所说的道德其实是一种确保（ensuring），保证儿童首先可以做自己，于是就会获得也让别人做自己的能力。温尼科特把道德视为与生俱来的，道德是存在于人类内部的一种倾向，要发展出为自己的行动负责的责任感，尽管这项成就有待通过个人化的经验整合进人格中。正如人性中的其他方面一样，道德倾向也只有在环境的促进作用下才能实现，首要的就是为婴儿提供原始的好的经验，以及让婴儿有被理解、被关心、被尊重[31]的经验。

对担忧能力的精细加工是一个长时间的过程。我们很难为这个过程确定一个开始日期，只能说其必要的前提是已经具备了一定程度的整合成为了一个“我”，有了“我”才可以承担责任。因此，温尼科特不同意把这一阶段的任务和各项成就定位到生命的头几天、头几周，甚至头几个月，就像梅兰妮·克莱因在其“抑郁位置”理论中所做的那样。因为达成担忧能力需要先“发展出时间感，发展出对现实和幻想的鉴别，而且最主要的是有了个体的整合这个事实基础”（1955c, p.274）。不过，由于从最初的无情状态到后来出现担忧及负责的能力中间有着一段时间，担忧能力一直处在形成的过程中，所以我们还是可以在6个月[32]左右，或1岁之前发现一些零零散散的罪疚感的迹象。而对于这一阶段的特定任务而言，是在两岁半左右其加工过程达到顶峰，但在5岁之前，这个过程都不可能稳固地确定下来。在这个阶段开始时出现的困难，显然也和尾声时的困难是不同的。

这些不同之一在于这样一个事实——在担忧能力精细加工过程的后半程，从某一时刻开始，父亲以父亲角色本身加入了进来，即作为第三个人加入进来了，而且他的存在和真实在场也变得至关重要。在成熟过程开始时，父亲仅仅是作为母亲角色的复制品而存在。但正如我们所知，即使作为这样一个角色，他自身的一些品质也参与其中，这就是“坚硬、严格、不屈不挠（unrelenting）、不妥协退让（intransigent），以及不可动摇（indestructible）”（1986d, p.131），这些在当时还只是被婴儿体验为是母亲的一部分品质。随着儿童承认了母亲是独立的和外在性的存在以后，这部分品质也被分化了出去，并且需要由父亲来承接，成为父亲的一部分。之后父亲开始成为一个重要的男人，“他最终也成为了一个可以被惧怕仇恨，也可以被爱和尊重的人”（1986d, p.131）。[33]

当儿童意识到了父亲是一个与母亲不同的人，并且发现了家庭三角关系时，他就开始看到或想象到父母之间的兴奋关系了。这对于儿童的安全感有着决定性的意义，因为父母通过对彼此的兴趣所表现出的关系的稳定性，让儿童可以开始幻想自己取代了其中之一，而又不会有假戏真做的风险。到了某个时候，儿童感知到这种三角关系的方式有了转变：他自己才是那个第三者。温尼科特把这一发现——儿童对于自己处在三角关系顶点之一的觉察——称作“原初情景（primal scene）”。[34]健康的情况下，儿童能够处理由这种新的觉察所引发的愤怒，也能利用这种觉察进行自慰，并能为伴随这种觉察的意识和无意识幻想负责。

正是有了父亲在其位、与母亲形成关系，而又依然处在前俄狄浦斯期情境这几个条件，一种家庭场景在儿童面前成型了。母亲和父亲在一起及他们之间的关系，加上他们为这个家庭氛围共同烙上的印记，构成了除母亲臂弯之外的首个环境的基础。这个环境逐渐会扩大到把祖父母、阿姨和叔叔、朋友，甚至是邻居都囊括进来，但其核心特征始终都打着父母的标记——其中一些还是从他们自己的原生家庭所带来的。这个家庭场景还包括了一个家族的历史，而小小的儿童个体慢慢才会融入这段历史中。融入家庭群体之中，个体就有了生根的感觉，有了一种血统传承感，这也为习俗和传统的流传提供了根基。家庭的连贯一致性和持续存在性，同样为长大后的个体提供了在需要时回归的二次机会。比如青少年有时仍需要重现其原始经验，甚至年轻人已经去了外面的世界，变得越来越独立，“但依然保留着一个能钻回去的窝”（1989n, p.288）。而对于上述任一种情况，温尼科特说：“前提条件是很清楚的，首先就是母亲，而后是父母双方在一起，然后是家庭以及家庭的延伸，再到包括学校在内的当地社会环境，等等。”（1989n, p.286）

还是与这一点有关，即儿童发现了自己在家庭生活中所占据的位置后，我们应当指出，他处理那些产生于原初情景感受的能力也导致了另一项极为重要的成就的实现：独处的能力（capacity for being alone）。在精神分析文献中，有许多研究讨论过对于独处的恐惧或是想要独处的欲望，但却很少谈到独处的能力。尽管这项能力只有在有了原初情景的经验之后，才会稳定一致地建立起来，[35]但是“**对于婴儿和幼儿来说，**

这种独处的体验是母亲在场时的独处”（1958g, p.30）。也就是说，当依然很幼小而且不知道有个环境存在时，婴儿有时是可以独处的——处于一种平静状态或接近于本质孤独的状态——但这必须要基于母亲的持续在场与照顾的可靠性。“随着时间的进展，个体内摄（introject）了自我－支持性母亲，这样一来，他就不必频繁地参照母亲或母亲的象征也能独处了”（1958g, p.32）。

到了这时，儿童也开始要**仰仗父亲**发挥他的作用了，这种作用在于当孩子在兴奋驱力的作用下攻击母亲时，父亲要保护母亲。就是在这种情况下，父亲那种不妥协退让和不可动摇的特性，帮助孩子释放本能生命及处理其后果。一个有力量的、介入调停的父亲，能提供一种安全感使得本能性念头和行动不那么危险，他的这种存在就让儿童可以冒险去活动、实践和兴奋起来，因为父亲的在场就是准备着去修补损害或以他的力量阻止损害的发生（1989l, p.184）。父亲提供了必要的支持，让幼儿寻找本能满足时不会太危险。假如由于父亲的缺席或者母亲的抑郁，不能提供这种协助，那么儿童就会被抑制，并失去兴奋之爱的能力。儿童不得不早熟地对自己的驱力加以控制，本来他能够进行这种控制的基础是一种父性力量（paternal strength），而这种力量要慢慢才会被吸收为他自己的。这些情况下，不仅自发性和驱力受到了抑制，儿童还会永久性地恐惧着摧毁性将脱离自己的控制。这就有可能导致抑郁，或是一种反社会倾向。

不仅如此，若没有过这种经验——即依靠父亲为本能驱力设置限制——到后来的俄狄浦斯期，儿童就无法与父亲成为竞争对手，无法获得与父亲对抗的经验，而这些经验对他的发展是必不可少的。尤其是在担忧阶段，儿童需求的是可以依靠母亲的可及性和幸存，以及父亲的坚定性。这在反社会倾向的研究中格外明显，从中我们可以识别出两种剥夺：

> 一种是客体的丧失，另一种是框架的丧失和控制感的丧失。某种意义上来看，也可以说是母亲的丧失和父亲的丧失——这里指的是父性的父亲，而不是站在母亲位置上（standing-in-for-mother）的父亲。父性的意义在于框架和力量——剥夺指的就是对它们的剥夺（1989f, p.578）。

在完全发展为行为不良的案例中，缺少能维持住局面的框架及由此导致的界限未被合并的现象是十分明显的，尤其是在涉及盗窃和毁物的案例中。而温尼科特要说的是在这些案例中所突显的，“儿童对严父的一种急切需要，这个父亲会在母亲被攻击时保护母亲。这个儿童所呼唤的严父也是可以被爱的，但他首先必须是严格而有力量的男人”（1946, p.116）[36]。

在整个担忧阶段过程中，随着儿童不断尝试应对蕴含在本能生活中的攻击性，本能性质本身也在被整合着。与此同时，儿童对身体各个部分的感受也在日渐增加，由此也增强了儿童的个性化（personalisation）和空间化（spatialisation）。大约在这一时期，性发展的一个重要方面也开始出现了。在身体上各种兴奋变得越来越定位化，阴茎勃起（phallic erection）和阴蒂兴奋（clitoral excitation）也都开始具有其自身的重要性。到这时，这些兴奋虽然已经变得可能了，但尚未具备后来才获得的生殖和性交的特征。在获得这些生殖器（genitals）功能的特征之前，它们都还只关联着食物引起的兴奋或对食物的想法，而很快它们就会关联到排泄活动上。正如前面已经指出的，在这些前性器阶段中，尽管婴儿身上涌现出了各种各样的兴奋，包括那些具有性器官特征的兴奋，但此时的婴儿依然不具备足够的成熟度去对生殖器官的功能进行想象性精细加工。

在担忧阶段加工过程中的某一时期大概是在两岁——儿童就进入了被温尼科特称为自我（暴露）表现（exhibitionist）或招摇卖

弄（ostentatious）的阶段，这个阶段近似于弗洛伊德所命名的性蕾期（phallic phase）。从成熟过程的角度——即从这一过程中性别和性身份发展的角度来说，正是在这个阶段，男孩和女孩之间的区分才开始变得有意义了。自我表现阶段或性蕾期的核心要素是关于男性器官的突显性质（obvious quality），与之截然相反的则是女性器官的隐藏性质（hidden quality）。男性生殖器也因其勃起和周期性增强的敏感性而占据了中心和显眼的位置，反之"女性状态则是一种阴性特质（negative matter）"。这个阶段的存在也"标志着男婴和女婴在发展道路上开始分道扬镳"（1988, p.41）[37]。在这一阶段一开始，勃起是最为重要的元素，勃起和阴蒂敏感化都直接关系着那个被孩子主动爱着的人，或是与人竞争的念头，而这个被爱的人就是竞争的背景。之后，在第二性蕾（生殖器）期（second phallic phase），儿童会表现出"一种更为公开的穿透（penetration）和使人怀孕（impregnation）的目的，而这时一个真实的人才可能是爱的客体"（1988, p.44）。由于兴奋经验是男孩或女孩安住于其身体并和他人关联的方式之一，因此那些有过勃起经验以及阴道收缩经验，且有过这种与他人相关或与身体功能相关经验的儿童，要比那些没有过这些整合经验的男孩或女孩，处于不同的且更为健康的发展位置上（1986g, p.145）。

自性蕾（phallic）期以后，随着性别区分的出现，我们也一定要将两性同体（bisexuality）这一事实纳入考虑：每个女孩内部一直都有一个男孩，每个男孩内部也都一直有一个女孩，而这一点在女孩身上尤其是不争的事实。在这段时期，明显的证据是男孩有些女孩所没有的东西，不仅是勃起，男孩还能以女孩做不到的方式小便。在不同程度上，女孩会因此感到自己是低下的或残缺的，这种情况下，"阳具嫉羡（penis envy）就是一个事实"（p.186）。温尼科特表明，这件事情可能表现出的创伤无疑是多种多样的，而且在很大程度上取决于外部环境因素，比如父母对性别的态度和期待、兄弟们在家庭中的性质和位置，等等。女孩们常常妄想她们曾经有过一个阴茎而现在没有了，或是她们有一个还没长出来的阴茎；男孩们则妄想着女孩也是有阴茎的，而这么想是为了回避阉割焦虑；简而言之，在温尼科特看来这种在性蕾期对男性和女性之间差异性的否认是一种普遍现象，正是这一阶段的特点，而且为了能实现这一点需要相当程度的健康成长才行。如果个体还背负着之前那些发展阶段的负担，那么上述这些事情无疑会导致不同严重程度的精神障碍，比如各种性倒错表现或施虐受虐的形态[38]。无论如何，与这一阶段特征性的性别区分相关的经验，对于健康个体和疾病个体来说都是复杂的，而且会表现出各种各样的困难。不同之处在于，假如有障碍存在，那么幻想或游戏就会由于压抑作用而受到阻止；幻想或游戏本可以有助于这些经验的自我表达，以及把它们整合到人格结构中；压抑则是一种复杂的防御机制，会被已经有了精神内部生活也有了与人际关系相关的本能冲突的人所使用。性蕾期的困难其实只对某些人有着夸张的重要性，而他们就是那些在迈进这一阶段之前已经遭受过另一种性质剥夺的人。[39]

从个人发展的角度对这一阶段的各项发展任务进行考察有着至关重要的作用，可以将传统精神分析理论中对这一阶段困难所假设的严重性变得相对化。弗洛伊德之所以将精神病的起源归因于这一阶段的阉割威胁，很可能是由于事实上他的理论并没有留出余地去考虑俄狄浦斯情结之前的那些发展阶段，而那些阶段恰恰在承担和进行着构建现实的任务和过程。他把精神病理解为一种现实的丧失，或是一种与现实连接的中断，也就假定了现实已经建立起来了。而为了说明他的这种理解，他选择了阉割这一现实，作为被回避的现实的一种范式。[40]

俄狄浦斯阶段

如果儿童真正获得了能去体验俄狄浦斯期情境焦虑的能力，就意味着他已经建立起了一种完整统一的身份。作为整合了各种本能并为本能冲动性的后果负责的结果，儿童的整合状态变得稳固，他也成为了具有完整统一自体的人，那么可以说他不太可能有患精神病的风险了[41]。到了这个时候，他已经有了足够的精神健康水平，能够经受住三角关系和人际关系框架下本能生命所固有的各种困难和挑战了。与克莱因学派理论泾渭分明的对立之处在于，温尼科特认为只有在谈及完整的人的时候，三角关系（triangular relation）或俄狄浦斯情结（Oedipus complex）的说法才有意义：

> 当三人中有一方或多方只是一个部分客体时，我实在看不出使用俄狄浦斯情结这个术语的价值何在。至少在我看来，在俄狄浦斯情结中，三角关系中的每一方都是一个完整的人，这不仅是对观察者而言，更是针对儿童的状态而言（1988, p.49）。

与俄狄浦斯期相关的发展困难并非来自环境的失败或忽视，尽管这些困难也会使这一阶段的情形变得更为复杂，真正困难多源自生命和人际关系本身的困难和挑战，而且即使之前有过充足的养育也无法预防这些困难。在人生的这段时期，即使是最健康的儿童也会表现出丰富多样的神经症性症状：不管刚刚多么活跃异常，他会突然看起来黯然失色；他一向亲切而富有感情，可是又会瞬间充满了暴怒，对小动物或其他东西做出残酷的举动；他会做噩梦，而且会把安抚他的母亲赶走；一方面他胆大包天，同时又表现出胆小如鼠、怕这怕那；他隔三岔五地对为他准备的食物起了疑心，拒绝在家吃饭，可是又在祖父母家或邻居家狼吞虎咽。在这段时期，他已经有了一个内部世界（internal world），所有浓烈的生命和暴烈的幻想与感受都在这个世界中发展着。本能和身体兴奋的材料会带到游戏中去呈现，另外与父母某一方的进一步认同也开始出现了。

最重要的时刻是那些明显被本能性所决定的兴奋时刻，其中就夹杂着新近才被整合并有了意义的各种感受。在一次兴奋和下一次兴奋之间所发生的事情，大部分与以下几方面有关：要么是为本能满足做准备，要么是试图将本能置于控制之下，再或者是通过间接的方式保持本能的鲜活，这些方式包括游戏、健康的自慰（也就是非强迫性的）以及戏剧化的幻想（1988, p.54）。如果儿童健康，他 / 她就会处于被异性一方的父母强烈吸引的状态，同时与同性一方的父母充满着张力。这是矛盾性情感所致，也就是说，爱与恨的同时存在。儿童绝大部分的情感生活依然处在无意识状态，即使在最令人满意的环境中长大，也会有各种各样的驱力、念头、幻想和梦境，在这些状态中难以承受的种种冲突就会展露出来，包括爱与恨之间的冲突、保护与摧毁之间的冲突，以及更为复杂的异性恋位置（heterosexual position）与同性恋位置（homosexual position）之间的冲突，这部分冲突与对父母的认同有关。[42] 所有这些都表明，儿童是一个活生生的个体并且在加工着生命固有的各种困难。

再比如说，在经历另一个婴儿的出生时，大一些的儿童可能无论如何都需要退行，退到之前已经克服和跨越的某些模式中，更有甚者会退行到依赖模式。如果儿童曾有一个好的开始，而且人格已经结构化了，那么他并不会因此而失去任何先前达成的发展成就。他甚至会表现出退行行为，但这些行为是为了防御本能冲突所引发的焦虑。最主要的防御是压抑（repression），因为到这一阶段一种特殊形式的无意识已经发展出来了，即**被压抑的无意识**（the repressed unconscious）。维持对被压抑内容的管控需要消耗大量的精神能量，而由于生命本身的倾向性，这些内容也一定会重现在梦境和幻想中，或者被投射到外部客体或现象上。压抑的一个特殊结果就是本能的抑制（inhibition of instincts），这就让客体关系中失去了一部分本能驱力，很可能会导致儿童生命活力体验的严重贫瘠（1989）。

如果在面对更小的孩子的到来时，一个孩子的幻想和兴奋的游戏中丧失了那些男、女性生殖器官和生殖性的特点，甚至达到了丧失精神－躯体结合和建立客体关系能力这些整合成就的临界点，那么这就不再是神经症性问题了。若进行更为准确的观察就能揭示，孩子之前某个阶段的发展在某种意义上曾经是被迫进行的，他遗留了一些重要的不成熟性还没有发展，而这时它们将以退行的形式展露出来[43]。在有些个案中，儿童根本就没有达成任何形式的俄狄浦斯情结；他的发展早在先前的阶段就瘫痪了，以至于“真实、纯正而健康的三角关系从来就没有成为事实”（1963c, p.219）。尽管不是很普遍，但我们也能发现在一些案例中有着正常和精神病混合表现的情况，正常是指在一定程度上儿童能够体验到俄狄浦斯情结，而精神病是指他在某方面依然受限于其不成熟性（1963c, p.219）。

在觉察到家庭三角关系后，儿童也就开始遇到了**忠诚**（loyalty）主题。儿童对自己在这方面的感受经验尚浅，尤其是涉及三角关系的感受，他需要一个环境来容受那些看似不忠诚、实则只是某种实验性的不忠表现，这种尝试也形成了他发展的一部分（1986d, p.138）。比如说，孩子开始与父亲建立关系，这让他获得了一种新的视角，他可以从父亲的角度看待事物，因此也对母亲形成了新的看法：

> 不仅从父亲的角度母亲可以被客观地看待，而且儿童也会与父亲发展一种爱恋（in-love）关系，并将对母亲的恨意和恐惧卷入其中。从这种关系状态直接返回到母亲身边是非常危险的。不过建立这种关系是一个缓慢的过程，其间儿童仍需要回到与母亲的关系中，并且从这个熟悉的方向再去客观地看待父亲，以及容受对父亲的恨意和恐惧（1986d, p.138）。

如果父亲不能为这种新视角提供担保，那么孩子就不得不靠自己来处理从母亲身边离开的需求。他将不得不实行自我控制，并且会在加工俄狄浦斯情境时体验到相当大的困难。在温尼科特的一份临床记录中（1989o）可以找到一个很好的例证，根据当时的分析过程，来访者的问题与性别身份认同有关，他的性别认同受到了很大程度的阻碍，而造成这一结果的原因一方面是他的母亲在早期阶段与他形成的关系模式，另一方面是那个本应有效发挥作用的父亲缺席了。除了上述困难之外，这个年轻人的原初关系带给他的后果还有**他对与父亲角色有关的特定关系的位置完全没有经验**，换个说法，就是他缺少从父亲的角度看待母亲的机会和能力。在分析中，这一点表现为他不能在这种关系的位置上放置和使用分析师。我们将会看到，这个障碍在俄狄浦斯期问题上是尤为严重的一种阻碍。在相关段落中，温尼科特描述到：

> 整整一个小时都是一片混沌的状态，而我的所有解释没有一个起作用，来访者变得怒不可遏。最终稍微有点儿用的是我解释说分析在他与他妻子的关系方面有所进展。但此时此刻，无论其他时候发生过什么，他都是在将他对母亲的恼怒，以及他对应付与母亲关系的彻底无望见诸行动……终于，在我说了下面的话后，他才觉得我是真正看清了他的处境。我说的话是，他自己的家庭关系像极了他与他母亲的关系，这段关系没有男人，因此他也不可能向我靠近，因为那没有用。他从来没有过可以靠近的男人，从来就没有过一个父亲在那儿，让他能坐到其大腿上去看他的母亲，等等（1989o, p.186）。

儿童的这种在关系的亲近和疏远之间的来来回回，一定是首先发生在母亲－父亲关系的背景中的，但并不一定局限于这种背景。它也可以表现为孩子亲近保姆，然后又回到母亲身边，或者又去亲近祖母、姑姑或姐姐。这些事情可以在整个家庭关系中得到体现，儿童也会渐渐地与伴随这些体验的恐惧感达成和解。这些恐惧感中包含着本能性，儿童也许可以享受与各种冲突有关的兴奋，但前提是大人能允许和容受这种兴奋，以及可以在游戏中对其进行加工。温尼科特评论到，也许“孩子们对于‘过家家’游戏的那种极大的兴趣，源于一种逐渐扩大化的体验过程，也就是尝试一种不忠不义的体验过程”（1986d, p.138）。

环境在这一阶段的作用又是什么呢？我们越是在成熟过程中更进一步，环境对人格构建的重要性就越少。尽管如此，环境依然在另一方面发挥着重要作用：儿童需要一个让他感到安全和稳定的家庭环境，这是为了让他能去玩游戏、做梦和加工他的内部生活。这个内部生活已经被爱与恨的共存所震荡，儿童需要在应对它时不必再去担心家庭的稳定。为了达到这个目的，家庭结构一定要保持稳固，并且从内部扰动所带来的一次次考验中幸存下来。只有在这样的家庭中，儿童才能一步一步地向前发展，从三人关系进入与他人的关系，再进一步发展出更为复杂的人际关系圈子。温尼科特想指出这一点，“就是这个简单的三角关系呈现出了种种困难，同时也呈现出了人类生命体验饱满的丰富性”（1988, p.39）。

在众多的因素中，父母在家庭中的自然本性和行为，以及儿童在家庭中的位置，最能影响众所周知的经典俄狄浦斯情结的情形。比如，如果每逢早餐时父亲都在座，那么儿童即使梦到自己被车碾过，或是梦到某人的丈夫在遭到抢劫时被枪杀了，也觉得是安全的。可是如果父亲缺席，这样的梦境将会让儿童感到异常可怕，引发罪疚的感受或者导致一种抑郁状态（1989p, p.68）。在本质上每个孩子所遇到的困难有着巨大的差异，这要看他们的个人发展历史，以及在这一阶段遭遇的问题类型。一个软弱或是不能发挥作用的父亲是一回事，一个由于争执不休甚至父母分居而崩塌的家庭则是另一回事。当家庭反复被验证为是一个稳固而持久的家时，它就能作为参考框架而发挥功能，这让孩子感觉到拥有各种各样的感受，甚至攻击性行动都是安全的。这个框架允许儿童探索那些天然的摧毁性活动，这些活动既可以和一般的运动相关，也可以更具体地关联到围绕着恨意所形成的幻想活动。在这一过程中，基于环境的安全性和母亲能得到父亲支持等因素，儿童能够做一些非常复杂的事情，即整合他的摧毁性驱力与爱的驱力，其结果就是儿童最终能承认和接受：

> 现实就是生存和爱与生俱来就包含着摧毁性念头，他也会找到办法去保护自己以及所爱的人和物。为了在发展中实现这一成就，儿童**绝对需要一个在本质方面坚不可摧的环境**（1968e, p.94）。

当环境发生剥夺时，比如家庭破裂这种形式的剥夺，将给儿童的精神结构带来非常严重的问题。他会对自己的想法不确定，对自己的攻击性冲动感到不安全。很快：

> 儿童就会将因家庭所失去的控制和管理靠自己接管过来，并开始向那个框架认同，其结果就是他丧失了自己的冲动性和自发性。这样下去，就会有太多的焦虑使尝试和试验无法进行，而本来这些尝试能让儿童逐渐和自己的攻击性妥协相处。（1968e, pp.94–95）

在一种日趋增长的程度上，我们越来越要应对一个事实，就是如今的家庭要比温尼科特构建其理论的那个年代更容易破裂。然而成熟过程理论对这样一些父母依然必不可少，他们尽管解散了婚姻生活，但是仍旧希望维护孩子们的情感稳定和情绪发展。孩子们从实际上、情感上和地域上分开的父母那里遭受的痛苦，并不必然比从同在一个屋檐下但没有情感关系或真实交流的父母那里遭受的痛苦多。既然父母都有十足的权利去寻求对自己更好的生活，那么无论如何都很重要的一点是，他们也能为了孩子继续履行父亲和母亲的职责。他们也许反而需要更多地陪在孩子身边，而不是忽视孩子所必需的照顾和关注。对某些孩子来说，以他们的成熟水平能理解的方式向他们解释家庭中发生了什么也是极其重要的，而对于父母双方，不管两人对彼此有多么地失望和愤怒，也不要诋毁对方作为父亲或母亲的形象。

到了这个时期，儿童的性生活达到了生殖性（genitality）占优势的状态。当达到这种发展程度时，典型的穿透或使人受孕的这种男子气的举止，以及典型的被穿透或受孕的这种女子气的举止，也都进入并充实了幻想的内容（1988, p.41）。重要的发展事实依然是勃起，也是作为一部分关系内容的勃起，但是这种勃起现在就和"能引起所爱之人的身体发生不可逆转的变化"这个念头关联到了一起[44]。儿童这时有能力获得生殖性体验，这些体验也伴随着所有幻想及与之相应的兴奋，而这种体验能力构成了一种新的性效力（potency）。只不过生理上的不成熟会迫使男孩或女孩推迟进行生殖性行为，一直到了青春发育期才有可能导致生殖。等到很久之后的阶段，也就是青春发育期的到来，当要将这种性效力带上一个新台阶时，在童年时代所实现过的这些体验和幻想将对那时的新发展情况带去不可估量的助益。

本能性需要付诸行动，即做出具体的行为，尤其是在生殖性阶段（genital phase），而相比之下任何对于这种本能性的研究，都更适用于描述男性而不是女性[45]。对于男性而言，也许很容易清楚地在性器官经验的幻想与生殖性经验的幻想之间做出区分——包括对男孩和对女孩身上的男性部分而言。在性蕾期，男孩的表现可以和他的幻想保持同步，然而到了生殖（器）性阶段，他的表现就不能充分表达他全部的幻想了。这中间的差异让男孩开始质疑自己的性效力，我们也能看到这在俄狄浦斯情境中将具有重要意义，正如温尼科特重述的那样。进一步讲，与女孩不同的是，男孩在性蕾期是"完满的（complete）"，反而是到了生殖（器）性阶段，他需要**依赖女性才能成为他自己**。

女性的生殖性即便不像男性那样明显，也不能简单用否定式措辞来定义：女人并不是一个被阉割了的男人。女孩在性蕾期体验到的阳具嫉羡并不必然作为女性生殖性的决定因素而成立，除非这个女孩身上已经有了一部分分裂的男性成分，并且在之前的阶段就被触发了。当我们发现经过一段痛苦的阳具嫉羡经历的作用，一个成年女性身上这部分分裂的纯粹男性元素（pure masculine element）[46]，在其自我（暴露）表现阶段，已经被效能化（potentialised）了。那么一种防御组织可能已经建立起来了，而且可能被大量地使用并作为某种意识形态用于社会奋斗——比如女权主义运动。我们可以从保加利亚精神分析师和语言学家 Julia Kristeva 写给法国作家 Catherine Clément 的一封信中看到这种情况[47]。写这封信时，Julia 的儿子正在巴黎一家医院等待接受外科手术，而她在信中对 Catherine 写到，那时一句流行谚语始终萦绕在她的脑海中："对于一个女人来说，没有什么能比她孩子的生命更加神圣（Nothing is more sacred for a woman, than the life of her child）。"（p.56）她先评论这句话像其他那些普遍适用的谚语或格言一样平淡无奇，而且可能反而被当作取笑女性的理由，像是"女人们只围着孩子转多可惜啊，你不觉得吗？"然后她写道：

> 杰出而敏锐的英国儿科医生及精神分析师温尼科特提出了一个新鲜的概念，我很喜欢，大意是说，母亲与自己孩子的原初连接（primordial connection）发源于"存在（being）"，而且这与"行动（doing）"是不同的，后者要在晚些时候才伴随着驱力、欲望和活动而出现。和你一样，这也让我想到，海德格尔所构想的"宁静的存在状态（serenity of Being）"很可能就植根于这些经验领域中，只要你愿意用人类学家的视角来看待它们。很简单，**她就在那儿**（she is there），母亲这个人就在

那儿，而她的一部分已经是一个**他者**（other）了。**在那里一起存在**（being there with），这就是差异的开端。（母亲）平和、承认、献身，这可不是说她什么都没“做”，而是她那些行动的渴望都被一种温柔而有力的柔情给悬停住了。诱惑、情感、驱力、欲望——这些仅仅在九个月之前她还拥有的情人般的特质现在也并没有被破坏殆尽，而应该说被延迟了，“它们由于更重要的目标而被抑制了”（这是我的同事们的说法，那些读过弗洛伊德的女性精神分析师就会这样说）。我不太相信“抑制”这种说法，我更愿意说这是一种“等待”。宁静的母爱是一种延迟的情欲，一种等候中的欲望。……真的可以说在母亲与孩子连接的萌芽状态，有一种不可思议的化学作用发生了：那个带来性欲满足的“客体（object）”，比如父亲（或某段关系、某个职业、某种满足感），慢慢还原成了一个被爱的，而且唯一被爱的“他者（other）”。柔情之爱取代了情欲之爱：能带来满足的“客体”转化成了一个能去照料、去滋养的“他者”（Clément & Kristeva, 2001, pp.56–57）。

尽管上面这段引文充满了传统精神分析的味道，但它仍显现出作为母亲的 Kristeva 完全明白母爱的独特性质，以及温尼科特所提出的“存在（being）”和“行动（doing）”之间的区别。不仅如此，她还把这个问题与海德格尔后期的“宁静状态（serenity）”思想做了有趣的联系，用它来指代这个人类经验的特殊领域。这种**宁静的母爱**具有典型的女性化气质，它与男性阳具气质无关，而且是由对作为母亲的自己以及对女性世系（women’s lineage）的认同所构成的。可不管怎么说，这种母爱似乎让 Kristeva 感到了窒息，因为后来在信中她又写道：

……我也是在此处跟温和体贴的温尼科特稍微拉开了些

> 距离。虽然我觉得母婴宁静状态有诱人的魅力，可我对它只是半信半疑。就女性自恋而言，孩子身上的“他我（other me）”也仍旧是“我我（me me）”，母亲从来就不缺少这类倾向，包括附属于被珍爱的他者，把自己投射在他身上、独占他、支配他，甚至扼杀他。……另一方面，母亲依然是一个女人，依然保有她自己的欲望以及性欲的或专长的“行动”，而那种存在的张力［或者两性同体（bisexuality），如果你愿意这么说的话］也会一直干涉她的宁静状态和她与孩子的连接。这是一种温暖、矛盾的连接，始终被一切外界的嘈杂所累。可幸亏如此！要是没有这部分脉动的、活跃的、阳性的母爱成分，那么言语表达的需要从何而来？无拘无束获得自由的激动从何而来？还有勃起（erection）（是的，我要说这个词而且我坚持用这个词），那种让母亲和婴儿最终各自立足，并超越彼此向第三方迈进的勃起又从何而来？（Clément & Kristeva, 2001, pp.57–58）

从上面这段引文不仅可以看出，这是种因阳具嫉羡的男性化路线而对女性性质的强烈主张，而其中透露出一种疑虑，即不确信一个女人能完全让自己投身于母性——即使只是暂时的，也不确信她能够让孩子成为他本来的样子[48]。

然而在温尼科特看来，对生殖（器）性功能的想象性精细加工，显现出了生殖性已经合并吸收了大部分前生殖（器）性的成分，这一点在人性的女性化方面表现得更为真实。事实上，有一种基本的女性化幻想和性征存在，它们的源头在最早的儿童期，建立在女孩对人性中女性化方面认同的基础上：女孩向母亲认同，并通过母亲向女性世系认同。这意味着那些属于女孩的成分更多地加入**女人**这个类别，而相比之下，属于男孩的那些成分则较少地进入**男人**这个类别。女孩的那些关于完整的生殖性的幻想，诸如被穿透、怀孕、乳房哺乳等——尽管这些幻想的具体实现时间还很遥远——似乎在游戏和梦境中显现出，这些幻想与女孩向母亲、向女人认同的能力是关联在一起的。对女孩来说，关于生殖性的念头：

> 可以通过向母亲认同，或者向那些能够体验和构想这些念头的年长女孩认同来得到最充分的表达。即使是小女孩的游戏——由于她也是个**真正的女性**——也是一类显现出母亲般倾向的游戏（1988, p.46）。

女孩对可称为“女性世系”方面的认同，在温尼科特的文献中是个反复出现的主题。根据他的论述，虽然我们都能看到小女婴在喂奶和肛门体验的情况下阴道也会变得活跃和兴奋，但实际上“真正的女性生殖性功能倾向于被隐藏，尽管它其实并不是秘密”（1988, p.46）。等到稍晚的发展阶段，当生殖性欲越来越强烈并表现在诸如强迫性自慰活动中时，通常“幻想中出现的都是收集、保密、隐藏等类型的内容”（1988, p.46）。这就是为什么任何对女性性征的描述，都要包括女孩对自己内部的幻想和对母亲的幻想这部分内容。与男孩不同，女孩很早就会被引导去思考和感受自己的身体内部，而且会持续一生。例如，保守秘密的能力就是人性中属于女性化方面的典型特征，要是一个女孩没能力保守秘密，将来她也可能没法怀孕。男性化方面的倾向则是去战斗和把某种东西推进空洞中。如果一个男孩不能发展出天性中这部分攻击性，长大后他也无法从容而主动地让一个女人怀孕。

温尼科特提出“每个女人都一直属于女性世系”这一核心论点，意思是说女人不同于男人——男人都是单体（one）式存在，而且会越来越统合为一元体——女人则从始至终都是三体合一（trio）。三体合一的形象常常在著名的画作中被描绘，比如“美惠三女神”画像（Three Graces），也就是说，在每一个女人内部都一直存在着三个女人：女婴、女人（女性或母亲），以及母亲的母亲（1986g, p.192）。或者另一种表述是：女婴、蒙面纱的新娘，以及外婆（1988, p.47）。她们三者一直都是共存的，而且从一开始就是这样。当一个母亲照顾小婴儿时，她的照顾方式依照的是她自己曾经接受过的照顾方式，即通过被她母亲带大的经历，所以外婆的一部分也就变成了小外孙女的一部分。而不久之后，当这个小女孩玩游戏时，所以她也会照顾洋娃娃、把玩具屋收拾得井井有条、做饭游戏等，这些就是母亲和外婆在小女孩身上的体现。到了青春期和青年期，这个女人就会绽放为一个女性，在她身上既有许多惹人喜爱的小女孩的痕迹，同时也有着女性诱人的魅力，吸引着其他男性与她建立性关系，并让她成为母亲。当她成为一个年长的女人，随着女性魅力那部分的渐渐凋落，小婴儿的那部分又会越来越多地占据她，她开始需要成年子女对她的照顾。与此同时，她依然还是那个母亲，只不过现在她照顾的是她的（外）孙子和（外）孙女们了。

> 不论一个女人有没有孩子，她都会处在这样一个无尽的序列中，她自己同时是婴儿、母亲和外婆，这一点会使她非常令人捉摸不定。她一会儿是可以吸引男人的小甜心，然后忽然又变成一个支配家政的妻子和母亲，之后又变成和蔼可亲的外婆。这些在她身上并没有什么太大的区别，因为她从一开始就是“三”，而男人则从一开始就极其强烈地渴望成为“一”。所谓“一”就是全部和唯一，而且直到永远都会如此（1986, p.192）。

任何情况下，当涉及性别身份认同的建立时，我们都应该把两性同体因素也纳入考虑。尤其是对幻想情境而言，以及关系到向任意一方父母认同的能力时，更需要这种思考。先把其他干扰因素放下不谈，在这件事情上，决定这种性别认同的主要因素是孩子在关键年龄段——也就是断奶后到潜伏期之前——所爱的那个人的性别（1988, p.48）。尽管对个体而言，若其发展的大部分都符合他（她）本身的生理构造特点的话，会更简单也更方便，但是“如果在儿童情绪发展方面，社会能像容许异性恋一样也容许同性恋，那么收获也会更大”（1988, p.48）。假如一个男孩人格的其他方面都发展顺利，那么他与母亲的强烈认同，甚至包括女性化的行为举止，对于探索更多的潜在可能性都很有价值。同理，在女孩身上，一定程度的男子气（masculinity）不仅是可以容许的，而且是令人期待且很有价值的表现。

在健康的本能和情绪发展过程中，除了上述这些认同以外，女孩们实际上还要度过一段特殊时期。她们会因为自己没有阴茎而在一段时间内感到低人一等，因此那个“女性中的男性（male-in-the-female）”部分一直都在，而且一直很重要，尽管这部分不一定是决定性的。阳具嫉羡是女孩和女人一种强有力的动机来源，这一点切不可被忽视，而且在对神经症性女来访者的分析中会首要凸显。相反，尽管个体间差异很大，男孩身上的女子气（femininity）成分也跟他的男子气成分有着同等程度的地位。它们都是诸多遗传特质、环境影响、与父母认同，以及广泛的文化模式得以运作的功能基础。在考虑男孩与母亲的认同时，我们一定要区分两个方面，一个是在女性生殖性的意义上对女人的认同能力，另一个是对母亲作为母亲角色的认同。后者在文化范围内更容易被接受，而且很少会给男孩的男性生殖性带来问题，这是由于后者与幻想类内容关系更紧密，较少涉及对身体功能的定位及其想象性精细加工。

然而在考虑女孩的情况时，即使在她们的女子气发展中包括了某种阳具嫉羡的成分（这是属于性别身份发展中男性化方面的成分），对修正“缺陷”这件事也不像弗洛伊德理解的那样，是通过要为其父亲生一个孩子得以修正——而是通过承认其对他人的依赖来修正的。温尼科特描述了女孩在正常情况下跨越阳具嫉羡所经过的先后次序：首先，为了面对男孩的那种优越性，女孩会想象有一个阴茎也长在自己身上；之后，她会认为自己曾经有过一个阴茎，但作为对其兴奋的一种惩戒，它却被取走了；再之后她就会产生这样的念头——既然自己没有阴茎，也许就需要找一个代用品，换句话说，某个男人也许可以代表她来行动；最后，女孩可能会说："我应该让男人使用我，这样一来，我虽然构造上有缺陷，但若承认对男人的依赖，我就可以变得完整"（1988, p.45）。温尼科特说，这才是女孩如何发觉自己"真正的女性生殖器（the true female genital）"的过程（1988, p.45）。

需要注意的是，一方面"真正的生殖器（the true genital）"确实与女性、与女人三体合一中那个花团锦簇而白纱蒙面的新娘有关，也的确属于性发展过程中性蕾阶段的精细加工这条路线。但尽管如此，真正的女子气（true femininity）——包括生殖性——则属于个人成熟过程路线。而且通过女孩对母亲和对女性世系的认同，真正的女子气中必然也结合了女性化女人与潜在母亲的成分。这就意味着尽管"女性中的男性"部分一直存在着，而且阳具嫉羡在性发展的某个节点上也是事实，但是以此为答案并不能有效解释全部真正的女性性质，而且如果一个女人的性身份是基于阳具嫉羡问题建立起来的，那么其发展终将是不牢靠的。

温尼科特在本能理论中的性理论这部分对性别身份的建立以及性别区分的形成做了更为精细化的说明，而换个角度说，这也归属于成熟过程的一部分。在温尼科特的后期思想中，确切地说是他1966年提出的理论思想以及受到临床工作的驱策，他开始理解两性同体问题，并试着阐述"纯女性元素（pure female element）"和"纯男性元素（pure male element）"的概念。二者都存在于女孩和男孩，或女人和男人身上[49]。就我的理解，"纯"这个术语意图明确指出，虽然这两种元素都用于说明人类个体所存在的两性同体现象，而且就每一个体而言也都会干涉到性身份的建立，但是就纯女性元素和纯男性元素本身来说，并不是某种本能的或性的特质，它们也与某一个体的生物性别无关。进一步讲，因其本质所致它们并不会受到压抑，反之可能出现的情况是会从整体人格中被分裂出去。

这两类元素构成了一种新的阐述方式，用来说明客体关系的两种模式：一种是与主观性客体的关系（纯女性元素），另一种是与客观感知性客体的关系（纯男性元素）。“纯女性元素”关系到**存在**，关系到原始性认同的体验。在这种体验中，一方**就是**等同于另一方（婴儿**就是**那个客体），这种体验发生在全能幻象的领域内，关联到的是主观性客体。在正常发展中，纯女性元素统辖着女孩和男孩与母亲的关系。“纯男性元素”在成熟过程中稍晚才会出现，它关系到**行动**，建立在本能驱力基础上。而且其先决条件是已经开始形成了“我（me）”这种整合的身份，并且我与作为外部现实的非我和世界已经区分开了。如果发展顺利，那么当本能被整合成为人格一部分的时候，行动才会发生。简而言之，当女性元素已**是**（is）时，男性元素才**做**（does）。温尼科特说，**行动**（doing）一定是在**存在**（being）之后的，并基于**存在**而到来。

只有在纯男性元素的层面上，区分主动与被动才有意义。可以区分开一种主动的关系（对客体做些什么），和一种被动地允许自己被关联的关系（允许一些事作用于自己），这两种姿态都需要本能驱力的支持。而无论如何应当注意的是，尽管以本能为基础，而且本能会要求有活动，但纯男性元素意义上的行动本身并不是本能性的。

温尼科特认为，这一新的视角极大充实了他对两性同体的理解，以及对身份感建立（包括性别身份的建立）的理解。因为这让他得以澄清作为人类存在的一种根本的两难困境，这一困境必定在极早期就开始起作用了。而所谓两难是指“既要成为这个本身也具有存在性质的客体，同时相对地又要在被本能或驱力所支持的活动和客体关联中，直面这个所涉及的客体”（1972, p.191）。

这种洞察使温尼科特的理论性理解达到了新的高度，而这种洞察来自对一些现象的领悟，包括同时在男人和女人身上存在的纯女性元素或纯男性元素，以及从整体人格中分裂出去的非生物性的另一性别(sex)等现象。这种洞察和领悟的发生，主要来自他对一个中年男人的分析过程。这个人已婚，有自己的家庭，而且事业成功（即来访者 FM 的案例）[50]。这个男人已经经历过一段长程的经典精神分析，但他依然在寻求帮助，因为他感到有些非常重要的部分始终没有被触及。在他与温尼科特进行分析的前期，也就是他还不能在分裂的纯女性元素这个意义上表述自己的问题时，温尼科特就已经知道由于这个来访者经常强迫性地幻想自己是个女人，那么很有必要对栖居于他的那部分女性自体进行一次彻底地探索。在这个来访者的分析中同样需要退行，退行到“其核心一无所有”（1989r, p.51）的状态。在这种情况下，分析中发现，他的整个生命是被各种“应对侵入的反应”充斥和构筑成的，而那些“侵入”也可以说是他自己招集来的。因为这就是他在不同范围内和不同程度上，让自己感到主动和有效力的方式。当处于退行状态时，他才不得不卸下种种反应性负担，包括他的性效能——因为他那种性能力也被证实完全是一种反应性效能。在几次分析中，他都达到并努力维持了一种“一无所有”的状态，之后他也承认“一无所有”就是他过往生命中唯一真实的状态，也是他唯一可以耐受的状态。经过这几次分析之后，来访者才开始以一种积极肯定的态度展现他自己。在这一主题已被充分阐明的一节分析快结束时，他提到了一种两腿之间被紧紧束缚的感受，以及这种感受对他的性器官和小便能力的影响。鉴于对已有材料的理解，温尼科特解释道，在来访者还是个婴儿的时候，他的母亲很可能用了一种适合女孩的方式给他裹尿布。温尼科特也指出，这么做的结果可能是他从来没有像个男孩一样自由地小便过。而假如他出生在一个林中小屋，并能够自由地生活在大自然中，结果应该会大不相同。来访者一下就捕捉到了“如果能自由小便会怎么样”的含义，在接下来的那次分析中，来访者告诉温尼科特那是他记忆中第一次感到他的阴茎就是自己的阴茎。对此温尼科特曾说：“看起来这才是他真正的性效能的开端，而此前他从来没有过这种效能，即使现实中他有一个家庭”（1989r, p.52）。

这个案例的展现方式，以及温尼科特处理移情的方式，都使温尼科特开始从一个新的角度去构想老问题——这个男人身上那部分“男孩中的女孩”，或者说“女性自体”。这部分可以视为一种**分裂的纯女性元素**（split-off pure female element），即这部分尽管是来访者性别身份的一部分，却并没有被恰当地性化，而且在很早的原初阶段就从其人格中解离出去了。温尼科特想指出的是，这种情况和同性恋无关。正如我们所知，这种分裂的纯女性元素源于一个事实，那就是当来访者还是婴儿时，他曾是母亲颠倒错乱的交叉认同的对象。他的母亲在他身上看到的是一个女孩，而且像对待一个女孩一样去对待他的身体，这让他开始校正自己以适应母亲的想法——她的宝宝是个女孩。其实，这个母亲如何看待来访者或是否有生一个女孩的愿望都不那么重要，整件事的重点在于一个事实，即她已经把她的观念转化成了一种适合女孩而不是男孩的实际养育行动。剩下的事，就会由孩子对自己被母亲如此对待的感受而进行的想象性精细加工完成。

在上述详尽分析之后的某个时刻，分析情境又让一种新的理解得以发生——这个男人开始提到一些事，一些可以被理解为是阳具嫉羡的内容（1971i, p.170）。温尼科特对他说：

> 我正在听一个女孩讲话，我清清楚楚地知道你是一个男人，但是我现在听到的是一个女孩说的话，我也正在和一个女孩说话。我告诉这个女孩：“你正在讲关于阴茎（阳具）嫉羡的事。”（1971i, p.170）

停顿了一下后，来访者说道：“要是我跟谁去谈论这个女孩，我一定会被当成疯子。”事情本可以在此告一段落，但是温尼科特却决定更进一步，于是他做了一个让他自己都有点意外、但在移情关系中又触及了问题核心的评论。温尼科特评论道："其实并不是**你**跟谁提到了这件事，其实是**我**看到了一个女孩，我听到一个女孩在讲话，而实际上在我的躺椅上的却是一个男人。那个疯了的人是**我自己**"（1971i, p.171）。温尼科特觉得不必对此再多说什么了，因为他的评论已经正中目标。来访者在那之后说，现在他感到自己虽然在一个疯狂的环境中，但头脑是清醒的。换句话说，他已经从两难困境中解脱出来了。温尼科特后来评论道："我的这种疯狂（温尼科特承担了来访者母亲的疯狂，而那个母亲就把一个男孩看成一个女孩）让来访者能够**在我的位置**上把他自己看成一个女孩。他知道自己是一个男人，而且他从未怀疑过自己是个男人。"（1971i, p.171）来访者后来也说："我自己（在知道自己是个男人的情况下）永远不可能说'我是一个女孩'，我还没有疯到那个地步。但是你说出来了，而你同时说给了这两部分的我听。"（1971i, p.171）

在类似这样的案例中，分析师一定要能够陪伴、容许来访者，甚至为来访者提供这种错乱认同的完整体验。用温尼科特的话来讲："可以说，来访者一直在找那个最对的疯狂的分析师，而为了适应他的需求，我一定得承担这个角色。"（1971i, p.189）关于这种新的理解，温尼科特的记录是：

> ……到此并没有出现新的理论概念，也没有产生新的技术原理。实际上，我和我的来访者之前就到达过这个层面，然而我们在此还是有一些新的东西。之所以说新，在于我自己的态度，在于他有了可以使用我的解释性工作的能力。……我发现我用的是一件**开出新刃的旧兵器**（1971i, pp.172-173）。

再回到有关俄狄浦斯期的一般问题上，应当说尽管儿童已经能够获得生殖性经验，但为了能够真正实现他的幻想，就依然必须要等到青春发育期（puberty）。这就意味着在生殖（器）性阶段，儿童的**自我**要能够处理总量巨大的挫折（1988, p.44）。这里要指出的焦点问题——也是温尼科特对俄狄浦斯主题及阉割焦虑进行重述的主导观点之一——儿童**必须要应对自己的性无能**。从这个角度来说，父亲作为一个干涉者的角色介入进来，将给孩子带来极大的解脱，“被作为竞争对手的父亲所阉割的恐惧成了受欢迎的替代办法，这种恐惧可以替换性无能的极端痛苦”（1988, p.44）。

假设发展有一个好的开始，我们就有可能看到儿童为了处理俄狄浦斯情结所引起的焦虑而采用的不同防御方式。在三角关系中，儿童“被本能和爱欲搞得应接不暇。这份爱中包含着身体和幻想方面的变化并且十分猛烈，于是它也导致了恨意。儿童憎恨着第三者”（1988, p.54）。男孩也许正爱恋着母亲，而正如我们已经提到的，干涉者的存在，为男孩因真实性无能所致的极端痛苦提供了解脱。然而这只是故事的一面，另一面是他也生活在痛苦的矛盾性情感冲突中，一边察觉到自己的恨意，想要阉割或杀掉父亲；一边又害怕父亲的报复，恐惧着被自己所爱和所信任的父亲阉割——因为父亲还爱恋着他的妻子。

如果儿童是健康的，家庭的基础也是稳固的，那么源于这种情境的焦虑就能被容受，孩子最终也会从那些本能高度紧张的时刻里恢复过来。事实就是，恨意现在可以自由地出现了，因为“……遭受恨意的是一个‘人’，一个可以保护自己的人，也是一个已经被爱上的人”，而且是一个“……能够幸存，会进行惩罚，也懂得宽恕的人”（1988, p.54）。如果父亲发挥了他的作用，让孩子真正有过上述经历，那么接下来父亲就会开始被当作“良心的原型（prototype of conscience）”。随着把所熟知的这个父亲整合进来，男孩最终会与父亲达成一致：一方面，他失去了自己的一部分本能性的潜在效能，并主动放弃了一直索要的一些东西；另一方面，他把自己爱的客体转移到了姐妹、姑姑、保姆的身上，也就是某个与父亲关系不那么紧密的人身上。最好的情况是：

> ……男孩与父亲达成了一种同性恋协定（homosexual pact），于是自己的效能就不再只是个人的了，反而（通过认同）成为了对父亲效能的一种新的表现，而这部分父亲效能早已被男孩吸收和采纳了。……通过对父亲或父性人物的认同，男孩获得了这种代理性效能，并且延迟了他自己真正的效能。等到青春期，他自己的效能就能恢复（1988, p.55）。

假如，由于父亲缺席或者不能发挥作用而没有在俄狄浦斯期介入进行干涉，他就会被男孩感知为是自己的性效能不被承认和不正当，而且这也剥夺了男孩的竞争体验。根据温尼科特的描述，俄狄浦斯情境中的核心问题不仅仅是阉割的威胁，更重要的是通过形成竞争和对抗的关系，让孩子的性效能变得正当。换句话讲，俄狄浦斯情境中还有更多其他形式的两价性情感，不只是经典理论所表述的那些。男孩与父亲之间的竞争，在涉及俄狄浦斯期问题时，并不必然包含致命的憎恨。需要竞争体验的男孩，若是在可靠的环境条件下，也不一定那么想杀掉父亲[51]。"儿童攻击性"在经典精神分析的词典中已经成了摧毁、憎恨、敌意、愤怒的代名词，而由于把这些术语当成同义词使用所产生的同类混淆，并不能给分析性工作带来什么好结果。

在其他一些案例中，俄狄浦斯期的困难甚至从担忧阶段就已经开始了。这类儿童不得不抑制自己的本能驱力，因为他们没有一个有效而主动在场的父亲可以依靠，而这个父亲本应保护母亲幸免于孩子的冲动性。来访者 B 就是这类情况，他也是《抱持与解释》（*Holding and Interpretation*）（1986a）这本书的主人公。B 先生在其第二阶段分析中的主要议题与他在担忧阶段出现的问题有关（1986a, p.21），这也加诸在他原本就表现出的与精神 – 躯体相关的心智分裂问题上。对他来说，与担忧能力相关的发展成就都很难达成。这种困难不仅因为他和母亲之间的那种困难的关系，也因为事实上他的父亲一直表现出更多的母性而非父性有关——以至于不能在儿子需要父亲的时候发挥出应有的作用。[52]在某个节点上，当B先生开始理智化地偏题去谈论乱伦禁忌时，温尼科特对他说：

> 你谈论的是对母子之间乱伦的社会禁忌，因为你找不到一个能介入你和你母亲之间的男人。也就是说，你的父亲并没有在这件事上起到他的作用，所以你也并没有产生对男人的恨意和恐惧，而是回到了老路上——要么被女人所挫败，要么发展出一种内在的抑制力（1986a, p.82）。

在另一次治疗中提到一个梦时，来访者说："总的来说，我的问题就是如何能找到一种从未有过的争斗，在梦中出现的就是这种缺失的争斗。"温尼科特回应道："你也没能获得那种由三角关系情境带来的解脱，也就是孩子可以去和父亲针锋相对，从单独与母亲的纠缠不休中得到解脱。"（1986a, p.165）

除了因为父亲不能发挥他的作用而导致的种种困难，这个年轻人也无法在性蕾期发展出与父亲必要的同性恋关系，也无法认同父亲。当分析中的某个时刻清楚地显现出他的情感及性对象的选择总是指向"青春期梦境中有着阴茎的女孩"时，来访者说道："我也许在寻找的是一个男人，这可能是某种同性恋，也可能意味着我就是那种女子气的男人。"温尼科特回应道：

> 不，我不这么想。事实上，你正在寻找的是父亲，那个阻止孩子与母亲性交的男人。你还记得那个起初出现了女朋友的梦吗？这个梦是关于一个男人的——一个生了病的男人（1986a, p.77）。

来访者注意到：

> 这也许就能解释当我父亲去世时，为什么我缺少悲痛的感受。他没有像个竞争对手那样面对过我，于是就把最艰难的担子都留给了我，要靠我自己给自己立规矩。

温尼科特观察并评论道：

> 是的，一方面，他从来没有给予你那份长大成人的尊敬和荣耀——那需要通过阻止你与母亲性交来承认你的成熟才能实现；另一方面，他也剥夺了你与男人对抗竞争的乐趣，以及竞争之后收获的那份友谊。因此，你不得不发展出全面的抑制，而且你也无法哀悼那个所谓的“父亲”，因为他还从未被你真正“杀掉”过。

本能的张力是俄狄浦斯期的标志性特征，它在孩子3 ～ 6岁的某个时候会达到巅峰。当这种张力要么被解决，要么被搁置时，同样要依靠内分泌的作用使本能张力在潜伏期悬停一段时间。在这一时期，当儿童健康时，他会用游戏、梦境、幻想进行各种尝试，并从与父母和其他成年人的认同中获益。不成熟的前性器期经验和生殖（器）性经验都已在儿童的可及范围内，而且这些经验已经包括了不依靠他人帮助所获得的身体愉悦感。如果有可靠的家庭支持，如果有个人始终保持在场和镇静，那么儿童就会渐渐意识到无论那些困难看起来有多么难以忍受，时间的流逝（几个小时或者仅几分钟）能使一切得到解脱。用温尼科特的话说，儿童的性，是非常真实的东西。等到潜伏期的转化到来并带来张力的缓解时，儿童的性可能已经成熟了，也可能还未成熟。如果性“在这首段多元人际关系时期的末尾还是不成熟的、被扭曲的或是被抑制的，那么等到了青春发育期时，它依然会重现这种不成熟、被扭曲或被抑制的状态”（1988, pp.57–58）。

青春发育期和青春期

假如到了青春发育期（puberty）时性还没有成熟，个体恐怕就难以面对与此发育期相关的种种重大而困难的身体变化，以及在青春期（adolescence）出现的个人成熟本身的问题。即使是一个健康的年轻人，也逃不过青春期时出现的焦虑。不过，个体应对这些焦虑的方式，本质上取决于其在儿童期就已形成的应对模式。曾经被好好照顾过的孩子，能够在一定程度上容受新的感觉和陌生感，这些感觉来自不以他意志为转移的那些身体改变。同样，他也能主动采取避开、拒绝、自卫的方式，从让他焦虑不堪的情境中脱身。这种后天习得的应对模式大部分是无意识的，其中也带有因早期不可避免的失败所残留的痕迹。另一方面，这一时期的到来对个体又有极大的好处，因为青春发育期提供了实现男性性效能（及其在女性身上的等价物）的潜在可能性，即完整的生殖性在潜伏期之前已经通过游戏现实而达成了，并在这时终于成为了实际的主导特征。然而：

> 青春发育期的男孩和女孩不会认为本能驱力就是一切，实际上，他们在根本上关心的是存在，存在于何处，如何存在，如何感受真实，以及达成一种深度的客体恒定性（1971f, p.25）。

不过没有什么事情能确保万无一失。青春发育期（或青春期）的问题并没有灵丹妙药，唯一能做的就是付出耐心和时间，并从动荡中幸存下来。这时的动荡可能比之前更加强烈，甚至早期发展越好越是如此，因为追求自由感和个人的丰富性绝不会让事情变得简单。

在青春发育期，除了身体成长和性发展所导致的重大改变外，个体还具备了进行性体验和真实杀戮的身体能力（1965c）。换句话说，一种势不可当而又吓人的效能真的出现了，曾经只存在于幻想领域的事情现在都能变成具体事实了，包括破坏性甚至杀戮的力量，以及出卖自己的身体、受孕、迷上毒品，甚至自杀的能力。

还要提到一点——由此，青少年心理学极为有助于理解精神病性痛苦的本质——那就是青春期的典型焦虑（而这也是对原初阶段焦虑的重复）。像婴儿一样，青少年在本质上也是孤立的。进一步讲，类似于婴儿，青少年也正是从这种孤立状态出发，逐渐建立让他感觉到真实的关系。青少年的“抱团”现象，不过是一群孤立个体的集结，他们试图围绕某种共同利益或观念形成一个集合体，但是他们的个人自体都是回撤和受保护的。孤立同样与一种性特质有关，确切地说，与性的模糊性（sexual indefinition）有关。孩子还不能确定他会成为异性恋者还是同性恋者，除了环境模式强加的界定之外。在一段相当长的不确定期内，青少年通常会有难以自制的手淫行为发生，这不应该被过分理解为是一种性活动，它更像是一种**摆脱性**的办法。同样的理解也适用于这时的异性恋经历或同性恋经历，它们还远远算不上两个完整统一的人的结合，而只是一种释放张力的途径。如果本能生命的发展依然不成熟，“那么个体的人格、个性或行为就存在不健康的风险”（1971f, p.26）。这种情况下，我们应当谨记，“性能够只以部分功能来运作，因此尽管性功能看上去表现良好，但这时的男性性效能及其女性等价物实际却在耗竭着——而不是在充实着——这个人”（1971f, p.26）。

青春期重复着各个原初阶段的一些模式。另一个表明这一点的事实就是，青少年遭受着不真实感的折磨，这是与寻求真实感相关的主要挣扎。青少年有一种严酷的道德感，这不是指社会意义上形成的那种好坏标准，那恰恰是青少年所藐视和反叛的。这种道德是指感受到的是真实还是虚假，青少年不接受虚假的解答。对于他们，最糟糕的、最难以容忍的就是对自己的背叛。就像精神来访者一样，青少年也不能妥协和让步。某种程度的默许和顺从本是健康的一部分，也是交际的必要手段，但对于青少年却变成了一种灭绝个性的威胁（1962）。这段时期，对于没有一个好的开始的个体尤其困难，因为他本来就承受着瓦解的威胁，而青春期的问题又会将他不断拖拽到精神崩溃的边缘。相反，对于有过好的开始的个体，只要家庭环境依然幸存并保持可靠，那么时间的流逝就能处理许多问题。无论如何，青春期自始至终都一定会有尖锐的管理问题，也一定需要坚定的支持和可靠性，因为长大成人就意味着要取代父母的位置，“在潜意识幻想中，长大成人这件事情天生就是一种令人恐惧的攻击性行动……一个孩子如果要成为大人，这项进展和成就一定是踩着某个成年人的尸骨而实现的”（1969a, pp.169-170）。

成 年 期

在相对完好地摆脱了青春期后，接下来就会有至少四项清晰可辨又相互依存的任务。即便是对于那些有着很好开始的人，第一项任务依然是延续发展并继续活着，一直持续到老年期，直至死亡。自然状态下，这项任务依靠的是个体保留下来的原初创造性，靠的是自己可以有效应对那些大事小情的磕磕绊绊的能力，靠的是不断令自己感到惊讶的能力[53]，“成年社会中的每一个成员都还在成长，而且我们希望在有生之年一直持续地成长”（1961b, p.44）。与此同时，假如个体在适当的时候曾经体验过全能，那么随着越来越成熟，他会放弃去做那个“方向盘”，而找到一个更舒服的位置，成为“机器中的一个小齿轮”——其实也是因为这个时候，他已经不需要社会地位来定义他是谁了。可是，如果一个人在生命之初没机会有过小小的、无所不能的体验，长大后他就可能需要越发加剧他的全能感受、创造性和控制力，这就像“一个皮包公司想要出售没人要的股份”一样（1986h, p.50）。相反，一个成熟的成年人不仅有创造力，而且这种创造力并没有与主观世界的丰富性失去联系。这样的成年人可以做出让步和妥协，而不会因此觉得被剥夺了自发性。屈尊就驾和欺瞒（condescendence and imposture）也是与健康有关的，而当成熟过程顺利进展时：

> 一个人变得可以欺骗、撒谎、妥协，可以接受冲突是一种现实，而放弃完美与不完美的极端对立想法，因为那种想法会让生活变得难以忍受。妥协的能力并不是精神来访者的特征（1988, pp.137–138）。

第二项更为具体的任务是，一旦个人成熟真的实现了，其中就会包括尊重价值，以及有些人和事应当受到保护的观念。这之后就会渐渐显露出一种社会性成熟，随之绽放盛开并蓬勃发展——可能的话还会推进——某种生活方式的能力（1950a, p.243）。民主是最为重要的发展成就之一，同时也是健康的成年人对社会的一项卓越贡献。然而，**民主一定要依靠大量成功度过个人成熟过程的个体才能实现**。温尼科特在他的作品中多次重申这一点，社会在根本上要依靠那些健康的成员们，因为正是有这些达到成熟的个体，才能够确立并保障在一个社会中“**……有着朝向创造和再次创新的内在趋势并维持住民主机制**”（1950a, p.243）。从这个角度来看，这其中也必然包含了要确保家庭结构完整的观点，“这样说来，民主（就这个词的完整意义来说）也是一种健康的标志。因为自然情况下它是诞生于家庭的，而家庭本身就是健康个体成员会为其尽责的一种组成形式”（1971f, p.38）。

社会有赖于其中家庭单位的整合，但我认为更重要的是牢记一点——这些家庭单位首先有赖于每个成员在成长中实现的整合。换句话讲，在一个健康的社会中——一个民主化程度发达的社会中——一部分**个体成员的人格发展**势必已经达成了令人满意的整合水平。民主观念和民主化生活方式都起始于个体健康的自然成长，而且除了个体人格整合之外，没有其他办法能维持住它们。个别的人格整合当然还要再乘以一个倍数，也就是健康和相对健康的社会成员的数量……他们负载着那部分不能为社会出力的、人格未整合的人，否则社会的民主程度就会衰落（1961b, p.47）。

同样的观点在《人性》一书中也有确证：

在一个社会群体中，如果成熟个体的数量极其充足，这种状态就会为所谓的民主提供根基。假如成熟个体的数量占比不足，民主就无法形成政治实体，因为社会事务会被不成熟的人群所动摇，也就是那部分一旦认同社会就会丧失自己个性的人群，或者是那部分停留在个体依赖于社会的心态而从没其他追求的人群（1988, p.152）[54]。

接下来可以看看第三项任务，其主要内容在于接纳无效性和不完美。温尼科特说，作为人就不得不：

接受自己的本来面目，接受个人发展史，以及接受周围生活环境的态度和影响。然后还得继续生命和生活，并且试着以这种人与社会交织的方式实现对彼此的交叉贡献（1986g, p.188）。

当面对“我”和这个世界的不完美，认清了现实本来就是这样时，通常会引发抑郁。不过当抑郁不是那么有伤害性，也没有与精神病性障碍关联，这种抑郁倒确实是真正有责任感和有价值之人的一种精神状态。这些人之所以感到抑郁，恰恰是因为他们能够看透也能够接受人生无常，接受这个世界其实从来就不像想象的那样；同样因为他们清楚地知道，爱的能力和建设的能力与恨意、恶毒和摧毁性是共存的。抑郁因此也是生命和成熟所固有的一部分。这似乎是挺糟糕的，但是，没有能力去怀疑或忧愁人生烦恼绝对是一种更加糟糕的情况（1965o, p.52）。“事实上，**怀疑**与它的对立面——相信——只有一线之隔，而且它与价值感，以及**有些事物值得保藏**的感受也密不可分”（1965o, p.52）。人类世界中最伟大的痛苦，恐怕就是正常、健康、成熟的人所遭受的痛苦，“不快乐才是一个完整的你我，经过一段时间之后，你我清楚地知道了所缺失的那些恰恰是人类本质的东西，这些东西要比吃喝或身体的存活都重要得多”（1986h, p.44）。

上述种种最后都归结到第四项任务——可能也是成年期最重要、最困难的任务：能够老去，直至死亡。到这个时候，“整合永远不可能完全实现”就彻底暴露出来了。对一个人来说，一直缺失的一环就是他自己的终结。1970年10月——距离温尼科特1971年1月去世前不久——他在一次给适应不良儿童社会工作者协会做演讲时，提到一种“越长越小”的成长类型，“如果活得够久，我希望我可以日渐减少并变得足够小，小到能穿过那个叫作死亡的小洞”（1984g, p.220）。然而，只有已经活过并且有过经历的人，才可能学习如何去死；而只有达成了完整统一体状态并能够说“我是”以后，才能算是开始并且继续活着。只有从这个起点出发，才可能真正到达生与死。温尼科特说：“没有成为一个完全体（totality）之前就没有死亡。”（1984f, p.61）当个人整合到出现了一种完整感时，随之而来的就是：

> **死亡的可能性**，确切地说是**死亡的确定性**。接纳死亡能带来一种极大的解脱感，从对其他替代方式的恐惧中解脱出来，诸如对于瓦解或鬼魂的恐惧。鬼魂指的是一种当精神 - 躯体组合关系中的躯体一方死去之后，精神现象还徘徊在周围不肯离去的状态（1984h, pp.61–62）[55]。

内部本质的死亡是极为可怕的。即使对健康人来说，也没人能幸免于最终失去与生命和生命意义的联结。一个老生常谈的问题是：为什么创造性的生活竟可以丧失，又为什么一个人的“生命真实而有意义”的感受竟然可以消亡（1971g, p.93）？感谢温尼科特的一个来访者提出了“现象性死亡（phenomenal death）”这个说法，温尼科特由此断言：“许多男人和女人用尽一生时间都在考虑如何用自杀来找到一条出路，也就是让身体死亡追随早已经死亡的精神，来完成生命最终的葬送”（1974, p.93）。

回归起源

成熟过程开始于“首次觉醒（the first awakening）”。现在，我们终于可以问：它将在何处结束，以及如何结束呢？

在《人性》一书中，温尼科特尝试将人类存在形式的这两个极端时刻结合到一起。在谈到成熟过程的开端时，他发问：

> 人类个体在脱胎于“未存在（not being）”而成为“存在（being）”时，是一种什么状态呢？……无论多大年纪，无论有过怎样的经历，对于每个人来说，能够返回到最初以便重新开始的那种根本状态又是什么呢（1988, p.131）？

他对此的回答出人意料的简单：**如果一个人打算重新开始，那他/她就得回归到本质孤独（essential aloneness）的状态**。因为，"生命最开始，就是一种本质孤独的状态"（1988, p.132）。

或许我们应该明白，人类生命历程本身也构成了要忘却这种孤独的一种尝试。这种尝试注定是一直受挫的，因为本质孤独从生至死都是生命过程的一个隐秘背景，它不可触及也无从言说，就像"空无（nothingness）"所投下的影子，它始终铭刻在初心的最深处，而且它"不会以任何方式与非我世界发生任何交流"（1965j, p.189）。温尼科特不厌其烦地强调这种需要，即我们：

> 必须认清健康还有这一面：不交流的核心自体——永远不受现实原则的影响，永远静默。这个交流也不是指非言语交流，它与天体音乐概念类似*，指的是绝对个人化意义上的交流。它只属于存活本身。在健康情况下，自然而然会从这种状态中孕育出交流（1965j, p.192）。

这真是个惊人的主张，让我们看到还有一个孤立的维度（dimension of isolation）——对于凡尘俗世来讲它是如此难以捉摸，但又是存活本身与生俱来的一部分。温尼科特还说：

> 除了生命开始的那个时刻，再也不会精确再现这种根本而天生的孤独状态了。尽管如此，一个人的生命从始至终都延续着一种原则上不可改变的固有孤独，与此相伴的则是对天生孤独状态的本质要素的不知和不觉（1988, p.132）。

---

* "music of the spheres"是古老的哲学概念，指天体运动也符合普适性音乐的规律，即自有其和谐音律性和数学精确性。——译者注

我们怎么理解这段话呢？“除了生命开始的那个时刻……”，呼应的是“生命最开始就是一种本质孤独状态”的主张。最初的本质孤独将在之后从某种意义上被跨越和移位，因为“此后再也不会精确再现这种根本而天生的孤独状态了”（1988, p.132）。不过同时，天生的孤独状态虽然发生了变化，但**其中一部分仍然保持原状，并继续作为基础性孤独延续下去**。因此这就产生了一种**基本分裂**（basic split），它发生在人类存在的最根本位置上，而且永远“不可治愈（uncurable）”：分裂出的一部分一直作为不可触及、永远孤立的背景存在，同时另一部分被个体投入外在世界的背景中，为的是能栖息于其中。这么一来，生活于周遭事物和他人关系之中的生命形式才有可能开花结果。

个体只在一种情况下“知道”本质孤独的存在，那就是当生命经历了“首次觉醒”后又进入最初极度平静状态的时候，“首次觉醒的体验让人类个体知道，还有一种平静的未存活状态（unaliveness）可以通过极端的退行而平和地到达”（1988, p.132）。尽管婴儿或胎儿还没有能力去担心死亡这件事，“可是每个婴儿一定都已有一种能力，能关注到那种前**依赖性孤独**（aloneness of pre-dependence），因为这是他已经体验过的事了……”（1988, p.133）。

上述内容与成熟过程的最后时刻又有什么关系呢？温尼科特给出了另一个惊人的回答——它（成熟过程的最后时刻）与初始状态是一回事。“通常我们大部分对死亡的所言所感，其实也都是对生命伊始状态的所言所感，即存活之前的最初状态——那时，孤独是一个事实，而且远在邂逅依赖之前就存在了。”（1988, p.132）

温尼科特将成熟过程的结束时刻与初始时刻等同起来。照此说来，整个成熟过程可以被形容为一个回归本源的过程，就像一个**环形**（circular）的运动轨迹，一直向着它的起点回转。温尼科特斩钉截铁地说，在本质孤独之前的状态就是一种未存活（not-being-alive）的状态。这种状态被著名英国诗人艾略特（T. S. Eliot）称为“纯粹的简朴（pure simplicity)，而其成本和代价，不多不少，就是一切”，这正是每个人类个体必然要回归的状态，“一个人的生命就是两种未存活状态之间的一段区间。从第一次的未存活之中产生了存活，之后它就一直渲染着人们对第二次死亡的看法”(1988, p.132)。

什么是第二次死亡(second death)？第一次死亡是指一切开始之前，由此，存在从未存在中浮现出来，自此之后的路线就是一段朝向第二次死亡的旅程。在开端之前就是一种空无状态，而在终端之后也是一种空无状态。在这两个空无状态之间的区间就构成了生命。但是，生命也并非绝对规定为不受这两个空无状态影响的一个事件。相反，它们其实横贯于生命的始端与终端。从这种根本性连接的意义上讲，“如若不是从本质的孤立开始发展，也就无所谓陪伴所带来的乐趣，而当个体死亡时，孤立又会再次出现”(1984b, p.111)。

当死亡到来时，也就是终极回归时，本质孤独就会越来越靠近其自身，完成生命的循环。在个体还活着的时候，本质孤独一直维持一种背景状态，像一种不可配置的储备资源，交付给一个人“存在于世”这项任务。每一个存在都是一段史无前例的个人化历史，对于这项任务也没有任何确定性方面的支持，只有创造力的幻象在维持着它的行进。本质孤独也始终是一个发源地，让一切回归、回撤成为可能，它是健康个体需要停下任务休息片刻时可以回去的地方。这些任务包括存在、永远不停地区分幻想与现实、永远不停地区分主观感知到的事物与客观感知到的事物，等等。本质孤独是唯一真实的宁静，我们浑然不觉对这种宁静的渴望，它也最接近于纯粹简朴(pure simplicity)的状态。同样，要为其付出成本和代价，不多不少，就是一切。

温尼科特曾动笔写作但终未完成的自传，原定题目就是《不少于一切》(*Not Less Than All*)。在其手稿笔记本的封面内页上，摘录了一段艾略特《四段四重奏》(*Four Quartets*)中的诗句：

我们称之为开始的往往就是结束，
而到达结束也就是着手开始，
终点是我们出发的地方。

成熟过程理论与经典精神分析的性功能发展理论简要对照

从温尼科特详尽描述自己对婴儿和精神来访者的经验来看，温尼科特精神分析基于成熟过程理论，其意义是一种从未整合状态发端的整合过程，尤其强调那些旨在构建自体以及获得现实感的早期发展任务。该理论的主要议题是“在母亲膝上的婴儿（baby in the mother’s lap）”。经典精神分析则发源于对神经症问题的研究和治疗，其基础是性发展理论，意义是指以快乐原则为导向的客体关系意义上的性发展。该理论则特别看重俄狄浦斯情结的地位，其主要议题是“在母亲床上的儿童（child in the mother’s bed）”[56]。这两种精神分析理论的框架有许多本质的差别，其中涉及理论假设方面的区别已经在第一章末尾加以说明。在这里，我想指出温尼科特精神分析的成熟过程理论与经典精神分析的性功能发展理论之间其他的不同之处。

根据温尼科特的观点，性功能发展理论忽视了成熟过程的早期阶段，而且将一些与人格建构相关的发展成就视为理所当然的存在，其中就包括真实自体的建立，以及外部世界的形成。这些早期成就绝不应该被假设为随着成长自动发生的事情。应该说，正是处理这些早期成熟过程任务的经验和这些任务的成功解决，才构筑起了精神健康的基础。精神病性问题恰恰就是这些早期任务失败的结果，这种情况下甚至都不会有一个能称之为“我”的个体存在，以便能够在遭遇兴衰变迁时卷入和承受内心冲突。要知道，兴衰变迁正是本能生命和人际关系的特点。

温尼科特的成熟过程范式和经典精神分析的俄狄浦斯范式还有另一个显著差异。事实上，弗洛伊德理解神经症的基础是**精神冲突**（psychic conflict），其理论基础在于**冲动的二元对立性**（pulsional duality）。弗洛伊德不可能改动这一概念，因为那等于威胁到他对精神分析的整个理论建构。[57]可是对温尼科特而言，由于他行进在另一个理论层面上，所以根本不必构想相互冲突的冲动力量，以此来解释生命的运动原理，以及为各种困难、僵局、障碍提供理论支持——即使是那些最原始的困难、僵局和障碍。真正驱动着生命和精神的就是婴儿活着并且带有与生俱来的整合倾向性这一事实，这个事实也是产生各种发展任务和生命需求的根源。单是不得不持续存在和发展，就已经把个体推到足够多的挑战和困难面前了，尤其还得考虑到个体还处在极度依赖环境照护的情形下，而且这种照护可能随时出现人为的失败。因此，也就没必要假设本能和情感冲突这种前提来解释婴儿的原始性焦虑了。

弗洛伊德理论是从**性功能**（sexual functions）的发展角度来构思发展问题的。这源自弗洛伊德的核心论点，即神经症是与性冲突有关的心理障碍。这种性冲突的核心主题就是俄狄浦斯情结，而正是对这一情结的解决过程构建起了个人的主体。即使后来弗洛伊德也对精神病产生了兴趣，以试图回应他自己的自恋理论所造成的理论僵局，但他所构想的议题依旧来自他为了理解神经症所设定的理论范畴。他的精神病理论在提出假设时就已存在着缺陷，由于缺少办法去接纳其他领域的问题，弗洛伊德只能调整他的精神病性病理学，使其依然符合驱力性冲突这一领域。然而在温尼科特看来，成熟并不特指单独的功能，而明确指的是成为整体的整合过程，以及作为统一体存活的倾向。尽管个人成熟包括了对本能的逐渐整合以及性方面的发展，但是完整的个体并不是只在这一领域内构建起来的。有些人由于原初各阶段的发展被打断，永远无法获得足够的成熟度去经受俄狄浦斯情境所带来的问题。在温尼科特的理论中，必须要首先发展成一个完整的个体，然后像人类的性这种事情才能得以发生。

上述内容加上其他一些原因，让温尼科特明确表示：尽管相比之下，从本能功能方面来描述成熟过程比从自我及其复杂的进化角度来描述成熟过程要容易得多，但是后者取代前者已经是不可回避的趋势。我们也可以从成熟过程理论中看出，温尼科特是如何使自我的成就覆盖了性功能，又是如何认定这些成就是本能生命发生的先决条件。再说回到成熟过程中的本能发展方面，这是本能部分占优势的一段进程，伴随着许多相应功能的参与以及对这些功能的想象性精细加工。对于这部分发展，温尼科特列出了前性器期（pre-genital）、性蕾期（phallic）和生殖（器）性期（genital），并认为只有它们是最需要考虑的几个阶段。从这个角度看，亚伯拉罕（K. Abraham）提出的几个细分阶段：性欲口欲期（erotic oral）、施虐口欲期（sadistic oral）、性欲肛欲期（erotic anal）、施虐肛欲期（sadistic anal），等等，从根本上讲就显得差强人意。因为这种细分把从前性器期到生殖（器）性期的进程模型也应用到了原初各阶段，暗示人们用从会走路的孩子身上学来的事情去理解婴儿，而不是真正看到婴儿本身的不成熟。

温尼科特反对这种细分，他的主要异议是事实并非细分所说的那样——不是最初有一种口唇活动的性欲幻想，或者说非施虐性的、前两价性的幻想，然后发展为施虐性的、破坏性的、两价性的幻想的这种过程。他认为，“更为恰当地说，应该是婴儿本身在变化，起初他是无情的，之后逐渐变得能够担忧”（1988, p.42）。两价性情感的形成与自体的成熟变化有关，而不是与本能功能的发展有关。即使抛开所谓的发展阶段，这种个人发展性的特征也依然存在。举个例子，在俄狄浦斯阶段，本能生命结合生殖（器）性成就的达成，就会导致性的主题占据突出地位。可是，这种状态并不是这个阶段的结构，而是这个阶段本身的特点。就像弗洛伊德描述的那样，神经症性障碍是一类与性问题有关的障碍。而由于个体一方面想绕开俄狄浦斯问题，一方面又遭受着与之相伴的本能骚动的折磨，因此没办法成为一个突现本能特征或性特征的人。重点是，他作为人没有解决的其他问题也依然是问题，而如前所述，性作为单一要素并不能定义或构建起这个人。所以在临床情境中，治疗师一定要记得不断问自己：对面这个人已经到什么位置了？这人有了一个“我”可以被发现吗？有了一个“我”可以感受到活着并为本能生命和性赋予意义吗？还是说，不管这人怎样用虚假的家庭情景剧来遮掩他的不成熟，我作为治疗师依然得留意一切条件去促进其原初自体的建立？

成熟过程的各项成就并不像经典精神分析认为的那样都会自动地实现。婴儿甚至首先从要成为那个婴儿开始，依赖于一个实在而连续的促进性环境的存在。整个成熟过程并非起始于内在精神（intrapsychic），而是起始于人际关系（interpersonal），虽然发展的起点这个说法很奇怪，但事实如此。而由于发展的种种动力都发生在婴儿对环境的绝对依赖的关系中，所以它们也不是唯一的或主要的来自内部原发性因素，而是也来自环境的促进性作用。进一步讲，婴儿与环境母亲的原初关系一开始也不是“客体关联”式的关系，因为那时的婴儿还不是一个完整统一体的“我”，所以也还没有一个内部世界可以上演好坏内部客体之间的冲突；同时，婴儿也尚未觉察到有外部世界以及外部客体的存在。在一切的开端，所谓与母亲的“关系”甚至都不能说是一种二元关系，只能形容为一种二合为一的母－婴单元。正是从这种独一无二的、主观性现实的关系中，才开始了与外部现实的接触——虽然对婴儿来说还意识不到那是外部的现实。既然这段关系都不是二元关系性质的，也就更谈不上什么三元关系了。当然，这段关系也不能称为性欲关系，因为婴儿还没有被快乐原则所支配，这时统辖婴儿的是需要存在，需要感受真实，以及需要在真实世界中实现自己的存在。为了这个目的，婴儿尤其需要母亲的可靠性、与母亲的个人化交流、亲密关系，以及创造这个世界的机会。

再来说到关于攻击性根源的问题，我们很容易看出温尼科特在这个问题上与弗洛伊德理论的分歧。弗洛伊德的首要观点是，人类攻击性是遭遇现实原则后对挫折的一种反应。而在温尼科特看来，这个理论不能涵盖全部的根源，因为“这种对挫折的愤怒回溯得还是不够早”（1988, p.79）。也就是说，最早期的婴儿还没有成熟到拥有欲望，或者能被挫折，或者对某些外来事物感到愤怒，因为他还感觉不到任何的外部性。正是由于没有仔细考虑这些主导成熟过程原初各阶段的问题，所以弗洛伊德理论忽视了攻击性的两个至关重要的根源：一是原始本能驱力中固有的摧毁性——早在1939年温尼科特就说过，婴儿“咬东西首先是因为他们兴奋了，而并不都是因为被挫折了”（1957b, p.87）；二是对打断连续性存在的环境侵入所做出的反应。

在弗洛伊德看来，投射和内摄的心理机制从生命最开始就启动了，而且驱动着精神发展。而温尼科特认为，精神健康的基础并非安置在心理机制之上，原初各项任务及其解决也不是针对心理过程而言。早在这些过程开始活动之前，许多成熟成就都是必需的先决条件。反之，如果引发心理过程的运作早于精神－躯体整合的形成之前，也早于某种经验性而非智力性的“知识”建立之前，这种心智运作就会带有病理性防御的特点，而且终将导致精神分裂式的障碍产生。

此外，传统理论是根据一种身体的合并（incorporation）与排泄（excretion）模式来构想出心理机制的。温尼科特的“原初创造性”这一设想则排除了这种概念，他不认为人类精神建立在投射的基础上，投射的内容又是先前内摄进来的客体，也就是曾被消化、再加工和排泄过的那些东西。这种区别从根本上讲基于一个重要的理论要素，也就是弗洛伊德以及程度更为夸张的梅兰妮·克莱因，对归属性（好和坏）的判断都要优先于对存在的判断。于是随后，从投射出坏的（令人不快的）以及内摄进好的（令人快乐的）这个角度思考，**原初的快乐自我**（德语Lust-Ich，英语originary pleasure-ego）的概念就构建起来了，而这种思考也相当于说有一个内部世界和外部世界先于个体的存在而存在。温尼科特则认为，存在和（主观性的）真实感必然优先于对任何归属性的判断，这类判断都假定已经感知到了客体的存在。此外，在发展的开端，“好”与“坏”确切地说是与“存在”还是“不存在”某种主观意义上的真实联结在一起的。好，指的是真实的体验，即使有时它会令人沮丧受挫；坏，指的是虚假的体验，也就是有些事看似发生，实则没有。

温尼科特同样不能接受传统理论求助于系统发生学说（phylogeny），而对此弗洛伊德可谓不遗余力——当发现自己最初的诱惑理论有缺陷时，他不得不花大力气去说明诱惑幻想观点的有效性。从那以后，**各种原始幻想**（德语 Urphantasien，英语 protofantasies）就被引入理论中，它们都包含典型的幻想性结构，比如原初情景、阉割、诱惑等；它们也组织起了精神生活，而无论每个人的个体经验是什么。弗洛伊德又通过论证这些原始幻想，构成了一种系统发生式的遗传传递来说明它们的合理性。可是在温尼科特看来，只有那些个体亲身经历过的东西才会被认为是属于他自己的经验，否则就依然是外在之物。

最后要说的是，对于传统精神分析而言，文化、社交性、道德和艺术都是衍生于驱力性冲突（pulsional conflict）并经过升华后的产物。冲动形成了上述领域的基础，即都是变形后的衍生本能。可是根据温尼科特的理解，本能就是本能，是生物性驱力。在这一点上，人类和动物之间并无二致，只不过对于人类来说所有身体功能运作都会被想象性精细加工，而这对动物来说则丝毫不感兴趣。进一步讲，假如个体发展开始于内摄进入的客体然后再投射出它们——就像经典理论所描述的那样——那么这个人就是被外界所造就的，就没有原初创造性的空间了。继而所有的创造性，包括一般意义上的艺术创造性，就会被理解为是力比多的升华。这正是过渡性现象无法在传统精神分析的背景下加以考虑的原因。温尼科特也认为个体具有创造性，但不是因为他自己可以升华的——他之所以具有创造性，只因为他是人类。这种创造性是原发性的，它指的是全人类所共有的再度创造世界的能力。

关于这一点，我们也可以从弗洛伊德和温尼科特研究艺术作品和艺术领域的不同取向上看出差异。按照温尼科特的理解，弗洛伊德精神分析在尝试分析艺术作品时会忽视其中精要的部分。也许我们可以把艺术家的作品和童年经历联系起来，或者也可以把作品中的主题和性倾向联系起来，就如达·芬奇的作品那样。可是除了激惹到艺术家和有创造力的一般人群外，这类研究都回避了创造性的核心问题，同时造成了一种印象——某个人能够实现其艺术造诣的原因是可以被解释和判定的。如果我们仔细对比温尼科特和克莱因关于游戏的不同概念，就能更清晰地看到温尼科特在这个问题上的转向。当克莱因观察儿童的游戏时，她会问自己这样的问题：这个游戏表达了哪些幻想？在克莱因看来，游戏显露了那些被抑制的内容，并且执行着多种**功能**（function）：满足欲望、控制焦虑、自慰式的排解等。克莱因对于游戏这件事本身不感兴趣，只关心儿童对游戏的**象征性使用**（symbolic use）；换句话说，游戏作为手段要达成的目的比游戏本身还重要。对温尼科特来说，这样的观点不仅忽视了游戏的本质，而且会导致游戏丧失许多临床意义：游戏之所以具有治疗性作用，不是因为它表达了潜意识的冲突，而是因为它本身就是一种生命和创造性的自然形式。

上述理论间大部分不同之处都是相对于弗洛伊德和克莱因而言的。如果更为具体地针对克莱因而言，那么她与温尼科特的不同之处相比弗洛伊德既更为复杂又更为简单。更为复杂在于，由于温尼科特和克莱因同样都在寻求对原初阶段的理论解释，所以彼此之间的差异非常微妙；更为简单则是因为，克莱因与温尼科特理论基础的对应是如此明显，以至于某种意义上反而更容易追溯彼此的边界。我想在一定范围内指出以下几点区别：[58]

1. 为了解释某些早期发展现象（比如早熟性偏执狂，precocious paranoia），克莱因诉诸原发性因素，由此也终结了一切关于环境作用的讨论。也就是说，她将依赖这个事实，以及婴儿需要得到照护这种自然而然的事情置之不理。可是，如果我们接受了绝对依赖这一初始状态，那么像早熟性偏执狂这样的现象就不必非得归因于遗传；我们也不必为其假定有一种“邪恶的实体”（evil entity）存在，并且在孤立地运作着；我们也就能看清这是婴儿对某种环境侵入模式的反应，或者对某种导致匮乏的环境失败的反应。

2. 在克莱因看来，对于婴儿来讲所有发生的事情都属于精神内部现象。她并没有考虑到真实的人际关系体验，这种体验发生在主观性水平上，而不是以幻想形式出现。
3. 克莱因的理论理所当然地认为，从生命的开端婴儿就有能力建立与**外部**客体的关系。根据温尼科特的观点，这种能力其实是成熟过程的一项成就，而如果这项成就失败，就是导致精神病的直接原因。因此温尼科特认为，这意味着克莱因式的假设从原则上就导致使用其理论时难以有效地考量各个早期发展阶段，而由此产生的后果是，其精神病理论，尤其是对于有精神分裂特点的精神病，在使用时也缺乏有效性。
4. 按照克莱因的说法，原初客体关系所关联到的客体依然都是部分客体。但是在她看来，关系的主体也已经出现了，有一种**初始心理单元**（initial unit of mind）已经存在，它会在死亡冲动（death pulsion）的破坏性作用下主动分裂。这已然改变了关于早期阶段研究的整个视角，而这种改变对温尼科特来说是难以接受的。[59]
5. 为了把原初各阶段的现象描述为前俄狄浦斯性（pre-oedipal）现象，克莱因有意把神经症理论中出现的元素反推到早期来解释精神病。她假定有早熟的俄狄浦斯情结存在，并且把“父亲的阴茎”引入婴儿 / 乳房二元关系中，这样就重新设定出了三角关系。对温尼科特而言，发生在原初各阶段的事不是前俄狄浦斯性质，而是非俄狄浦斯性质（non-oedipal）；构建自体和接近现实这些任务并不涉及性冲动议题，而是与婴儿要持续存在的需求有关，并且只发生在一种唯一的二元关系水平上。温尼科特进一步认为，只有对于达成了完整统一自体的人而言才能谈到俄狄浦斯问题，而俄狄浦斯情结议题绝不是对部分客体而言的。

6. 克莱因在考虑抑郁位置时所研究的“断裂（disruption）”问题，相当于温尼科特理论中“断奶的处理（handling of weaning）”，大约发生在婴儿9—18月龄这段时间。但是温尼科特提出，**在断奶开始之前还有一个更为宽泛的幻灭问题存在**。母亲是那个发挥了幻灭婴儿作用的人，但是这项任务的完成一定要有先前阶段打下的基础，即母亲此前靠自己特殊的适应能力给婴儿提供过全能幻象。只有在幻象的基础上，幻灭才有可能发生。

温尼科特说过，“可以断奶意味着有过成功的喂养，能够幻灭也意味着成功地提供过产生全能幻象的机会”（1953a, p.221）。与断奶相关的失败尚不能完全解释精神分裂症性现象，因为它们还关联着更为早期的阶段，而那时的各项发展任务与断奶阶段的任务有着本质的区别。为了理解精神分裂样精神病的位置，绝对有必要涉及绝对依赖期：

> 如果我们要发展出一套行之有效的精神病理论，分析师们就必须放弃原先看待精神分裂症和偏执狂的一整套观点，也就是放弃从俄狄浦斯情结的退行这个角度看待精神病。精神障碍的病因学研究让我们**不可避免**地回到了三元关系之前的阶段，而一个看似奇怪但又必然的推论就是，精神病的病源位置上有一种**外部因素**在起作用。传统的精神分析师们很难承认这一点，因为他们的既往工作都是在研究精神神经症的病因学，并把注意力全部放在内部因素上（1989i, p.246）。

7. 温尼科特认为，死亡只有在恨的能力达成之后才能具有意义，这同时意味着能把他人感知为一个完整的人了。这也是除其他原因之外的另一个重要原因，使他不能接受把所谓的死亡冲动或破坏力描述为摧毁性（destructiveness）的基础。
8. 在克莱因看来，精神是构建在身体的合并（incorporation）和排出（expulsion）模式的基础上的，也就是以内摄和投射为基础。这就预设一个内部世界和一个外部世界已经建立起来了，而在温尼科特看来，对于处在未整合状态的小婴儿，这根本是不可能的。

综上所述，这些理由让温尼科特断定，力比多发展理论无法解释精神病性障碍，也无法为这类障碍的治疗提供理论性支持。这套理论从而也无法理解精神来访者所揭示出的那些人性的基本问题。

注　释

1. 如果母亲是健康的，而且能觉察到自己的感受，那么她一定会在某些情况下恨她的婴儿。并且正如我们在第二章看到的那样，她也会有所行动，比如虽然没有采取任何报复婴儿的举动，但她会小声地发牢骚。母亲**无意识的**恨则完全是另一回事，这两种带给婴儿不同影响的情况应该被加以区分。如果母亲陷入忧郁或抑郁状态，那么大体上就没有意识层面的通路能让她接近自己的恨意，因为她惧怕这种感受，这会触及自己的摧毁性。在这种情况下，无意识的恨也许会偶尔降落到婴儿头上。但是此时，并非婴儿的存在及与之相伴的种种苦恼构成了母亲不能具有摧毁性的基础，而是母亲原本就没有充分整合自己人格中的这一方面。不过，母亲也可能隐藏了对婴儿无意识的恨，这种恨与母亲的抑郁状态无关，而是指向**婴儿的存在这一事实**，指向婴儿所引起的对母亲生活的干扰。这部分无意识的恨会导致大量的反向形成（reactive formation），根据温尼科特的理解，这也是构成儿童自闭症病理学基础之一。这个现象将在另一份有待发表的研究中加以阐述。
2. 我认为 Gilberto Safra 在他的文章“扫帚和躺椅”（The broom and the couch, 1996）中想引人关注的正是这种前表征性的、无疑是前语言式理解（pre-linguistic knowledge）的现象。不过 Safra 仅仅将这一现象近似理解为 Suzanne Langer 的“表象性符号（presentational symbols）”的概念，这是她为了区别直观式语义学（semantics of sensoriality）和推论式语义学（semantics of discursive forms）而创造的概念。由于 Suzanne Langer 和 Cassirer 遵循的思路都是从表征哲学的角度来接近人类现象的，所以我认为将这一现象近似理解为海德格尔所命名的“前理解（pre-understanding）”更为实用。不仅是母婴交流，还有婴儿日益从环境可靠性的重复经验中获得的非心智性理解，都具有前语言（pre-verbal）、前符号（pre-symbolic）和前表征的本质，温尼科特就是在这一实用方向上描述了上述本质。参见 Winnicott, 1968d，及本书的第三章。
3. 根据成熟过程理论，精神安住于一个主观性世界，以及关联到主观性客体，都是实现过渡性的先决条件。过渡性像一个**中间性**（intermediary）通道，通向共享世界以及与客观知觉性客体的关联。对此还可参见另一篇文章，其中温尼科特列举了主导生命初始阶段的发展任务，并提到上述先决条件是“婴儿迈向客体关联的初始步骤，它们引出了采用象征性客体的能力，也引出了婴儿与他人之间的中间领域，在这个领域中游戏就有了意义”（1996c, p.216）。

4. 在 1945 年的一篇文章中，温尼科特大致勾勒出了过渡性现象的概念（最终在 1951 年正式提出了这一概念）。他间接提到了普遍出现的吸吮拇指或玩偶的现象，并假设大家也公认这一举动不仅是为了获得快乐，还是一种慰藉手段。随着继续展开这个尚处在初步构想的主题，他提到，毫无疑问像是正常的吸吮手指这类现象，都是在“试图去定位那个客体（乳房等），试图把它保持在进与出的中间位置。这是对失去外部世界中的客体，或者失去身体内部客体的一种防御，换句话说防御的是对客体完全控制的丧失”（1945d, p.156）。这里的“进与出的中间位置（half-way between in and out）”就是粗略的“中间（between）”概念，也是最终在 1951 年提出的“潜在空间（potential space）”的雏形。
5. M. Wulff 在一篇精神分析文献中，曾经用恋物癖客体（fetish objects）的说法间接地提到过这类客体。对温尼科特来说，这种说法还是不尽如人意，而且会导致误解。原因有二：首先除了在病理情况下，他不能接受这类客体在本质上有恋物癖性质的假设；其次，他本就不同意传统角度对恋物癖的解释，而 Wulff 遵循的就是这种解释——把一种普通现象归因为指向母亲的阴茎，从而转变成了病理学的内容。对这一主题的深入讨论可见：Gurfinkel, 1996。
6. 正如我们在第三章所见，这个空间早已经在个体根本性孤立（fundamental isolation of the individual）的基础上潜在存在了，同样可参见第二章第 8 节。
7. 应当指出，在这个时候还不能使用“内部客体”这种说法。婴儿还没有发展出一个“内部”能让他储存意象和表征，或者能发生人性中建设性和摧毁性两方的争斗（1986d, p.133）。这种与其内部客体之间的争斗只能发生在婴儿达到“我是”统一体状态之后，以及开始为自己的摧毁性动力感到担忧之后。
8. 参见：温尼科特 1993e。

9. 温尼科特极力主张，幻象在主观性现实和客观性现实之间搭起了桥梁，这种幻象“可以说是一切真正客观性（true objectivity）的本质基础”（1951b, p.391）。

10. 关联到客体能力的丧失，其源头可以定位到主观性客体的丧失，对失去这种能力的恐惧是一种创伤性经验——无法想象的极端痛苦，也是构成精神病性病理的基础。

11. 温尼科特的“创造性”概念并不容易理解和把握，这可能是因其传播媒介过于琐碎，也可能是因为它常常指代艺术作品及原创作品，甚至可能由于精神分析一贯把它理解为升华。Pontalis 在许多文章中都强烈批评由温尼科特的创造性理论所造成的误解，而他在回复 Anne Clancier（1987）关于创造性的概念问题时这样写道：“我不在乎这个词，更不关心它在任何方面的推广。试图让每个人都相信自己有一种内在宝藏不过是误导人的假线索。即使温尼科特是带着幽默去说的，说一个人煎鸡蛋时可以像舒曼（Schumann）作一首奏鸣曲时一样有创造性，可你不觉得这也太过分了吗？”（Pontalis, 见 Clancier：1987, p.143）看来，Pontalis 也没有准确理解温尼科特的创造性概念。因为有创造能力的感受（feeling of being able to create）和创造感（feeling of creating）都与自发性密切相关，而并不取决于创造出的产物。创造性关联的是生命现象，是体验的真实性，而不仅仅是指大胆创新或艺术创作；温尼科特说创造性应该被承认，但主要不是根据产品多么有原创性，“而更多是根据个体所感受到体验的真实性”（1988, p.109）。也可参见同一出处的其他内容。

12. 众所周知，在痛苦或焦虑的时候，婴儿只认准母亲的大腿（lap），并且知道怎么辨别出这个“大腿”，而不去找其他人，包括父亲——即使他是经常扮演着母亲角色的父亲，这时婴儿也不会找他。

13. 当涉及早期各阶段时，温尼科特经常使用术语“投射”来指一种婴儿对客体或外部世界的创造。比如，他在 1960 年的一篇文章中说明，婴儿能接受外界事物的唯一条件是这些事物已经被包含在“婴儿的全能感范围内，并被感受为他投射的东西”。对这一点，他还做了如下脚注：“我在这里使用的是术语‘投射’的描述性和动力性意义，而不是它的全部元心理学意义”

（1960b, p.46）。

14. 关于这个主题，温尼科特在 1969 年提出了比较完整的构想，而在 1963 年的一篇文章中，他结合临床工作肯定地说，在正常发展中存在一种中间状态——就在主观性感知和客观性感知之间的通道上——这时“来访者对于好的或可能令人满意的客体的最重要体验，就是对它的拒绝。对客体的拒绝是创造客体过程的一部分”（1965j, p.182）。我想补充的是，这一部分创造出了客体的外部现实性（external reality），因为“拒绝”这种攻击性形式及与之相关的念头“促进了放置客体的过程，也就是把客体放置到与自体分离的位置，而自体此时已经开始作为一个实体显露了出来”（1965j, p.181）。

15. 有趣的是，我们可以区分一下“客观化（objectify）”这个词的两种潜在含义：第一种就像正文中描述的那样（使客体具有外在客观性）；第二种含义是指，把个人关系当作关联到客体的关系来对待（treating what belongs to personal relations as relating to objects）。

16. 按照温尼科特的说法，“创造出外在性意义的摧毁性”是他最难理解的概念之一。1968 年，在温尼科特于纽约精神分析学会上宣读了关于客体使用的论文后，他的作品遭到了相当严重的批评。后来，他又对那时的批评做了一些评论，最后形成附录收录在《精神分析性探索》（*Psychoanalytical Explorations*）一书第三十四章末尾。这个主题无疑造成精神分析领域的一个费解之处：如果说在经典精神分析中，（1）现实是给定的而不是在成熟过程中创造出来的；（2）摧毁性永远与嫉羡（envy）或施虐有关，或者与源于挫折的愤怒有关，而挫折又恰恰来自现实原则。那么，怎么可能还有某种摧毁性是非本能性的和**不带有愤怒**的呢？

17. 这个主张的含义是，我们描述客体的使用时必须要考虑到客体的性质，这里指的就是外部客体。换句话讲，我们不能在不考虑客体的特性和表现的情况下去描述一段给定关系的性质。

18. 尽管在前期的文章中，“幻想（fantasy）”一词有时会作为“想象性精细加工”（这种加工随着生命的开端就出现了）的同义词出现。但是应该注意，从温尼科特晚期的文献来看，幻想作为内部世界的附属品仅开始于个体达到了客体使用阶段之后，也就是个体获得了外部现实性意义之后。参见：温尼科特，1969d，尤其是第222-223页。

19. 在成人关系中，这种对客体主观性特征的摧毁会表现为突然与某个人的疏远——某个非常亲近、亲密而熟悉的人，以至于他/她都没有被当成他/她自己看待。某些情况下，他/她也从没被当成一个外在的人看待。
20. 这也是为什么在临床实践中，知道如何检测一个人的情绪年龄是如此重要，因为对于退行到依赖状态的来访者，我们必须要考虑到许多时候“爱”这个词可能还没有产生意义。
21. 关于温尼科特的攻击性和摧毁性问题，也可参见Dias Elsa所著的另一本书（2011b）。我还建议读者参考同一本书中的另外两篇文章，一篇关于客体的使用（第5篇），一篇关于Theodore Kaczynski——绰号“大学炸弹客（Unabomber）”的恐怖分子（第10篇）。
22. 参见：荣格1963，以及温尼科特对该书的评论（1964b）。
23. 参见温尼科特1964b，第490页。这些论述是温尼科特基于Fordham研究荣格工作的书所做的。参见M. Fordham1962年的讲稿，第119篇。
24. Marion Milner（1987）在献给温尼科特的一篇文章中记述她第一次读完“客体的使用”（The use of an object）后，就给温尼科特打电话问了这样一个问题：“我同意你的观点，只是为什么好客体一定要被摧毁呢？”温尼科特想了一下，答道：“因为这是必要的。”（Milner, 1987, p.284）
25. 温尼科特赋予精神分裂性人格的特殊意义，将在我筹备中的下一本书《温尼科特的精神病理论》（*Winnicott' s Theory of Psychoses*）中加以详述。
26. 在做出这一论述后不久，温尼科特又补充说，偏执倾向是“非常早期的，但还不是遗传或真正原发性的”倾向（1988, p.124），这明显指的是克莱因关于“先天的偏执性气质（innate paranoid disposition）”的假设。同样应该注意的是，感到受迫害的倾向也是与“我是”统一体的成就有关，而这完全不同于由某种环境侵入模式，或由发现了个人摧毁性这个源头所导致的偏执气质。
27. 关于母亲以及分析师幸存的价值，参见Dias Elsa，2011b，第6篇。
28. 好和坏在这里用引号加注，是因为尽管它们都是常用语，但作为一般原则，它们在精神分析文献中的意义还是以克莱因理论为基础解释的。我认为这也是为什么温尼科特在谈到抑郁位置的一篇文章时要加脚注来指明这两个术语，他写道："好和坏这两个词传承已久，它们同样也适合用来描述婴儿对内部事物的两极感受——无论这些事物是力量、客体、声音还是气味。我这里指的不是父母或护士想要给婴儿灌输道德时所使用的好和坏的意义。"（1988, p.71）

29. 温尼科特的"交叉认同（cross-identification）"概念，也是他对投射和内摄机制的重新表述，对这一概念的细致讨论在本书范围之外。大致上讲，这是一种能力——能够把自己放在他人的立场上，也能允许反向过程，"可以想象性地但又精准地进入另一个人的思想、感受、希望和恐惧之中"（1986f, p.117）。虽然这项能力作为健康的标志之一出现在相当晚期的成熟阶段，但其基础形成于一种原始经验，那就是曾经有人认同过你那些还不能在言语层面交流的需要。

30. 温尼科特研究担忧能力时的理论取向大部分都基于克莱因关于"抑郁位置（depressive position）"的理论，他也认为这是克莱因带给精神分析思想最伟大的贡献。尽管如此，还是有必要在此强调二者的一些不同之处。例如，克莱因提出这时的发展现象中有攻击性（aggressiveness）的参与，这时的发展是由于早熟（precocity）而发生的，而温尼科特并不同意她的"攻击性"概念和"早熟"的观点；同样他也不同意"抑郁"的前提条件或原因，他看不出婴儿对母亲乳房的攻击中有俄狄浦斯问题。此外，"抑郁位置"这个术语在他看来也不完全合适，因为尽管克莱因称这一现象是正常成熟过程的一项成就，但她的术语却暗示正常婴儿发展到这一阶段时会陷入一种临床抑郁的状态。

31. 对温尼科特思想中道德的起源和本质更为详细的分析，可参见：Loparic，2000a。

32. 如果由于环境的不可靠导致一个早熟的"我"形成，且因此不能达到成熟的觉察状态和对外部客体的"感知（perception）"，那么这个"早熟的我"就会对自身的存在、依赖和冲动性有过早的觉察，而且会遭受到罪疚感和责任感的折磨，它们也会因为个体根本上的不成熟而无法被整合到人格中。

上述情况下，罪疚感会产生灾难性的作用。

33. 可参考 Rosa（2011）一份深入的研究——关于温尼科特视角下父亲在儿童成熟过程中的作用，以及可能干扰这一过程的失败。

34. 温尼科特认为，从儿童对父母的情感上讲，父母发生性关系是他最不需要见到的事情。如果一个儿童暴露在父母性爱的场景中，那么他将体验到最大限度的张力，而这可能会是创伤性的体验（1988, p.59）。

35. 参见：温尼科特，1958g, p.33。

36. 这种对两类剥夺的区分，在诊断和治疗不同类型的反社会倾向时有着至关重要的意义。关于这种区分以及对父亲失败的综述，我推荐读者参考 Claudia Dias Rosa（2011）那份细致的研究。

37. 值得注意的是，到这个阶段以及在这个意义上，性别区分对温尼科特来说才变得有重要意义。这里就明显看出温尼科特与弗洛伊德在精神分析理论概念上的不同，尤其是在精神病理论方面。参见：弗洛伊德，1924b，1924e，1925h。

38. 举例来说，性倒错可以理解为是一种“为实现某种性联合（sex union）所做的煞费苦心的尝试，哪怕是妄想出女孩有一个阴茎”（1986g, p.187）。男性和女性都可能出现这种倒错——认为女人有阴茎——从这种广义的精神错乱中，温尼科特发现了女权主义的根源之一。他说，在女权主义的一极上“这是女性对一个受性蕾期男性炫耀（phallic-phase male swank）所支配的男性社会的抗议；而在另一极上，这是女性对自己在身体发育的某一阶段那种真实自卑（true inferiority）的一种否认”（1986g, p.188）。

39. 弗洛伊德直到临终前都还在强调，产生于性蕾期的女性自卑创伤的影响极其重要（1925j，1931b，1933a）。温尼科特认为他这种坚持也是可以理解的，因为他的精神病病理学就建立在对女孩没有阴茎的否认上，而这种否认的目的还是要防止阉割焦虑。

40. 参见：弗洛伊德，1924b，1924e，1925h。

41. 显而易见，即使是在初期发展顺利的个体，一旦被暴露于超越当时承受能力的创伤性情境，或长时间处于这样的情境中，他们依然有可能继发精神病。对此，温尼科特曾提到过遭受残酷政治迫害的犯人们以及类似的受害者的例子（1971g, p.91）。无论如何，这种精神病还是有别于在原初阶段由于创伤性环境失败所形成的精神病。因为显然，一开始没能达到成熟是一回事，而之后没能继续实现成熟成就，以及相继地失去成就则是另一回事。还可能发生的是，在超负荷的情况下，或者因为儿童没能充分加工爱与恨之间的冲突，结果出现了退行到早期阶段并失去了既往成就的情况。这种退行的程度取决于俄狄浦斯情结之前的那些成就的坚实度和稳定性（1988，第二部分，第二章末尾，以及 1989p, 第 68 页）。

42. 需要注意的是，为了能谈论儿童对同性别父母一方的认同，温尼科特才使用了“同性恋（homosexual）”这个术语。这种认同和亲近构成了成熟过程必不可少的阶段。

43. 这种情况的例证，可以参考温尼科特（1977/1987）关于女孩“小猪猪（Piggle）”的案例记录。

44. 经典精神分析优先处理的是欲望的满足，而不是生殖（器）性能力和行动本身。所以严格来说，传统意义上这方面主题发展都与身体无关。由于同样的原因，初始生殖性（initial genitality）的问题在传统精神分析中最终被连接到了“禁止偷食禁果（prohibition on touching forbidden fruit）”这条禁令的各种推论上，而不是像温尼科特所说的与恐惧引起另一个人身体上不可逆转的变化有关。温尼科特认为，“爱”是非常个人化的问题，而且包括了一种想象性精细加工——要加工爱的冲动在所爱之人的身体上产生的结果。

45. 温尼科特在 1966 年的文章中对这个问题有了更为清晰的表述，文中的性别身份问题按照温尼科特的构想都是从非本能性角度描述的，我们在下文就会看到。

46. 温尼科特的“纯女性元素”和“纯男性元素”的概念将会在本章后文中加以详述。

47. 这封信出自《女性与神圣》（*The Feminine and the Sacred*, 2001）一书，书中收录了 Julia Kristeva 与 Catherine Clément 自 1996 年 11 月至 1997 年 9 月的往来信件。

48. Kristeva 的立场与拉康非常一致。按照法国精神分析师拉康的说法，母亲从来不是因为婴儿本身而想要婴儿，婴儿真正让母亲满足的地方是他所象征的东西——阳具（phallus）。按照拉康所说，孩子不仅仅是孩子，也是阳具（1956-1957，第 57 页）。在同一场研讨会的另一段文稿中，拉康也注释说，女人只有通过她的婴儿才能获得满足，因为婴儿包含着一些能使她平静的东西——婴儿满足了她对拥有一个阳具的需要。

49. 这个新的构想已经在本书第三章中详细阐述过了，这也是温尼科特对那个问题最为完整的表述，此处再次提到它是为了在非性意义方面（non-sexual terms）澄清两性同体的议题。

50. 为了方便引述温尼科特的临床案例，我会用他们的首字母缩写来简称以便识别。我简称这个案例为 FM，这是可以说明纯女性和男性元素的一个临床例证（1971i）。

51. Ricardo Rodulfo 所做的这篇文章原本是一篇演讲，发表于 1999 年第四届温尼科特研讨会上，目前尚未出版。

52. 这个来访者接受过两个阶段的分析，温尼科特对其中一部分分析做过临床报告。对第一阶段的分析，我们仅有对来访者临床评注的一份简介，由 Khan 夹写在《抱持与解释》（1986a）的引文中。第二阶段分析则有两组评注可考：第一组可追溯到 1954 年（1955a），由对六个分析片段的评注组成；第二组就组成了《抱持与解释》这本书，包含了第二阶段中六个月的分析。关于第一阶段分析，据温尼科特说，这个年轻人那时是“一个精神分裂性案例（a schizoid case）”，他来见温尼科特并说“他不能自由随意地讲话，不会寒暄闲聊，没有想象或游戏的能力，也无法做出自发性举动或不会感到激动兴奋”（1986a, p.20）。

53. 正是为了这个目的，才有必要保留住敏感性。温尼科特在帕丁顿格林医院门诊部做儿科医生时曾受到过提拔去做病房医生，这也意味着身份地位的提高。他说不知道出于什么原因，他并没有接受这个职位。他想办法得到医院的批准，让他可以只在必要时使用病床，还会把留院的病人转诊给他的助手治疗。后来，他明白了自己当时为什么那么做，“……在医院病房中的那些婴儿和幼儿虽然是很可爱的孩子，但他们的痛苦会累加成某种非常可怕的东西。每次走进病房都会搅扰得我非常不安。假如我成为了一名住院医师，我就得发展出一种不被患儿的痛苦所搅扰的能力，否则就当不了一名高效的病房医生。因此，我还是愿意专注于门诊工作，避免自己为了高效而变得冷酷无情”（1987b, p.168）。

54. 有关成熟与民主机制之间的关系，我建议读者参考 Roseana Moraes Garcia（2009）关于温尼科特的攻击性概念的精彩论述。

55. 温尼科特没有孩子，他在知道自己病情严重且时日不多时，“开始讨论这种困难，即作为一个男人，他到死都没有一个儿子曾经想象性地杀掉他，又让他幸存下去——提供给他人类已知的唯一连续性”（Clare Winnicott，1989，第 4 页）。

56. “在母亲膝上的婴儿”和“在母亲床上的孩子”是由 Z. Loparic 创造的两个用语，用来定义温尼科特理论和弗洛伊德理论不同的范例模型（Loparic，1997a）。

57. 关于弗洛伊德的冲动二元对立性和动力学视角，参见：Loparic, 2001b, 2006。也可参见：Simanque, 1994, 第三章。

58. 温尼科特和克莱因理论之间的详细区别在温尼科特的下述文章中可见：1965g；1988，第二部分第一章；1989c，1989e。

59. 温尼科特曾经通过各种手段尝试和克莱因学派建立起对话，他曾于 1956 年写信给 Joan Rivière 说：“我的苦恼在于，当我开始和克莱因谈论她关于婴儿早期的论述时，我觉得我就像在和色盲者讨论颜色。她说她并没有忘记母亲以及母亲所起的作用，可事实上我却发现，她其实根本不理解母亲在最早期所起的作用”（1987b, pp.95-96）。在同一封信中，他还评论了克莱因呈报给英国精神分析学会的论文“嫉羡与感恩的研究”（A study of envy and gratitude），他区分出文中的三大主题，在谈到其中的第三点时——“……梅兰妮一直以来都想论述早期阶段心理学的有趣尝试”（1987b）——他认为，“她让自己非常令人失望，因为她提出的这个论点不但会轻易地被反驳得一无是处，还阻碍了对自我稳定性（ego stability）发展的研究，也阻碍了将世界各地都在进行的这方面研究应用于精神病的治疗”（1987b）。

（魏晨曦　翻译）

最后的思考

本书的目的是想以一种清楚连贯、前后统一的方式呈现成熟过程理论的所有概念化假设，并描述各个成熟阶段及相应的任务和成就。

第一，促成本书的最早动因是这套理论在温尼科特的**作品**（opus）中一直占据着核心地位。第二，也是因为该理论构成了必要的理论立足点，温尼科特的精神病性障碍理论也因此得到解释，而这正是我下一部专门研究精神病问题的书中的主题。第三，根据既往的观察和我自己的体会，温尼科特的著作从没被当作解析的焦点来澄清其内在统一性，因此有必要强调成熟过程理论在他作品中的核心位置，以及该理论作为研究人类现象的参考框架的重要地位；同时，本书不仅是在对他的整体思想进行概念清晰的论证，也在说明他建立起了成熟阶段和各种精神障碍之间的关联，这带来了理论及临床方面的重要发展。第四，本书的目的还在于承认和答谢温尼科特的贡献，他为治疗性工作做出了丰富、适切而有效的贡献，反映在温尼科特本人的临床案例工作中，得到我自身经验的确证，也被在这一思想导向下工作的其他分析师加以确证。

在按照构想实施这项研究计划后，我很快发现这是一个相当孤独的工作。除了发现来自二次文献的参考资料少得可怜之外，我还遇到了一系列困难——奠定成熟过程理论基本假设的概念化和描述性要素，以及对各个阶段的特征性说明，全都分散地出现在温尼科特的所有著作中。于是，在从整体视角上阅读部分，并通过部分来反推整体的方法论原则指导下，我依据精神病大背景下的成熟过程这个主题，仔细排布并研究温尼科特的所有著作，换句话讲，就是与成熟过程的连续性或非连续性，以及构建统整自体身份（unitary identity）的成功或失败有关的所有问题。此外，考虑到温尼科特也建议应该从历史角度阅读一般精神分析文献和他本人的著作，于是我也要求自己关注每个概念的演变过程。这方面的研究同样也揭示了温尼科特在科学事业方面的卓越进展，尤其是20世纪60年代的重大进展。这部分研究的内容也渗透在本书的整体研究中，并已在第一章进行了特别说明。

为了开启和维持这项研究的进程，我也有责任思考那些对这类项目的反对意见，同时需要质疑对温尼科特本人的各种既定观点。我想指出其中的两个观点：第一个观点是，对温尼科特的著作进行概念化组织有违其本来的精神、非系统性或所谓的缺少理论统一性的本质，而这些一般都被看作是需要保留的主要特点；第二个观点是，对温尼科特思想的清晰表述和对其统一性的论证会抹杀其原有的诗意。那些反对意见有一部分是建立在这两种担心上——担心制造出一种正统理论，以及把他的思想变得呆板化——我认为这些担心也是正当的。但是尽管如此，我仍然相信，我已然成功地阐明，要避免上述危险的关键恰恰在于仔细而系统地去研究他的理论。温尼科特作为理论家也很清楚要保护作为人的多维性，他强调和保全人类存在的多样和多变的面向，而不是把它们神秘化。这其中就包括创造性，它以传统作为基础，而又可以随处发挥。至于破坏其诗意的风险，我的出发点是，温尼科特写作中的诗意化表达不是因为缺乏系统性和条理性，而是因为善于运用适合每个发展阶段的不同语言来保留各种人类现象的特定性质。当阐明原初各阶段的特征性现象时，他正是运用这种诗性表达的手段，来说明那些现象的诗意般的、几乎难以言表的特点，比如婴儿在生命初始阶段与母亲之间前语言关系和交流的微妙性，就被他用一种无伤其自然本性的语言描述了出来，这也就是诗人的手法。尽管如此，温尼科特论文的复杂性和内在清晰性还是可以明显地表明：他的作品，无论是写给母亲、精神分析师，还是一般科学群体，都远远不局限于唤起诗意，而是提供了一整套令人印象深刻的概念。即使这些概念本身没有组成一个闭合的“系统”，但说它们具有“理论化”特征也合情合理，这也是温尼科特为自己的理论贡献所预留的位置。

由此我认为，本书设定的研究工作已经克服了最主要的挑战。按照历史解释学角度分析，证明了我们可以重组温尼科特精神分析的核心主题，即个人成熟过程理论。简要来看，这套理论：

1. 建立在温尼科特著作中的一系列假设和反复出现的概念上，随着他思想的演进，赋予这些假设和概念的深度和凝聚力也在不断增加；

2. 尤其建立在一种以时间化（temporalisation）模式为特点的人性理论基础上，在每一阶段，这种时间化模式都代表某种人类的整合形式；

3. 是从整体上接近健康和病态的精神现象的立足点；

4. 以多种哲学论点为前提条件，这在一般人文科学理论中并不常见。

本书中对成熟过程理论进行的特性化描写同样也表明，为了提出理论观点及其阐明的新现象，温尼科特抛弃了许多形而上学的抽象化概念和猜想。在描写各个成熟阶段时，他尽可能使用日常用语来表达，连接的都是有生命的体验，只在某些时候才把它们上升到专业术语层面。他的著作处处体现出，旨在描述这个阶段的术语并不适合描述另一个阶段。

除了以上述方式展现温尼科特贡献的广度之外，在第四章最后一节我还列举了温尼科特的成熟过程理论和经典精神分析的性功能发展理论之间的一些基本差异。这种对比不仅是为了强调温尼科特理论概念的创新之处，更是为了提出另一个问题，也就是定性地说明温尼科特的工作确实给精神分析理论带来了改变。由于后者本质上属于认识论性质的问题，所以尽管在书中各处有所提及，但也只是简要提出，并没有深入展开，因为那已然超出了本书的研究范围。

如前所述，以成熟过程理论作为理论出发点，我们就可以解释各种精神障碍的本质。所以研究这个理论也让我们看到，我在下一部书中将要详细讨论的一些问题。在此概括一提，根据温尼科特的研究，**精神病**（psychoses）与在原初各阶段中无法促进各项任务完成的环境失败有关，这些阶段包括从子宫内生命的某个时刻开始，一直持续到“我是”阶段。如果环境以一种既定模式反复失败，不能适应婴儿在绝对依赖期、甚至相对依赖期的需要，那么个体成熟过程（在这个构建人格基础的原始时期）就会被打断，导致精神病性障碍的出现。显然，精神病性障碍也分多种类型，而这取决于婴儿在原初各阶段遭受环境失败性创伤的具体时期。

如果一切顺利，发展达成统一体身份感的成就（这一里程碑在成熟过程中表现为达到“我是”阶段），此时已经一两岁的幼儿就得继续在担忧阶段面临着对本能驱力的整合。假如这时环境不能促成这项成就，那么儿童就会有患**抑郁症**（depression）的风险，抑郁症的核心问题在于难以接受和整合来自人性本身的摧毁性，而摧毁性的产生明确地与被爱的客体有关。

如果担忧阶段的成就也顺利实现，孩子就可以说是已经种下了人格（指完整和健康意义上的人格）的基础，加上现在已经达到的成熟度，孩子接下来就必须、也可以去努力应对源于人际关系的焦虑了。他尤其是要应对可以实际体验到的俄狄浦斯情结的情境，也就是完整的人之间的关系。所有这些都会动员起焦虑，而这些焦虑与本能性、各种情感以及发生在内部精神现实中的幻想有关。在这个阶段，环境的促进性作用不再像之前阶段那样重要，但是依然要保持足够稳定，让孩子可以处理自己的个人内在问题，并避免屈从于**神经症**（neurosis）。

精神病、（反应性）抑郁症和神经症是温尼科特精神障碍分类学的主要诊断类别，它们的性质由不同的病因学所定义，即它们在成熟过程发展线上的起源点，这种病因学的根据是婴儿在创伤发生时正在参与的发展任务以及该创伤的性质。除了上述障碍之外，还有其他三种障碍类型，它们并没有构成单独的诊断类别，因为总是和上述障碍联合出现。它们是：反社会倾向、精神－躯体障碍、偏执狂。这些精神障碍同样依照不同的起源点来区别彼此的特征，后面两种障碍根据各自的起源点又有多重意义。

温尼科特一直强调自己在理解成熟过程时仍存在许多缺漏，尤其是对原初各阶段的理解，这也鼓励着分析师们观察和描述自己的分析经验，以便进一步发展相关理论。为了理解温尼科特在其研究和理论中得出的结果，我们还有许多工作要做。本书的记述远远不能代表对既有材料的完全解析，书中各章所讨论的每个方面都可以自成主题，留待继续研究——对原初各阶段的内容是这样，对后续各阶段的内容也同样如此。

在这部分提到的与主题相关的许多要点仅仅是一个概述，仍需额外加以展开。这些要点的重要性在于，它们表现了本研究得出的结论与精神分析实践之间的相关性。的确，只有当这种对早期成熟阶段的新理解，以及对环境之于先天成熟倾向的促进作用的新理解产生了明显的临床意义时，本书的研究才实现了其完整的精神分析性意义。这个意义就是，对原初阶段而言，环境养育参与了婴儿自体和个人身份感的构建。这意味着，当我们参照温尼科特的人性理论，考虑人性时间化循环的种种不测时，我们就有了一种新的视野看待治疗性工作。

（魏晨曦　翻译）

参考文献[*]

Abram, J. (1996). The Language of Winnicott: A Dictionary of Winnicott's use of Words. London: Karnac.

Abram, J. (2013). Donald Winnicott Today. London: Routledge.

Amado, G. (1979). De l'enfant à l'adulte. Paris: Press Universitaires de France.

Aubin, H. (1975). Les psychoses de l'enfant. Paris: P. U. F.

Badinter, E. (1980). L'amour en plus. Paris: Flammarion.

Béziers, M. -M. & Hunzinger, Y. (1994). O bebê e a coordenação motora. São Paulo: Summus.

Bogomoletz, D. (2001). Resenha de Jan Abram 2000: A linguagem de Winnicott: dicionário das palavras e expressões utilizadas por Donald W. Winnicott. Natureza Humana, 3(1): 177–186.

Bowlby, J. (1951). Maternal Care and Mental Health. Geneva: W. H. O.

Burlingham, D., & Freud, A. (1942). Young Children in Wartime: A Year's Work in a Residencial War Nursery. London: Allen & Unwin.

Chaslin, Ph. (1912). Eléments de sémiologie et clinique mentales. Paris: Asselin et Houzeau.

Clancier, A., & Kalmanovitch, J. (1987). Winnicott and Paradox: From Birth to Creation. London: Tavistock.

Clément, C., & Kristeva, J. (2001). The Feminine and the Sacred. New York, NY: Columbia University Press.

Davis, M., & Wallbridge, D. (1981). Boundary and Space: An Introduction to The Work of D. W. Winnicott. London: Mark Paterson.

Dias, E. O. (2001). Resenha de Jan Abram: A linguagem de Winnicott: dicionário das palavras e expressões utilizadas por Donald W. Winnicott. Psychê, 5: 163–169.

Dias, E. O. (2003). A teoria do amadurecimento de D. W. Winnicott. São Paulo: Imago.

---

* 为了环保，也为了节省您的购书开支，本书参考文献不在此一一列出。如果您需要完整的参考文献，请通过电子邮箱 1012305542@qq.com 联系下载，或者登录 www.wqedu.com下载。您在下载中遇到问题，可拨打 010-65181109 咨询。